從金字塔頂端跳 Disco
金氏世界紀錄

最強業務員

喬‧吉拉德
Joseph Samuel Gerard

崔英勝　金躍軍　著

- 連續 12 年榮登金氏世界紀錄銷售冠軍寶座
- 世界五百強企業精英的崇拜者
- 全球逾千萬人研讀過他的著作

崧燁文化

U0082143

在金字塔頂端跳 Disco
金氏世界紀錄最強業務員喬．吉拉德

2

目 錄

前 言

　　走向健康、幸福和成功的電梯出了故障——你必須改走樓梯——一步一個臺階。

——喬・吉拉德

　　有這樣一個人，在他小的時候，成天沿街賣報，在酒吧裡替人擦鞋，還做過洗碗工、送貨員等，除了在街上所學的之外，似乎沒有什麼可指望了；在 35 歲以前，他還是個全盤的失敗者，患有相當嚴重的口吃，換過 40 個工作仍然一事無成。然而，沒有人能想像的到，像這樣背了一身債務幾乎走投無路的一個人，竟然能夠在短短的 3 年內爬上世界第一的位置，並被金氏世界紀錄稱為「世界上最偉大的業務員」。

　　他，就是喬・吉拉德，讓我們來看一下這位銷售大師至今取得的個人殊榮：

- 人類推銷史上的奇蹟創造者
- 世界上最偉大的銷售大師
- 連續 12 年榮登金氏世界紀錄銷售冠軍寶座
- 全球最受歡迎的實戰派演講大師
- 世界 500 強企業精英的崇拜者
- 全球逾八百萬人受訓於他
- 全球五本暢銷書的作者
- 全球逾千萬人研讀過他的著作

透過喬・吉拉德坎坷的人生歷程和他所取得的巨大成績，我們不

難看出，喬‧吉拉德是一位集智慧與勇氣於一身的完美業務員：他生於貧窮，長於苦難，卻始終自強不息，不懈奮鬥，虛心學習，努力執著；他注重服務，對待顧客，始終堅持顧客至上的原則，將客戶的利益放在第一位，並一如既往地堅持誠信；在銷售方法及策略上，喬‧吉拉德從不墨守成規，能夠不斷創新，不斷追求更有效率的工作方法，從而在激烈的競爭中不斷超越自我，最終走上銷售的巔峰，成為世界上人人尊敬的最偉大的業務員。

本書著重介紹這位銷售大師在銷售過程中總結出的成功經驗及方法、策略，並輔以大師本人推銷實例，旨在說明所有業務員有一個良好的學習途徑，並不斷提升自己的銷售能力。

第一章 名片滿天飛

——向每一個人推銷自己

ψ 打造美好的第一印象

在顧客的眼中，業務員是什麼形象呢？大多數顧客會認為業務員是一個詭計多端、厚顏無恥的模樣。造成顧客這種想法的原因，是因為這些顧客與業務員接觸的時候，那個業務員並沒有給顧客留下一個好的第一印象。

因此，我們一定不能夠讓這種糟糕的業務員形象落在我們身上。喬‧吉拉德說，當我們能夠本來處於劣勢的形象改變，讓他成為優勢的時候，我們在競爭中的就能處於更高，更有利的位置了。可見，業務員的形象是很重要的。

所謂，好的開始是成功的一半。推銷的關鍵就是在第一時間，讓建立起客戶對我們的信任感。在人的大腦中，通常都是先入為主的，客戶對我們的信任感，往往也是透過最初的 30 秒建立的。30 秒，30 秒我們能做些什麼呢？滔滔不絕的遊說？這樣客戶難免會覺得我們太急於求成了，如果什麼都不說，就不會給客戶留下任何深刻的印象。

所以，我們能夠做到的就是打造好我們的第一印象。每一個成功的業務員都深知第一印象的價值，如果不能給客戶留下一個好的第一印象，那麼就無法引起客戶對業務員進一步瞭解的願望。就如喬‧吉拉德所說：客戶是先接受業務員，之後才開始接受產品的，如果我們無法讓客戶接受我們，就無法是客戶接受我們推銷的產品。

第一印象如此重要，作為業務員，我們應該怎樣打造我們在客戶

眼中的的印象呢？

　　首先，穿著一定要得體。當我們接待顧客時，首先引入顧客眼中的就是我們的著裝。據調查，初次見面給對方的印象 90% 來自於服裝。喬‧吉拉德認為，業務員最得體的服裝，應該以顧客為標準，即根據業務員即將要拜訪的客戶的身份，來確定自己的著裝。

　　一些頂尖的業務員都十分注重著裝，他們會根據情況的不同，有時一天之內要換好幾次服裝，分別根據不同的時間、地點、場合來選擇相應的服裝。如果我們要拜訪的客戶是家庭主婦或是退休的老年人，那麼著裝就可以隨意點，如果穿著太過高檔或是正式，就會使顧客有一種距離感；如果我們拜訪的客戶是大公司、大企業的員工或是老闆，我們就應該穿著正式一點，可以顯現出排場，太寒酸的出現，生意是無法談成的。

　　總體的原則就是：既不能過分華麗，又要合體大方。具體的做法，喬‧吉拉德總結為以下一點。

（1）得體

　　上衣和褲子、領帶、手帕、襪子等最好是配套的。

　　衣服的顏色不宜太過鮮豔奪目，應儘量保持大方穩重。

　　大多數情況下，業務員應穿西裝。或者是輕便西裝。

　　衣服上不要佩戴一些代表個人身份或宗教信仰的標誌，除非我們能夠特別確定拜訪對象的宗教信仰。

　　可以佩戴能夠代表公司的標誌，或是與產品相似的佩飾，這樣能夠加深客戶對我們或是產品的印象。

　　儘量不要佩戴太陽鏡或是變色眼鏡，因為人往往都是透過眼睛來決定，是否可以相信。

　　不要穿太過潮流的衣服，也不要佩戴太多的飾品。

可以攜帶一個大方的公事包。所帶的筆最好是比較高級的鋼筆或是簽字筆，不要使用品質低廉的圓珠筆。

儘量不要脫去西裝，以免降低業務員的權威和尊嚴。

（2）講究

對於男性業務員來說，領帶是最能發揮作用的一部分。人們往往喜歡透過領帶來推測業務員的興趣、愛好，從而判斷出業務員的人品。所以，業務員的領帶既不需要別出心裁，也不要過於平淡。根據自己的年齡、性格以及工作特點等方面加以選擇。

在公司裡可以預備一雙質地良好的皮鞋，專為拜訪客戶或是出差的時候準備。除了鞋子之外，還可以在公司預備一件襯衫，如果身上穿的出現褶皺或是污點，能夠及時換一件。女性業務員，則需要預備一雙絲襪，因為絲襪是最容易出現問題的部分。

隨身攜帶者手帕、紙巾、梳子等，在日常生活中常常可以用到的東西，不僅是為自己準備，同樣客戶也有用得到的時候。

（3）大方

年輕的業務員，一般而言應該穿著淡雅、樸素，能夠給人以穩重踏實的感覺。如果自身性格比較內向，可以穿一些稍顯鮮豔的衣服，來彌補性格方面的缺失。

中年的業務員，則可以選擇款式看起來比較新穎的服裝，但要避免穿著過於高級，這樣會給客戶造成產品價格一定非常昂貴的錯覺。

除了服裝之外，還需要注意自己的言談舉止。語速太快、語言粗俗、吐字不清、說話有氣無力、不冷不熱、吹噓、批評、死纏爛打等都不可取，應做到落落大方，談吐優雅。

（4）禮儀

推銷之道，禮儀為先。禮儀，是推銷中的敲門磚，每一個業務員

都具備，只是或多或少，是否能夠運用得當的問題。

業務員如果不諳熟推銷的禮儀，往往會造成交易的失敗。良好的禮儀是個人氣質、品德、修養、能力、知識、智慧等內在素質的外在體現。良好的禮儀要求業務員言行一致、表裡如一，這是對顧客尊重的表現。

現代推銷的過程，業務員應掌握一些必要的禮儀，如對客戶的稱呼，人們現在更喜歡被成為「先生」、「女士」……；在商務會談中，要簡單的做自我介紹，內容以簡單明瞭最佳。如果是被別人介紹，應與對方點頭示意或是與對方握手；接到別人的名片時，要用雙手去接，這樣表示了對對方的尊重；在商務活動中，如果有正規的宴會，在不能赴宴的情況下，要提前告知對方，並表示歉意；赴宴的話，應該準時或是提前 1-2 分鐘入席，在餐桌上不能狼吞虎嚥，邊說邊吃，更不能醉酒。

雖然我們都知道第一印象沒有絕對性，但是往往都會透過第一印象來對他人作出判斷，所以，業務員應該對此加以利用，讓第一印象成為我們推銷時的籌碼。

ψ 讓自己具有可售性

想要推銷自己，首先要求自己具有可售性。這就要求我們必須要對自己進行一系列的包裝，主要目的包括兩個：（1）吸引注意力；（2）刺激顧客的購買慾。

拳王阿里在 1974 年世界比賽前夕曾向新聞媒體宣稱：「我將在 5 秒之內擊倒對方。」結果他獲得了冠軍。然而他說那句話的原因是什麼呢？目的就是宣傳自己，用語言將自己包裝了一番。

包裝自己，是每一個業務員必須具備的技能，也是非常重要的一

點。就比如當我們看到一個包裹，它掉在了地上，包裝紙也破了，帶子也鬆了，此時我們就會想裡面的東西一定壞了。同樣的道理，如果業務員也是如此糟糕的形象出現在客戶的面前，客戶同樣也會懷疑業務員的能力。

所以，業務員要在包裝自己的形象上下一番功夫了。業務員的外在形象，就是給顧客留下好印象的誘餌。如果我們的裝扮不能和自己的職業相吻合，就不能在客戶心裡留下值得信賴的印象。然而，推銷是一個取得客戶信賴的過程，我們必須重視起這個問題。

首先，我們要注意我們的內在。內在就是我內心所具備的東西，比如：眼神、微笑、還有我們所說的話語等都是我們內在的體現。

然後，就是我們的外在，也是我們需要包裝的重點。它包括：整潔的裝飾、身形、穿著等等。

喬‧吉拉德十分重視自己的外表包裝，為此他還列出照料自己身體的 8 個原則：

1. 頭髮是人體很重要的一部分，一個重視自己外表的人，頭髮會一直保持紋絲不亂的狀態。這就要求業務員有規律地清洗頭髮，不要讓自己的髮型顯得過於死板，也不能過於誇張。只要梳理整齊，不要出現頭皮屑就好。

2. 如果是男性業務員，要經常刮鬍子。業務員不是文藝青年，不需要留給客戶粗獷豪放的印象。

3. 如果是女性業務員，要注意的自己的妝容。業務員也不是舞臺上的明星，不需要濃妝豔抹，只要根據自己的特點，來美化自己。同時，也要注意自己的指甲，需要保持乾淨整齊。如果要塗指甲油的，不要選擇過於明顯的顏色。

4. 如果條件允許，每天都要洗浴。洗浴會讓人看上去更有精神，

也會讓頭腦更加清醒。可以用一些香水，但是不易過量。

5. 體形很重要，最好有健身的習慣，多餘的脂肪不會給我們的工作帶來任何好處。

6. 姿態要端正，不要隨時流露出懶散的樣子，那會給客戶留下不認真的印象。所以，站要站直，走路要抬頭挺胸，坐著也要挺直腰板，在姿態上體現出自己的自信。

接下來，就是關於服裝的問題。喬‧吉拉德十分擅長透過服裝來拉近和客戶的關係，他的服裝不但能夠引起客戶的信任，同樣也能做到不給客戶帶來任何壓力。喬‧吉拉德特別提到過一個心理諮詢師，他在白天的時候穿著正式的服裝，給每一個客戶留下值得信任的印象。晚上的時候，就會判若兩人，他會穿著牛仔、皮衣甚至帶著耳釘出現在夜店裡。

這就說明了，穿著的時間和地點是決定我們穿著是否成功的關鍵因素。我們的著裝要根據我們所要出現的場合來確定，比如：去欣賞歌劇，可以穿著晚禮服或者皮大衣；但如果是參加商務會議，這樣的穿著就會顯得滑稽了。

賈米森‧漢迪是銷售培訓事業的開創者，他的服裝給喬‧吉拉德留下了深刻的印象。據說，賈米森的上衣是有特質的，沒有口袋。穿著沒有口袋的上衣，這幾乎成為了他的代表形象。原因在於胸口的口袋裡經常會放著手帕、鋼筆或是香煙等等，他認為這些東西會吸引客戶的注意力，導致客戶在交談的時候分心。

不管是心理諮詢師還是已故的賈米森，他們都是在為自己的工作而在乎自己的著裝。在著裝上我們的選擇有很多種，但是怎樣穿才能夠得體呢？不妨參照以下建議。

1. 為不同的場合選擇衣服。

為自己參加商務會議、日常工作、旅遊和休閒等選擇相應的衣服，不同的衣服在不同的場合，承擔著不同的責任。

2. 在自己的能力範圍內選購最好的衣服。

衣服的數量不必很多，但是品質一定要好，衣服的品質反映了一個人的品味。品質好的衣服穿起來會更合身，也會穿的更久。

3. 保持衣服的清潔。

油漬、污點、褶皺會讓我們的形象大打折扣，更不要說把自己推銷出去了。

4. 合理選擇配件。

我們經常會幫自己佩戴一些飾品，但是注意不要過於花哨，那樣會分散客戶的注意力。我們選擇的飾品是為了襯托自己，而不是讓客戶眼花撩亂。

5. 鞋子的搭配。

鞋子的搭配要根據自己的衣服來決定，一般以黑色和咖啡色為主。鞋子的選擇也需要根據場合。同時，也要保持鞋子的光澤，不要穿著破鞋子出現，記住阿德萊·史蒂文森的悲劇，因為一個有洞的鞋子輸掉了總統競選。

當我們對做好一切包裝後，可以問自己一個問題：我會不會買自己。如果答案是肯定的，那麼就可以嘗試著去向客戶推銷自己了。

ψ 100% 地推銷你自己

當我們準備向一位顧客推銷出我們的產品的時，我們首先應該做到是什麼呢？不是急於把我們產品的功能、優點介紹給對方，而是要先把你自己介紹給對方，這個過程也可以說是我們把自己推銷給對方

的過程。

顧客在選購產品的過程中，產品的品質固然重要，但是作為業務員的我們也是同樣重要的。當我們個人不能夠令顧客滿意時，那麼僅僅只有產品是無法徹底說服顧客的購買慾望的。所以，現代銷售理念強調一個重要的原則，就是「推銷，首先要推銷自己。」一旦我們這個人得到了顧客的喜歡，那麼銷售出我們的產品也就有了九成的把握。

喬‧吉拉德作為世界上最偉大的業務員，他非常善於推銷自己，在他的辦公室裡除掛滿了那些因業績優良得來的獎牌和獎狀外，還有刊登在報刊雜誌上的受訪畫面，以及與大人物的合照等等。當客戶看到這些時，很快就會瞭解到他是一名非常優秀的業務員。除此之外，喬‧吉拉德最擅長、同時也是他最慣用的推銷自己的方法就是逢人便發名片，如果你有幸能夠認識他，那麼我相信，在你手中，一定也會有喬吉拉德的名片，而且不止一張。

喬吉拉德曾在多年前到臺灣進行演講，當時到場的有幾千人，開場僅僅幾分鐘的時間，台下就有觀眾手中已經拿到喬吉拉德的名片 6 張之多，然而，單單是這樣是不夠的喬吉拉德還在自己的名片上印上「世界銷售冠軍喬吉拉德」，這樣一句話，無論在誰看來都會是過目不忘的。

而更加讓人意想不到的是，當主持人把已經年過 74 歲高齡的喬吉拉德請上臺時，他竟然在臺上跳起了 Disco，或許是覺得只在臺上跳不過癮，他乾脆爬上一公尺多高的桌子，在桌子上面舞蹈起來。這引來台下觀眾一陣陣的歡呼聲，現場的氣氛瞬間被點燃。

「你們想成為像我一樣的人物嗎？」喬吉拉德向場下問道。「想！」「那你們知道我成功的祕訣是什麼嗎？」「不知道」 觀眾回答道。「那請你們告訴我，在你們的手中有幾張我的名片？」台下的

觀眾有說一張的，有說兩張的……有說六張的。喬吉拉德聽後，說道：「這還不夠。」說完，又拿出幾千張名片，向現成揮灑。

就算是一個從來沒有聽說過喬吉拉德的人，在經歷過他的這次演講後，也會對他留下深深的印象。在喬吉拉德看來，一個不會推銷自己的業務員，不是一個合格的業務員。他推銷自己的方法就是盡可能的表現自己。表現自己，是隨時隨地地表現出自己的能力，從而讓別人注意到你。

銷售的能力一般分為兩個部分，一部分是推銷的專業技巧，這屬於內在的範疇：一部分是推銷時的行為表現，這屬於外在的範疇。內在的專業技巧可以透過不斷的學習來提高，而外在的行為表現，則需要你有足夠的勇氣和過硬的心理素質才能達到。

一般情況下，性格內向的人，會羞於表現自己，而這恰恰就成為了他事業上的絆腳石。在推銷這個行業中，最忌諱的事情就是對自己的能力進行自我限定，這樣你將無法將自己的能力充分地表現出來。所以，想成為一個優秀的業務員，你一定，並且要十分肯定地告訴自己：「我要所有的人認識我！」讓所有人認識你的過程，就是你向他人推銷你自己的過程。

推銷自己，首先要向顧客推銷你的人品。喬‧吉拉德認為「誠實是推銷之本」，這就要求每一個業務員在推銷的過程中都要表現出自己的誠實。如果業務員不能給顧客留下一個誠實的印象，顧客會出於對自己權益的保護，不相信業務員對產品所做的介紹，從而拒絕購買。

在美國紐約的銷售聯誼會曾做過這樣的統計，70% 的人願意購買商品，是因為他們認為業務員誠實、可靠，能夠得到他們的信任和喜愛。所以作為一個業務員的你，首先應該做到的就是在推銷自己時，首先給顧客留下誠實的印象，然後在加上自己的熱情和認真，那麼你

的成功就指日可待。

推銷自己的另一方面，就是要推銷自己的形象。為此，作為一名業務員，我們還要時時刻刻注意自己的形象，言談舉止都要有分寸。否則當我們的形象不能夠讓顧客認可時，我們的產品也不會具有說服力。喬‧吉拉德本人也十分贊同這樣的觀點，他認為業務員的形象間接地反映出他的內涵。當他穿著西裝在演講臺上跳 Disco 的時候，他平易近人、親和力強的形象就已經深入人心了。

推銷自己，除了向我們所面對的顧客推銷外，還要像更多的人推銷自己，因為每一個人都可能是你將來的顧客。當我們身處一個典型的商會活動中時，這裡可能有你想要認識的人，如果能讓我們想要認識的人，想要認識我們，就說明你成功地把自己推銷出去了。那麼我們應該向什麼樣的人來推銷自己呢？當然不是沒有選擇性的，選擇了對的人，那我們可以透過這個人認識更多對我們有價值的人，所以，這個人要是某個小圈子中的中心人物。我們可以透過這個人，認識更多的人，從而把自己推銷給更多的人認識。

在推銷的過程中，所接觸到的人群和所遇到的問題都是不同的，如果我們具備了應對各種問題的技巧，那麼我們在這個過程所表現出來的狀態一定是充滿自信的。這種自信會讓我們忽略對顧客的懼怕心理，全身心地投入到順服他人的工作境界中，把自己的能力展現出來，而這，是在銷售的過程中，與顧客溝通的最佳方式。

然而，有一點需要注意的是，表現自己是在自己的能力範圍內對自己的能力進行展示，而不是對自己的能力進行誇張的表現。過度誇張的表現，有時甚至會引起他人的反感，也會給人造成一種不可親近的距離感，這對你的銷售工作無疑是一個致命傷。

ψ 努力創造奇蹟，敢於與眾不同

每個人在還沒成功的時候，都會想像自己成功的樣子，可是成功的樣子是怎樣的呢？沒有真正地經歷過，恐怕都無法想像準確。喬‧吉拉德也許也沒有想到自己能夠成為世界上最偉大的汽車大師。

在 35 歲以前，喬‧吉拉德認為自己是世界上最慘的失敗者，高中的時候被開除；然後換了 40 種不同的工作，但最終都以被老闆辭退而告終；接著去當兵，但僅僅當了 97 天，就被退了回來；哪怕是當小偷都沒沒有成功；後來自己有了一家小公司，剛剛收入穩定後，卻因為輕信了他人而破產。

然而三年之後，喬‧吉拉德做出了一年銷售 1425 輛汽車的記錄，打破了汽車銷售的金氏世界紀錄，並且連續十二年保持著這個位置。從債臺高築，到金氏世界紀錄紀錄的擁有著，不得不說喬‧吉拉德創造了一個奇蹟。

當然奇蹟不是那麼容易創造的，喬‧吉拉德的一切成就，都是他自己努力的結果，他認為世界上最錯的做事態度是：這事會成功，因為沒人成功過。如果這是真的。那世界上就沒有創新的事物了，那些偉大的發明、新創意也就不會存在了。這對於銷售工作來說，也同樣試用。

在喬‧吉拉德看來，要創造出奇蹟，就要與眾不同，要與眾不同就要求有新的辦法和途徑。無論是喬‧吉拉德給自己所做的計畫，還是他給別人贈送禮物的方式，包括他銷售汽車的方式都是和別人不一樣的。並且，他從為間斷過去尋找新的方式來發展自己的事業。

直到喬‧吉拉德決定自己今後的事業方向就是向他人銷售汽車後，他決定今後不再因為血統的問題和顧客發生爭執。於是他找人做了一批新名片，然而令人想不到的是，喬‧吉拉德並沒有把自己的合法名

在金字塔頂端跳 Disco
金氏世界紀錄最強業務員喬‧吉拉德

字吉拉迪印上去，而是把名字後面的「I」去掉，變成了吉拉德。當然他並不是依照法律的程序改名字的，在他看來，他只是為自己取了一個藝名而已，就像是大部分藝人一樣，除了本身的真實姓名以外，都會給自己取一個藝名。

　　喬‧吉拉德的行為招致了一些義大利血統人的批評。對此，喬‧吉拉德並沒有放在心上，反而他為自己能夠想出這樣一個創意而自喜，儘管看似很簡單，卻是他花了很長時間琢磨出來的。從此他的生活發生了改變，不會再有顧客因為血統方面的問題再和他發生衝突，這對他的工作起了推波助瀾的作用。

　　當然喬‧吉拉德不是建議每一個業務員都去改掉自己的名字，或是給自己取一個藝名，而是想透過這件事例讓作為業務員的你審視一下自己，還有什麼地方是自己需要改進的，不要害怕改變自己，大膽地去想像，大膽地去創意，只有我們做到與眾不同，我們才能脫穎而出，才能讓我們的顧客記住我們。如果喬‧吉拉德沒有想到在改掉自己名片上名字，那麼也許今天保持金氏世界紀錄銷售記錄的人也不會是喬‧吉拉德。

　　所有從事銷售事業的人，都希望自己能夠擁有不菲的業績，然而只是沿著前人走過的路去走，或是緊緊抓住經驗教訓不放，是永遠無法超越前人的。在銷售過程中，我們要為自己樹立起標竿，讓每一個顧客都對我們印象深刻，而不是常常把我們和別的業務員混為一談。只有這樣，我們才能保證我們的業績高人一等。在所銷售安全玻璃的業務員中，喬治的業績就是其中最好的，他的好業績就來源於他與眾不同的推銷方式。

　　在年中檢討會議上，大家都要求喬治講一講自己推銷的祕訣，盛情難卻下，喬治終於向大家透露出了他的推銷方法。每當喬治敲開一

個客戶的門時，他首先會問客戶相不相信這個世界上有砸不碎的玻璃，當客戶表示不相信時，他就會問客戶有沒有錘子，即使沒有錘子，石頭也可以。當顧客滿臉狐疑地把錘子或是石頭給他時，他就毫不猶豫地向自己帶去的安全玻璃上砸去。這以舉動常常會讓客戶大驚失色，然而接下來就是對喬治的深信不疑了。

大家知道喬治的推銷方法後，也都紛紛效仿，然而再一次業績考核的時候，喬治仍然是遙遙領先的。為什麼同樣的方法去推銷，結果卻仍然不同呢？原來自從喬治把自己的方法告訴大家以後，就改變了方法，不再是他自己砸玻璃，而是把錘子交到客戶手中，讓客戶自己砸。顯而易見，這樣的說服力更加強了。

不管是喬‧吉拉德，還是喬治，他們的共同之處就透過自己的努力，尋找不同的銷售方法，開闢出自己的成功之路。他們也不過曾是眾多業務員中普通的一名，和現在的我們沒有什麼兩樣，但如果我們不相信自己能夠創造出奇蹟，也做不到與眾不同，那麼我們將永遠是現在的我們，也無法成為第二個喬治，更不可能成為第二個喬‧吉拉德。

ψ 喜歡上自己，化不滿為稱讚

在推銷這個行業中，競爭是十分激烈的，這就使得自信成為成功的要素之一。一個自信的人，首先會是一個喜歡自己的人，一個能夠發掘自己優點的人。

然而每個人都會有不同的缺點，最瞭解自己的人，莫過於自己。那麼你喜歡你自己嗎？對現在的自己滿意嗎？如果我們的答案是否定的，那我們接著將無法把自己成功的推銷出去。因為一個連自己都不喜歡的人，他怎麼會喜歡別人呢？

在金字塔頂端跳 Disco

金氏世界紀錄最強業務員喬・吉拉德

　　每一個人都是我們的鏡子，我們不喜歡別人，別人就不會喜歡我們。然而作為一個業務員，我們不能夠得到他人的喜歡，又怎麼去向他人銷售你的產品呢？顧客不喜歡我們，就不會信任我們，不信任我們，就不會購買的我們的產品。

　　所以，作為業務員的我們，一定要喜歡上自己，這樣我們才能獲得顧客的喜歡。也許我們會認為現在的我們，實在是沒有讓自己喜歡的地方，不管從哪一方面講，我們都比身邊的其他人糟糕。然而，這並不能成為我們不喜歡自己的理由。如果你知道喬・吉拉德曾經的樣子，我們就會驚呼：原來我這麼幸運。

　　喬・吉拉德出生在美國的一個貧民窟，從懂事起，他就需要不停地工作來保障自己的生存。他沒有比別人優越的家庭條件，也沒有受過高等的教育，甚至，他患有嚴重的口吃，然而這樣的喬・吉拉德從未讓他自己覺得沮喪過。他從自己的母親那裡知道，在這個世界上，只有一個自己，一個喬・吉拉德，就算是雙胞胎，也無法取代他，他就獨一無二的，他就是唯一的，不可複製的。

　　所以，就算喬・吉拉德遭遇到人生中最糟糕的事情時，他也不會討厭自己，更不會看輕自己。當破產的他來到汽車銷售公司時，聽到老闆對他的拒絕，他仍然說到：「只要給我一部電話、一張桌子，我不會讓任何一個跨進門來的客人空手走出這個大門。相信我，我會在兩個月內成為這裡最出色的業務員。」

　　喬・吉拉德的這份自信成就了他的事業，也告訴了所有的業務員，作為業務員，自信是必不可少的。而自信，就要從喜歡自己，認可自己開始培養。在喬・吉拉德的衣服上通常會佩戴一個金色的「1」，許多人看見了，都會問他：「你是世界第一的業務員嗎？」這時候，喬・吉拉德會用自豪的表情告訴對方：「不是，但是我是這裡最好的。」

　　喬‧吉拉德相信自己能行的思想影響了他的行為，使他不停地督促自己要成為最偉大的推銷大師。這就是思想指導行為，當你開始相信自己是最棒的時，你就會努力成為最棒的，在這個過程中，你也會把這種思想傳染給你的顧客，他會認為你是最棒的，所以你的產品也是最棒的。

　　然而，還有一種情況為，我們看得到自己身上的優點，我們很喜歡自己，對自己沒有任何不滿的地方。但是在推銷的自己的過程中，難免會遇到一些困難，比如當我們做了很多的努力，卻依然沒有得到顧客的認可，我們就會感到迷茫，會懷疑自己是不是適合推銷這個行業。當我們有了這樣的想法時，我們的自信心就已經開始動搖。而對於一個業務員來說，沒有比失去自信更可怕的了。

　　就像是在擂臺賽上，經過激烈的搏擊，總有一方會被打倒在地。這個時候，只有十秒鐘的時間，站起來，就不是一個失敗者；站不起來，就只能看著別人舉著勝利的獎盃。那麼遇到困難的你，能不能在十秒鐘之內站起來，並且依然相信自己能夠贏得勝利呢？挫折是不可避免的，同時也是暫時的，只要我們依然相信自己，就能夠成為勝利者。

　　作為業務員，我們認為自己是什麼樣子的，就推銷給別人的自己就是什麼樣子的。當我們徹底地喜歡上自己後，我們就一定能夠成功地把自己推銷出去。因為我們喜歡自己，也會喜歡顧客，顧客也喜歡我們。而當我們作為被顧客喜歡的業務員站在他面前時，我們所說的話，我們所做的行為，對他產生的影響力是巨大的。

　　德國人力資源開發專家斯普林格在《激勵的神話》一書中寫道：「強烈的自我激勵是成功的先決條件。」因此，作為銷員的我們，應時刻對自己充滿信心，應該在每天清晨對著鏡子中的自己大喊一聲：「我是最偉大的。」、「我是最好的業務員。」讓這樣的心理激勵，

逐漸成為我們的習慣，然後潛移默化中，移植到我們的工作中。

如果我們分析一下那些卓越人物的人格品質，就會看到他們有一個共同的特點：他們在開始做事前，總是充分相信自己的能力，排除一切艱難險阻，直到勝利！在推銷行業中只有這樣，我們才能成功，否則等待我們的就會失敗。

ψ 消除對大人物的恐懼心理

如果讓一個業務員把自己推銷給普通的顧客，他會覺得很輕鬆，因為這是他每天都要做的事情，但如果要讓他把自己推銷給自己國家的總統，恐怕他就會打退堂鼓了。原因就在於當我們每個人面對大人物的時候，都會有一種恐懼心理。

作為業務員，我們應該試想著把自己推銷給大人物，這樣不僅能夠增強我們在推銷中的勇氣和自信心，同時也能讓我們在工作中得到更多的利益。

把自己推銷給大人物首先就要克服自己對大人物的恐懼心理，每一個大人物都是普通人，只是他們的成就使得他們身上有了一層特殊的「色彩」，給人以距離感。從事保險行業的法蘭克至今還記得他第一次向大人物推銷的情景。

那的推銷對象是海崖汽車公司的總經理休斯先生。經過幾次的預約，當法蘭克站在格調高檔的辦公室中時，還沒開始說話，手就已經開始抖了。「休斯先生……啊……我早想來見您了……那個我是法蘭克……」平時流利地開場白說了幾次，也沒有表達清楚。休斯先生似乎看出了他的緊張，客氣地讓他先坐下，然後說：「年輕人，不要緊張，否則你將無法完成你此行的目的。」

休斯先生的話讓法蘭克不再那樣緊張，接下來的談話得以順利地

進行。最後，雖然休斯先生沒有立即表示購買，但是卻表現出了對產品的極大興趣。

對大人物的恐懼心理，是因為自身的勇氣不足，首先我們要承認這一點，並且去正視它。在今後的推銷工作中，不斷地提醒自己：「我沒有足夠的勇氣面對大人物，但是我會努力去面對」。這樣歷練的次數多了，勇氣也會隨之增加。

如果我們不能正視我們的恐懼心理，那麼就是諱疾忌醫了，我們將永遠無法跨過「恐懼」這道橫溝。其實當我們真正感到緊張或者是恐懼的時候，我們不妨向法蘭克一樣，表現出來，讓我們的顧客知道，相信我們的顧客不僅不會因此而怪罪我們，反而會因為我們的真實，而喜歡我們。這樣說並不是毫無依據的，世界公認最傑出的莎士比亞劇的演員莫里斯·伊文斯作為主要的發言人，在 1937 年紐約帝國劇院舉行的美國戲劇藝術學院的畢業典禮上講話，然而卻不知道因為什麼原因，他竟然緊張得語無倫次。

「對不起各位，我精心準備的發言，卻在面對眾多重要來客面前，因為恐懼而不知所云，請求大家的原諒。」伊文斯的坦誠，得到了所有人的諒解，並且人們因此而更喜歡他。可見，大人物並不是我們所想像中的那樣難以接近，甚至要比我們所想像得更加通情達理，善解人意。換一個角度，其實經常拋頭露面的人士在面對眾人時，他也會有少許的恐懼。換言之，一個總是高高在上的人，是無法成為大人物的。

所以，不要因為恐懼，就放棄結識大人物的機會。大人物可以成功的原因之一，就在於他們更願意去接觸一些業務員，因為業務員可以為他們帶去最新的消息，能夠便於他們在第一時間內瞭解市場的動向。如果你不去試一試，永遠都無法知道自己的銷售能力還可以更上

一層樓。已經年過 40 的傑克已經離開證券界 8 年了，當初因為長期的工作壓力導致體力透支，進過 8 年的調養，他認為自己可以「重出江湖」。

幸運的是，這一年正是股市再次興旺的前期。許多上市公司都在賣力地宣傳自己的業績，由於傑克還沒有進入實際操作，所以有更多的機會參加這些公司舉辦的各種會晤。這其中，不乏有值得投資的公司。

每一次會晤結束後，傑克都會把印象深刻的幾家公司記錄下來，認真地做好檢討。經過他的分析，他認為一隻很小的地產股肯定會迅速成長，可是當時石油的板塊正處於巔峰時刻。而投資者深陷當時的行情中，腦子一時轉不過彎來，根本忽略了那支小小的地產股。

於是，傑克開始考慮，誰會對這檔股票感興趣，最終他把目標鎖定在了美國最大的互助基金富達‧麥哲倫基金的基金管理者彼得‧林區的身上，彼得‧林區對自己的基金管理是十分成功的，他擁有大量的資金和大量的股票，他的投資高回報率，是他採取的任何行動都將是最有影響力的，同時也是最大的。

幾經周折，傑克得到了彼得‧林區的電話。當他撥通了那個電話，做好要費一番口舌才能和彼得‧林區接上話的準備，沒想到他說到「我找彼得‧林區先生」時，對方沉穩地回答：「我就是。」突如其來的情況，讓傑克有點慌亂，不過他迅速調整過自己的情緒，以專業的口吻向彼得‧林區介紹了自己，然後就切入了正題，他告訴彼得‧林區，他現在有一個彼得‧林區可能會感興趣的投資機會，然而電話那邊沒有任何回音。

傑克也沒有想過彼得‧林區會立刻接受他的提議，於是試探地問道：「請問您是否想要繼續聽下去？」「哦，當然，請你接續說下

去。」得到了認可的傑克以最簡短的話，向彼得‧林區介紹了那支股票，並且說明了建議買進的原因。彼得‧林區聽後，只說了句「**謝謝，再見！**」，然後就掛斷了電話。

結果，果然不出傑克所料，那支地產股上市沒多久，就迅速成長。這個結果令傑克欣喜萬分。當他再一次看中一檔股票後，他再一次撥通了彼得‧林區的電話，這一次，傑克還沒有開始介紹自己，彼得‧林區就已經叫出他的名字了，並且很高興地告訴他，他上次介紹的股票是一支很了不起的股票，彼得‧林區希望傑克能夠在他身邊一直幫助他。

這次成功地把自己推銷出去，讓傑克更加相信自己的投資天分。不管是法蘭克，還是伊文斯，還是傑克，只有接觸過大人物，他們才能發現自己有更多的發揮空間。這也正如喬‧吉拉德所說的「名人並不是不可接近的，只是需要自信和勇氣」。在推銷的行業中，需要的，也是我們擁有更多的勇氣，去面對更多，更成功的人士。

ψ 讓名片成為銷售的「輕騎兵」

作為一名業務員，你知道自己必備的道具是什麼嗎？就是你的名片，名片不僅僅是你必備的道具，也是你的首要工具。它所發揮的作用是絕對不可小覷的。

喬‧吉拉德最經典的動作，就是把自己的名片送出去，在送名片這件事情上，可以說是毫不吝嗇。他認為遞名片的行為就像是農民在播種，播完種後，農民就會收穫他所付出的勞動。每次去看足球比賽或是棒球比賽，喬‧吉拉德都會事先準備一萬張名片。當比賽進入高潮期，或者是運動員進球的時候，他就會把自己的名片向空中灑去，看著名片在空中飛舞，然後大部分人會撿起他的名片，如果這些人中

在金字塔頂端跳 Disco
金氏世界紀錄最強業務員喬‧吉拉德

有想要買汽車的，那麼就聯繫他，這樣就為他銷售出更多的汽車創造了更多的機會。

除此之外，喬‧吉拉德可以說是不會放過每一分發名片的機會。在餐廳用餐後，他會在付帳的時候多給侍者一些小費，然後再給他一盒自己的名片，然後要求服務生分發給在餐廳用餐的其他人。就算是在寄付電信費的時候，喬‧吉拉德都會在其中放兩張自己的名片。使打開信封的人能夠瞭解到他的職業。一年下來，喬‧吉拉德至少要發掉 100 萬張名片。

喬‧吉拉德不停地用這樣的方式推銷著自己，他會讓他遇到的每一個人都知道他是做推銷工作的，是推銷汽車的，讓每一個想要購買汽車的人認為應該和他聯繫。

推銷就是這樣一個無時無刻都需要進行的工作，所以作為業務員，應該意識到這一點，不管在什麼時候，什麼地點，只要的你的一隻手接觸到對方，你的另一手就應該把你的名片遞給對方。不要把自己藏起來，讓更多的人知道你是推銷什麼的，只有這樣，當顧客有購買慾望的時候，才會找到你。

有很多業務員總是羞於把自己的名片送給別人，喬‧吉拉德就曾碰到過這樣一個女孩，當他問那個女孩為什麼不給他一張名片時，女孩說：「我有點害羞，不好意思！」如果我們也是這樣，那麼我們又怎麼能把自己推銷給別人呢？一定要隨手遞上名片，成為我們的習慣。

喬‧吉拉德在臺灣演講的時候，臺灣成功學家陳安之也在現場。那天他沒有主動向喬‧吉拉德索要一張名片，但是不到十分鐘的時間裡，他手中已經有六張喬‧吉拉德的名片了。因為每一個人見到他，都會主動拿出一張喬‧吉拉德的名片送給他。這也是喬‧吉拉德發名片的一個習慣，絕不會只給一個人一張名片。可以試想一下，當我們

發給一個人三張名片時，他都收下了，對他來說一張就夠了，那麼其餘的兩張，他就會送給他身邊的人，也可能是他的家人，可能是他的朋友，就算是他隨手放在了自己的辦公桌上，也有可能被看到的其他人拿走，那麼無形中就多了兩個知道的我們的人。

當然也許我們會認為，每一個業務員都會發出自己的名片，我又怎麼能保證拿到名片的人一定會記住我呢？這樣的顧慮是必要的，經統計證明，每天成千上萬的人在寒暄中交換名片後，這其中 93% 的名片在 24 小時之內都被丟進了垃圾桶。只有不到 1% 的名片被保留了一個月以上。

這確實是一個亟待解決的問題。對此，喬・吉拉德是這樣做的：每當名片發出之後，他會對拿到名片的人說：「你可以選擇丟掉它，也可以選擇留下它，如果選擇留下它，那麼你就可以瞭解到所有關於我的一切細節，說定將來有一天你會需要我。」這樣一說，大部分人都會留下這張名片了。當然，除此之外，還是有很多辦法的，比如說香格里拉大酒店的做法，也是很可取的。

在香格里拉大酒店的一次商業活動中，每一個進入酒店的人都在下了計程車後，門僮都會遞給他一張名片，在這張名片上證明印著酒店的名稱、標誌以及聯繫電話。背面則印著門僮剛剛手寫的一組數位，這組數位就是剛剛乘坐的計程車的車牌號。

當離開飯店時，同樣也會收到門僮遞來的一張名片，這張名片和前一張唯一的卻別就是計程車的車牌號換成了即將要乘坐的計程車車牌號，同樣也是手寫。這樣一來，每一個進出酒店的客人都會感覺到酒店周到的關懷，萬一有東西遺落在計程車上，還可以根據酒店名片上提供的車牌號碼找回東西。

這是一種自然而又巧妙的推銷方法，無形中向客戶提供了兩次酒

店的資訊，長此下去，一定會有所收穫。同時這也是一種低成本的推銷方式，名片成本低廉，但是得到的回報卻是巨大的。

所以，現在我們的應該審視一下自己的名片，是否還有繼續發揮的空間，盡可能地做到自己的名片不被丟進垃圾桶。名片上可以顯示的資訊是有限的，那我們怎麼在這有限的地方上，盡情地展示自己，但同時又會引起別人的注意，願意永遠的保留呢？

首先，要確定我們推銷的對象。如果我們推銷的對象大部分都是同個國籍，那你就不要在名片的背面印上你的英文名字，不要認為這樣會顯得很氣派，相反，這是一種多餘的行為。但如果我們的客戶中有外國人，那麼這樣做還是有必要的。

第二，要儘量利用名牌上的空間對我們的項目盡享描述，就像是一本「迷你宣傳冊」。現在有一種折疊名片，效果不錯，而且成本不會高出很多，我們可以試一試。

其次，就是在名片的外觀上下功夫了。一般情況下，拿到你名片的人，不會立刻與我們進行交易，那麼我們就需要想辦法讓對方願意留下我們的名片。

常見的技巧就是，在名片上提供一些有用的資訊。比如「百萬莊園」的漢堡包，裡面就附帶一枚彩印小卡片，上面是一個科普小故事；還有一家保險公司在名片上印有年數相隔甚遠的郵票。大多數情況下，人們都會對能夠獲得知識的卡片很感興趣。有的證券公司還在名片上印有全球最重要的電話號碼，比如：比爾．蓋茲、巴菲特……然後再在最後印上自己公司的電話。

以上這些辦法，都能夠在一定程度上，為我們的名片增加收藏價值。不要再把名片放在口袋裡，把它散發出去，讓這張小小的名片，成為我們銷售中的「輕騎兵」。

ψ 像發名片一樣發禮品

如果說發名片是喬‧吉拉德最擅長的做法，那麼喬‧吉拉德第二擅長的就是像發名片一樣地發送禮品。

喬‧吉拉德每個月都會給顧客寄一張小小的賀卡，為的就是能讓客戶時不時地想起他，不需要費很多的精力，只是用一點心意，何樂而不為呢？在推銷這個行業中，想客戶贈送一些禮品是十分有必要的，這是一種快速籠絡人心的方法。

除了送賀卡之外，還有許多方法。只要我們可以想得到，就都可以運用進來。比如一些印有我們產品標誌的鉛筆、手帕、記事薄……就如我們每次在飯店吃過飯後，都會隨手一個飯店的打火機或是一盒火柴來使用，而這些打火機和火柴盒上往往都是印有飯店名稱的，每當我們使用的時候，我們都會再一次想到那家飯店，說不定就會激起我們再次光顧的想法。這種小禮物正是人際交往中的最好的媒介。

有時，小禮物能夠然給我們的客戶記住我們，有時候也能促進我們交易的成功。一個推銷冰箱的業務員每次去推銷的時候，都會隨身準備一些小的溫度計，然後送給他的客戶，讓客戶放在自己家的冰箱裡。當再次拜訪那些客戶的時候，他會問客戶現在正在使用的冰箱是否能夠達到標準的溫度，如果客戶很苦惱地告訴他不能時，他就會借機建議客戶更換新的冰箱。如果客戶表示溫度是正常的，他就會立刻離開去拜訪下一位客戶。

向客戶贈送一些小禮物，但卻沒有促成交易的形成，這並意味著我們有所損失，也許我們的客戶當時並不需要我們所提供的產品，但是這不代表他將來也不會需要，也不代表他身邊的親戚、朋友不會需要。不管客戶是不是會領情，首先業務員應該做到把人情送出。

在房地產公司裡，幾乎每一個售屋小姐都是坐在辦公室中等待接

電話，只有一個人是不同的，這個人就是瑪麗。在瑪麗的名片背面寫有這樣一句話：如果您需要購買或是租賃別墅，請不要忘記撥打這個電話。然後她拿著這些名片來到一個高速公路的收費處，和收費員商量，如果卡迪拉克、賓士或更豪華車輛通過時，就把她的名片遞給車主，並告訴車主，過路費已經由她付過了。當然給收費員一些報酬是必不可少的。

路過的車主對這突如其來的好處，多半會表示出驚訝，並好奇地問到是那位小姐，這時，瑪麗就會在一旁向車主招手示意。當然，這種小恩惠開豪華車的人並不會在意，但是卻能夠引起他們的興趣，會與自己的家人、朋友、合作夥伴提起，這樣知道的瑪麗的人也就越來越多。一段時間後，瑪麗的電話比其他售屋小姐多出一倍，業務量自然也比他人好的多。

可見，只要我們努力去嘗試了，就不會完全沒有回報。做推銷工作，我們的最終目標是推銷出自己的產品，獲得盈利。但是中間更需要許許多多的人情，來為我們搭橋建梁。多發一些禮品，就多得一些人情。當然，送人情有時候也需要根據客戶的需要，不能全憑自己揣測去判斷。選擇的禮物不宜過於昂貴，那樣非但不能讓客戶欣然接受，反而還會給他帶來心理負擔。

最後需要注意的是，送出禮物之前要做好充分的準備，不要送給顧客不喜歡或是厭惡的東西，那樣可會起到相反的效果哦。

ψ 與客戶同步

在推銷中，業務員需要跟客戶同步。心理學研究表示：我們可以在十分鐘之內和你原本並不相識的人，建立很強的親和力，並不需要我們對他有多瞭解，或是認識多久，只需要一個正確的方法。喬‧吉

拉德認為，客戶同步，首先要做到情感上的同步。

情感上的同步，需要我們站在客戶的立場思考問題，看待事情，能夠切實地去體會客戶內心的感受。就是說，當客戶心情低落時，我們不能夠表現高亢的情緒；當客戶心情愉快時，即使我們心情低落，也不能在客戶面前表現出來，而是要配合客戶，分享他的喜悅。這些可以用「感同身受」四個字來概括。

大多數情況下，作為業務員都會以熱情、自信、活力的面貌出現在客戶面前。但是我們會發現，有時候這樣的我們，並不能感染客戶的情緒。儘管我們一直面帶微笑，興奮地與客戶交流，可是對方卻絲毫不為所動，對我們的熱情態度不為所動。這時的我們，心理一定有深深地挫敗感。

其實，不是我們做得不好，而是我們用錯了方法。面帶微笑固然是對的，但是我們要密切留意客戶的情緒狀態，不是所有的客戶都能我們你在一個節拍上。當我們發現你面對的客戶是一個性格開朗，活力四射的人，那麼我們就可以讓自己充滿活力地去與他交流；但如果你發現我們的客戶是一個比較嚴肅，不苟言笑的人，那我們也需要在行為上對自己有所約束，儘量和客戶保持一致的情緒狀態。只有這樣才能更快地與客戶進行交流，客戶才能感覺我們和他是在同一個軌道中的。

史蒂芬是一個紅酒公司的銷售經理，由於能力突出，被公司委任到一個地區，負責擴展那裡的紅酒市場。

人生地不熟的史蒂芬初到這個城市，為了能夠接觸到更多的人，他每天晚上都要酒吧裡面坐一坐。一天，他偶然聽說酒吧的服務員說到酒吧的老闆，原來這個酒吧老闆在市中心開了十多家連鎖酒吧，史蒂芬感到機會來了。於是他輾轉打聽到了這家酒吧老闆的電話號碼，

在金字塔頂端跳 Disco
金氏世界紀錄最強業務員喬・吉拉德

第二天就撥了過去。

電話接通後，史蒂芬剛剛說明自己的身份以及用意，對方就推說現在正在忙，繼而掛斷了電話。既然在電話中無法預約，史蒂芬只好守在酒吧中等待老闆的出現。三天之後，終於等到了，沒想到老闆對他的態度極為冷淡，再一次敷衍了事。但這並沒有使史蒂芬灰心，他算準了老闆每次來酒吧的時間，每次他都準時等候在那裡。

一個多月過去了，依舊沒有絲毫進展。當史蒂芬再次出現在酒吧老闆面前的時候，這個老闆居然拍著桌子說：「你這個人怎麼這麼煩？我最近很忙，沒有時間招待你，你趕快走吧。」無論是誰碰見這樣的狀況，都會感到很氣憤，說不定會轉頭就走。然而史蒂芬不但沒有生氣，反而轉用和酒吧老闆一樣的語氣說道：「您最近的心情似乎都不怎麼好，遇到什麼煩心事了，也許我不能幫上忙，但多一個人多一個主意嘛！」

酒吧老闆顯然沒有想到史蒂芬會這樣說，語氣立刻緩和了下來，說道：「是這樣的，最近我的酒店運作出了點問題，總也解決不了。所以心情比較差，也沒有時間來招待你。」史蒂芬聽後，說道：「做生意難免會出現運作上的困難，其實做什麼都不容易。就拿我來說吧，剛剛培訓好的幾個業務員，沒兩個月就辭職不幹了，浪費了我很多心血啊。」

這一來一去的對話，讓酒吧老闆有了一種同命相連的感覺。於是，便和史蒂芬坐下來慢慢聊了起來。聊著聊著，酒吧老闆要倒水給史蒂芬喝，史蒂芬知道機會來了，於是說：「我們都是賣酒的，喝什麼水呀？我車上有兩瓶紅酒，我這就去拿來，讓你嘗嘗。」

不一會兒，史蒂芬就拿著紅酒進來了，酒吧老闆本就是一個懂酒之人，所以當看到史蒂芬手中的酒時，表現出了極大的興趣，嘗過之

後不住地誇讚酒的口感好。事已至此，結果是不言而喻的。

史蒂芬就是運用了和客戶情感同步的方法，打開了酒吧老闆的心理，成功地向他推銷了自己的酒，同時，也讓酒吧老闆對他印象深刻。

除了做到情緒上的同步，業務員還需要做到和客戶語速、語調的同步。人的表像系統分為五類，它們分別是視覺、觸覺、聽覺、嗅覺和味覺。而在推銷的過程中，只需要視覺、觸覺和聽覺這三種就足以使我們和客戶溝通了。這三種系統會受到來自外界的影響，每個人都會作出不同的反映，這就要求業務員需要根據客戶表像系統的不同，來使用不同的語調和語速。

當我們面對的客戶是屬於聽覺系統的人，那麼我們的語速過快，則讓他很難接受，我們應該和他保持一致的語速和語調，這樣才能更利於他聽懂我們所表達的意思。

當我們面對的客戶是屬於視覺型的人，我們就需要加快我們的語速，否則慢吞吞的說話，會讓他感到是在浪費時間，或許客戶會沒有耐心聽我們把話說完。

還有一種就是感覺型的人，這類型的人特徵比較明顯，首先他們的說話語速都比較慢，語調都比較低沉，其次，他們說話的時候，總是一副所思的樣子。

那麼怎樣來區分客戶是屬於哪一種類型呢？這就需要我們留意客戶的說話習慣，他慢我們也慢，他快你我們也快，他的聲調高，我們就不必像蚊子叫一樣，他說話喜歡拉長音調，那麼我們也儘量這樣做。若業務員能做到這一點，會對建立溝通和親和力有莫大的幫助。

ψ 記住別人的名字和面孔

在社會生活中，我們每一個人對自己的名字都是相當重視的。當

在金字塔頂端跳 Disco
金氏世界紀錄最強業務員喬‧吉拉德

我們走到大街上，一個我們對他完全沒有印象的人，卻很熱情地叫出我們的名字，相信每個人遇到這種情況都會非常開心，因為自己受到了別人的重視。

希望自己被人重視的這種理念，被喬‧吉拉德運用到了推銷當中。他認為：你必須在於客戶溝通的前 5 分鐘說出的他的名字 5 次。假如你能這樣做，對方的信賴就會大大增加，而且當你喊出他的名字的時候，他也會感覺自己非常棒。

美國前總統柯林頓在他還是大學生的時候，就有一個習慣，就是他會把每一個他見過的人的名字都記下來。他把這些人的名字做成資料卡，經常性地打電話或是寫信給他們。包括他們談話的內容，他都會記錄下來，並且保存好。

當他當選阿肯色州州長的時候，他已經擁有超過一萬張的資料卡了。這對後來柯林頓當選美國總統發揮了不可磨滅的作用。

柯林頓正式運用了喬‧吉拉德的理念——記住每一個人的姓名。事實上，喬‧吉拉德也是這樣做的。他能準確無誤地叫出每一位客戶的名字，即使他們之間已經有 5 年沒有見面了。只要顧客踏進喬‧吉拉德的門，他都會立即熱情地走上前去，親熱地喊出對方的名字，不知情的人看了，都以為他們是昨天才剛剛分開。

喬‧吉拉德的這種做法，讓他的每一個顧客都感到了，自己在喬‧吉拉德的心目中有著重要的地位。如果我們能讓某個人覺得自己很了不起，那麼他就會答應你提出的所有條件。

當然，要成為一個頂級的業務員，僅僅是記住顧客的名字是不夠的，還要記住顧客的相貌，否則就會出現張冠李戴的笑話，這樣不但不會讓顧客喜歡我們，反而會適得其反。喬‧吉拉德也不是僅僅憑著記住顧客的名字就能成功的。他會認真地看著每一個顧客的臉，然後

深深地印在自己的心裡，這樣，才能夠在下一次見面的時候，準確地叫出對方的名字。

所以身為業務員的我們，一定要練就記住顧客名字和面孔的本領。也許我們曾有過這樣的經歷，就是當別人介紹一個新的朋友給我們時，不過十分鐘，當我們再次想叫這個人的名字時，卻發現自己忘記了；當別人遞名片給我們時，出於禮貌，我們都會看一眼，但過後就會把名片主人的名字忘記得一乾二淨，因為我們根本沒有用心去記。

如果是這樣，那我們就無法成為頂級的業務員了。當有人給我們介紹新的朋友認識時，我們應當不斷地、反覆地提及對方的名字。對於記住對方的名字來說，這是一個相當不錯的方法。如果你也想讓對方記住你的名字，那麼就你不斷地想對方提起你的名字吧。

當別人再次遞名片給我們時，千萬不要再象徵性的看一眼了事。而是應該仔細地看著對方的臉，然後記住他的名字，以及名片上印有的一切資訊。然後在你們再一次見面的時候，你熱情地叫出他的名字，並且詢問一下他的工作狀況等，對方會感到十分得親切。友好的關係也會隨之而建立。

同時，如果我們想讓自己更加出色，除了我們準客戶的名字和相貌外，我們還應該記住與他有關人員的一些情況。比如說對方的家人，比如說他的祕書等等，這將是對我們非常有利的資訊。

喬‧吉拉德除了會記住自己客戶的名字和相貌外，還會記住客戶身邊的人的名字和相貌。每當其他去拜訪客戶時，在客戶的公司遇到了客戶的祕書時，他都會準確地叫出對方的名字。他的舉動通常會讓那個祕書受寵若驚，因為在祕書看來，自己的地位並不特殊。但喬‧吉拉德不這樣想，客戶的祕書也有可能成為他的客戶，即便是成為不了他的客戶，也會經常提供他一些關於客戶的有價值的資訊。

如果你的天生是一個健忘的人，那麼恐怕要多下一些功夫在記住客戶姓名和樣貌上了。

首先，要把記住別人的姓名當成是一件重要的事情，我們記不住客戶的名字，往往是因為在我們心裡沒有引起足夠的重視。所以，當我們聽到對方的名字時，要用心仔細聽，一定要牢記。

其次，不要太依賴自己的記性，在知道客戶的名字以及一些資訊時，要及時地記在筆記本上，這樣即使時間過多久，就算是忘記了，翻開本子就會記起來。喬·吉拉德的好記性就是這樣練就出來的。

最後，重複不斷地提起一個人姓名，有助於記憶。新認識一個客戶時，要在短時間內，盡可能地多提及對方的名字，揖讓對方感覺到了自己的重要性，也幫助自己去記憶。

每一個業務員都渴望推銷自己，都渴望能夠得到客戶的好感，那麼就請記住客戶的名字和相貌吧。這是喬·吉拉德告訴我們的：記住每一個客戶的名字和相貌，你將在會積累下無形的財富。

ψ 上門進行推銷

推銷自己，僅僅做到在街上發一發名片，或者是等著客戶自己找上門來，是不行的。我們更應該把握主動權，上門去推銷，把自己推銷給任何一個人。

每個客戶都有不同的特點，有的業務員只能把產品推銷給性格、性別、教育程度相同的客戶，除此之外就是他的禁地了。這種情況的原因就是，他們沒有掌握與各種客戶溝通的技巧，所以只能向適合自己的客戶推銷。但是作為業務員應該是能夠面對不同的客戶，喬·吉拉德接觸不同客戶的辦法就是上門推銷。

對於上門推銷，是需要很大勇氣的，因為可能意味著你將被客戶

拒之門外。但只要我們掌握了正確的上門推銷方法，就能夠得到客戶的歡迎。

當你準備去拜訪客戶，假如你有車子，那麼你的車子最好是放在離客戶家稍遠一點的地方。這樣你可以利用步行到客戶家的這段時間整理自己的儀容，準備一下自己要說的話，或是調整一下自己緊張的心情。

同時，也不要把車停在「專用」車位上，也不要停在客戶的車道上，更不要擋住去路，也不要停在客戶的車庫前。這不僅是體現了自己的禮貌，同時也是為了在你和客戶交談的時候，不被打擾。

當你站在客戶家門前的時候，最好是不拿任何推銷資料。這樣便於你在能夠在見到客戶時，自然地與之握手，而不是慌忙地找地方放下資料，然後再做自我介紹。

在上門之前還需要做一些準備，除了為回答客戶提出的問題做準備。如果你需要去廁所，那麼一定要趕在去客戶家之前解決。但給你見到客戶時，你就要像「強力膠」一樣「黏」住對方，不要給他任何時間來思考拒絕你的方案。

如果和客戶之前預約過，那麼就絕對不能遲到，哪怕是一分鐘。第一印象是十分重要的，家是第一次見面你就遲到了，首先就在客戶的心中留下了一個不好的印象。所以，如果遇到了突發狀況，比如堵車或是爆胎等等，要立刻給打電話客戶，請求晚點時間見面。這樣做能夠讓客戶感覺到對他的尊重。

當進入客戶的家中，或是辦公室中時，我們的身份是一個客人，所以一定要表現出客人對主人應有的尊重。首先，要在進門之前把鞋子上的髒擦乾淨，如果客戶乾淨的地板上留下我們一排泥腳印，那場面將會很尷尬。

　　其次，不要主動入座，記住我們客人，不要像一個「侵略者」。如果客戶的家中或是辦公室中很整潔，佈置得很精緻，一定要讚揚一番，這樣的話在客戶心裡是很受用的。

　　最後，沒有經過客戶的同意，我們手中所拿的東西最好不要放在客戶家的桌子上。出於禮貌，客戶不會讓我們立即拿開，但是這會影響到客戶的心情。

　　當進入客戶家中後，接下來就是我們上門的重點了——推銷我們的產品。這時候忌諱單刀直入，一張嘴就說產品，會招致客戶的反感。正確的方法是，先環顧一下客戶的家中、辦公室，有什麼值得注意的地方，然後和客戶談論一番，客戶會因為我們對他的關注而感激。在引起客戶的好感之後再推銷我們的產品，作為回報，客戶會聽得更仔細。

　　對於我們的產品，及時我們推銷的是一個毫不起眼的石頭，也要用一個精美的盒子包裹起來。因為這樣會在無形中增加產品的價值。即便就是一個普通的石頭，客戶也會因為你的包裝而覺得它不再普通。

　　這種以包裝來強調產品的特質和價值的做法，是推銷界著名的比喻，也是喬‧吉拉德所建議的。假如我們銷售的是汽車或者是家電，絕不可以用手去敲打，而是用手小心謹慎地觸摸。因為客戶是從我們對產品的行為上，來判斷這個產品的價值的。

　　同時，在介紹產品的時候，關於產品最突出的價值，一定要放在最後說明。在銷售的過程中，一定要找到做購買決定的那個人，他才是我們要說服的重點人物。

　　當我們面對的是一對夫婦或是一群人時，如果找錯了目標，不但會影響成交的結果，還會浪費時間。這需要我們耐心去觀察，對產品關心程度比較高，表示出極大興趣的人，不一定就是最終決定購買的

那個人。

　　還有，在銷售的過程中，不要讓客戶置身事外，而是要讓他參與進來。比如：讓客戶自己對比顏色的差異、自己丈量產品的尺寸，或者可以親自品嘗一下等等。這些行為都可以在一定程度上增加客戶的購買慾望。

　　最後，在上門推銷中，因為能夠比較直觀地接觸到客戶的家庭狀況，那麼客戶的經濟狀況就應該在我們的考慮範圍內。比如：我們面對的時年輕的夫婦，大多數年輕夫婦的經濟都不是很充裕，但是並不希望讓很多知道。所以此時，我們應該表現出自己的真誠，讓對方感覺到，增加我們交易成功的可能性。

　　在表現自己熱情的同時，我們還可以和客戶暢想一下未來的美好生活，強調出產品和美好未來密不可分的關係，用親切的交談方式來刺激對方的購買慾望。

在金字塔頂端跳 Disco
金氏世界紀錄最強業務員喬・吉拉德

第二章 點燃你的熱情

——發自內心熱愛自己的職業

ψ 啟動體內的引擎

在喬‧吉拉德家最外面的門上貼著這樣一句話：啟動所有的引擎。每當有人經過他的辦公室時，喬‧吉拉德的內心便開始吼叫：「進來吧，我一定會讓你買我的車，因為每一分一秒的時間都是我的花費，我不會讓你走的。」

在很多人都為怎麼樣才能成功而煩惱時，喬‧吉拉德告訴大家，想要成功就要投入自己所有的專注與熱情。有些業務員每天早晨 5 點就起床，而且此時他這一天的行程都已經安排好了，他們一年只休息 3 天的時間，對他們而言，颱風下雨沒有什麼大不了，反而是拜訪客戶的最佳時機；即使是生病，都無法阻擋他們工作的熱情。不是他們不想休息，而是他們已經啟動了自己體內的引擎，使他們無法拒絕取得交易成功時的喜悅。

為了能夠讓自己拿到更多的訂單，讓自己取得推銷事業的成就，每個業務員都要啟動自己體內的引擎，讓自己充滿幹勁去工作。

啟動引擎動力之一：選擇對的職業

喬‧吉拉德放棄了建築生意，原因在於他認為在建築領域中有太多的選擇、太多人，這些都會分散他的精力，使他無法專心地投入到工作當中，因此，他認為選擇工作應該選擇具備聰明和智慧的工作，比方說推銷工作。

只有選擇了我們認為正確的工作，我們才能投入自己所有的熱情

和精力，付出自己 140% 的努力去取得工作上的成就。

啟動引擎動力之二：目標

喬・吉拉德認為每一個不成功業務員的悲劇就在於，他們之中 95% 的人不知道自己的目標在哪裡，沒有目標，就沒有強烈的慾望，就無法燃起自己的信念之火。知道自己要做什麼，最好是能夠拍成照片掛在自己能夠看到的任何一個地方，以此不斷地提醒自己。喬・吉拉德曾把全公司最好的業務員的照片掛在自己辦公室的牆上，每天對著照片告訴自己，要打敗他們，要成功。他給自己定的目標就是成為第一，為了完成這個目標，他不得不啟動自己身體內的所有引擎去努力。

推銷工作不能沒有目標，否則就是「當一天的和尚撞一天鐘」。工作上的目標是我們工作的最初動力，也是我們能夠一直保持動力的因素，因此一定要給自己的工作制定一個目標，沒有目標的忙碌是得不到任何結果的。首先，業務員在每天早晨起來以後的第一件事情，就應該給自己制定今天要達到的銷售金額，然後就付出全部的努力去完成。

在給自己制定目標時，要根據自己的能力來確定，比自己的能力範圍再高一點，然後逐步提高，就能夠穩步達到最高的境界。人類是因為夢想而偉大，就算是失敗了也不要氣餒

啟動引擎動力之三：不要拿年齡當藉口

當年 84 歲的喬・吉拉德站在講臺上熱情得演講時，在場的每一個人都會佩服他的活力。這也是他能夠在工作上取得成就的原因之一，永遠不會因為年齡的問題而怠慢工作。在推銷行業中，是沒有年齡之分的，只要能夠保持自己的活力，就能夠永遠像個年輕人一樣充滿幹勁。

當你認為自己精力大不如前了，當你看到新來的業務員時感覺到自己老了，就想一想齊藤竹之助，這個在 57 歲才進入推銷行業業務員。我們普通人 57 歲的時候，都已經準備頤養天年了，而齊藤竹之助為了還自己高額欠款，不得不從事保險行業，從進入這個行業的第一天起，他就發誓自己要成為最好的業務員。成為第一說起來容易，但是做起來難，更何況他已經不是年輕的小夥子，但是他的年齡絲毫沒有影響他這份雄心，為了實現這個願望，他比其他人更加努力地工作。他知道，要和這些頂尖的推銷高手競爭，就要拚了命的去工作，這樣才能夠超過他們。

齊藤竹之助的願望終於在 1958 年的時候實現了，他創造了全年 6.8 億日元的優異成績，成為了全國第一。在這不久之後，他再次創造了世界紀錄。當他 74 歲的時候，他說道：「我至今已經從事推銷行業 15 年了，但是我不認為我會輸給年輕人，我堅信我還可以像這樣再幹 30 年。」從他的身上，絲毫看不到老年人的衰弱，看到的是和年輕人一樣的活力和幹勁。

因此，想讓自己體內的引擎一直發動下去，就一定要保持旺盛的活力，年齡並不是藉口，只要我們還熱愛這份工作，就會對它充滿熱情，充滿活力的繼續下去。

一旦我們投身於推銷事業，我們就要努力地證明自己會成為一個成功者，因此，拿出我們的熱情，拿出我們的鬥志，挖掘出我們的潛力，啟動身體內所有的引擎，在這個行業中衝刺吧。

ψ 一次只做一件事

全世界銷售汽車的普通記錄是，平均每週賣 7 輛車，而喬‧吉拉德一天就可以賣出 6 輛車。原因就在於，喬吉拉德認為：如果決定了

在金字塔頂端跳 Disco
金氏世界紀錄最強業務員喬‧吉拉德

去做一件事，就要自始至終做這一件事。一次只做一件事，才能把自己所有的精力和耐心都放在裡面。

我們的工作，是我們通往財富之路的途徑，你可以透過工作一步一步地向前走。剛開始的時候，也許我們並不突出，但是只要堅持，就會達到目標。剛開始做汽車這個行業的時候，喬‧吉拉德和別的業務員一樣，只是普通的 42 名業務員中的一名。在這 42 個人當中，有一半人都是喬‧吉拉德所不熟悉的。為什麼呢？原因就在於，其他人常常是來了又走，流動性很大，只有喬‧吉拉德一直堅守在自己的崗位上。

因為在喬‧吉拉德看來，最好是在一個職業上做下去。沒有工作不會遇到問題，但是如果你選擇了跳槽，情況只會更糟糕，這將意味著，你又要重新來過。專心於我們已經決定去做的那個重要目標上，放棄其他所有的事。把我們需要做的事想像成是一大排抽屜中的一個小抽屜。我們的工作只是一次拉開一個抽屜，令人滿意地完成抽屜內的工作，然後將抽屜推回去。

所以，當我們決定要成為一名業務員時，就要下定決心，在這個行業取得成功。而成功的起點就是：熱愛自己的職業。「就算你是挖水溝的，別人不喜歡你，但是你自己喜歡，那就不要在乎別人的看法。」喬‧吉拉德常常這樣和別人說。事實上，無論從事什麼樣的職業，一定會有人討厭你和你的職業。

我們能做到的就是，努力讓他人喜歡我們，盡我們所能把自己推銷給客戶。推銷自己，面部表情是很重要的。喬‧吉拉德曾經遇到一個神情十分沮喪的人，得知對方是業務員時，喬‧吉拉德說道：「如果全世界的業務員都是你這樣的神情，那麼恐怕全世界銷售不出去一件東西。幸好你不是一名醫生，否則你的病人就要遭殃了。」

作為業務員，應該隨時表示面帶微笑，微笑可以增加我們的魅力，可以讓陌生人立即成為朋友。無論喬‧吉拉德的心情多麼糟糕，在面對客戶的時候，他都會面帶微笑。就算是被別人嘲笑自己的職業，他也並不理會：「我就是一個業務員，就是一個賣汽車的，我熱愛我的職業。」有人曾問過愛迪生：「成功的第一要素是什麼？」愛迪生說：「能夠將你身體與心智的能量鍥而不捨地運用在同一個問題上而不會厭倦的能力……你整天都在做事，不是嗎？每個人都是。我每天早上7點起床，晚上點睡覺，我做事就做了整整16個小時。對大多數人而言，他們肯定是一直在做一些事。唯一的問題是他們做很多很多事，而我只做一件。假如你們將這些時間運用在一個方向、一個目的上，你們也會同樣的成功。」

可見偉大的人物之間都是一定的相似之處的。喬‧吉拉德對工作的熱愛無形中影響了很多人。一次，喬‧吉拉德只用了20分鐘就賣了一輛車給一個人。沒想到成交的時候對方告訴喬‧吉拉德，他真正的目的並不是買車，而是想透過買車學習喬‧吉拉德的祕密。喬‧吉拉德聽後立刻把定金還給了那人，並說：「我相信你會做得更好。」一次只專心地做一件事，全身心地投入並積極地希望它成功，這樣你在心理上就不會感到筋疲力盡。

只有真心熱愛這項工作，才能做得更好。這就是喬‧吉拉德的祕密。如果我們也能像喬‧吉拉德一樣，選擇最重要的事先做，把其他的事放在一邊。做得少一點，做得好一點，你就會從工作中得到更多的快樂。

ψ 把簡單的事情重複做

每一件複雜的事情都是由簡單事情組成，任何成功都是不斷練習

的結果。很多看似簡單的事情，要長久地堅持下去就不是一件簡單的事情了。

　　簡單的動作重複去做，簡單的話反覆練習，這就是業務員的工作，也是推銷成功的祕訣。一位德高望重的業務員在退休大會上，被問及推銷的祕訣是什麼，他微笑著沒有回答，而是命人把一個懸在鐵架上的大鐵球搬上講臺，然後他拿著一個小鐵錘朝鐵球輕輕地敲了一下。鐵球紋絲不動，隔了5秒鐘，他再次敲一下，就這樣每隔5秒就敲一下。

　　漸漸地，台下開始議論紛紛，不斷地有人離開。當幾千人只剩下幾百人的時候，大球居然慢慢地動了起來，四十分鐘後，鐵球晃動地越來越厲害，任憑人怎麼努力都不能使它停下來。最後他說道：「成功就是把簡單的事情重複地去做。如果你能以堅韌不拔的毅力每天進步一點點，那麼當成功來臨的時候，你擋都擋不住。」

　　德謨克利特是希臘著名的演講家，從他出生起就有口吃的毛病。為了成為頂級的演說家，他下定決心訓練自己。每天他都會跑到海邊，對著大海演說，他把汪洋的大海想像成自己的聽眾。為了迫使自己改掉口吃的毛病，他甚至將石子塞進自己的嘴裡。最終他的勤奮和刻苦成就了他的夢想。

　　在這一點上，德謨克利特和喬‧吉拉德很相似。喬‧吉拉德小時候也患有口吃，但為了銷售工作，他努力改掉了自己的口吃。他成功的原因之一就是，他能夠不斷地重複地去做一件簡單的事情。他曾經為了加強自己的親和力，每天都廢寢忘食地在鏡子面前練習微笑，甚至有時走在路上，他都會邊走邊笑。每次去拜訪客戶前，他都會和妻子演練一下，妻子模仿客戶，問一些刁鑽的問題，喬‧吉拉德在最短的時間內給予妻子滿意的回答。

　　可見，頂尖的人物不是生來就有的，都是透過不斷的練習取得的。

就算是世界頂級的推銷大師也不例外。喬‧吉拉德正是透過並不斷的練習，從而準確地掌握客戶真正的購買點。

那麼，喬‧吉拉德經常練習的簡單動作都有哪些呢？

7. 第一次和客戶見面時的自我介紹；

8. 關於產品的介紹；

9. 電話銷售的語言；

10. 和客戶溝通時，臉上的微笑；

11. 回答客戶異議的語言；

12. 不斷地拜訪新的客戶；

13. 靜心思考、自我暗示的習慣。

特別提到的是自我暗示，喬‧吉拉德認為自我暗示能夠能夠調動個人的潛意識，對自己進行自我確認。

美國人壽保險業的奇才巴哈，在加入保險業後的第一年業績超過300萬美元。20年來，他累計的保額達到2.5億美元。巴哈的成就就來自於他的自我暗示，在進行銷售工作之前，巴哈

總是不斷地在心裡告訴自己：「我是最棒的、我是最優秀的、我的業績不斷提升，我的收入不斷增加，我會越來越富有……」這樣自我暗示的次數多了，信心也會隨之而來。

透過自我暗示取得成功，並不是無稽之談，而是透過醫學證明的。很多醫學研究證明，當人的大腦在思考一件事情的時候，就很快發出一種腦磁波，這種腦磁波所發出的頻率可以吸引他所想到的人和想要得到的事物。

所以，在我們銷售的過程中，可以準備一些自我暗示的話語，不停地默唸，以此來激勵自己。你會發現用不了多久，自己就會變得更加自信和樂觀。

除了上述的那些動作以外，喬‧吉拉德還始終不變的堅持做著一件事，就是寫信給每一個客戶。如果說，寫一封信給客戶不是什麼難事，如果長期堅持下來就不是一件簡單的事情了，再加上一些客戶因為種種原因，不能夠回信給我們的時候，那我們還會繼續寫下去嗎？

喬‧吉拉德就可以堅持下來，每個月他都會寫信給自己的客戶，除了他自己以外，沒有知道信的內容是什麼，但是每一次所使用信封的顏色和大小都不同。而喬‧吉拉德正是透過反覆做這個簡單的事情，和客戶建立友好的關係的。「其實做推銷也很簡單，就是不斷地拜訪、拜訪、再拜訪。」喬‧吉拉德如是說。

當然，我們無法精確地丈量出這些信的價值，畢竟沒有人會為了一封信而立即與我們交易。但是有一點值得肯定的是，這些細微的、用心周到的細節如果能夠長期堅持下去，一定會感動我們的客戶，從而給我們的工作帶來明顯的變化。

ψ 遠離怠慢工作的小圈子

喬‧吉拉德在工作中特別注重的一點就是：在工作的時間，絕不做與推銷無關的事情。他十分清楚自己的工作就是推銷汽車，所以他從來不會利用上班時間去聽其他人的牢騷。

喬‧吉拉德進入推銷行業後不久，就得到了一個重要的教訓，那就是「不要加入小圈子」。這個小圈子是指「廢話圈子」或者是「聊天圈子」，如果加入了這個小圈子，每天早晨到了公司的第一件事，可能就成了和其他同事討論自己昨晚吃了什麼，今天早上遇到了什麼事情，你說一句，我說一句，時間不知不覺就過去了，如果碰巧有人講個精彩的故事，那就更沒有心思去工作了。這樣又怎麼能把握住做生意的機會呢？

任何工作都需要專心致志，心無旁騖地去做，銷售也不例外。可以說，銷售更需要我們專心地去對待，只有這樣才能把握住更多機會。

喬‧吉拉德剛進入汽車銷售公司時，他不認識公司裡的任何一個人業務員，他想那些業務員也不願意認識他。所以，當他無事可做時，他會在老員工和顧客交談的時候，湊近他們，為的是能夠學習一下老員工的銷售方法。或者透過打電話來拉一些生意，再或者，他還會發一些簡訊給他的家人和朋友，將自己的工作和銷售的產品告他們。

喬‧吉拉德能夠有時間做這些事情的原因，就在於在公司裡他沒有朋友，沒有人陪他聊天，或是講精彩的故事給他聽。所以，他把所有的時間都用在了推銷汽車上。第一個月，他賣掉了 13 輛車，第二個月他賣出了 18 輛車。而這些成績是完全是因為，他在這個公司沒有任何朋友。第二月的月底，喬‧吉拉德已經是店裡面成績最優秀的員工之一。

喬‧吉拉德出色的成績很快遭到了同行的排擠，因為喬‧吉拉德搶了他們的生意。到了新的汽車銷售公司工作後，喬‧吉拉德意識到了一點，就是不加入小圈子，才能夠更好地工作。當然，他也知道讓同事成為自己的仇人並不是一件好事，所以他小心翼翼地面對他們。漸漸地，其他同事知道了喬‧吉拉德的風格，他只是不願意拿時間出來和大家閒聊罷了。

除了不和同事閒聊，喬‧吉拉德也不會和他們一起吃午飯。當同事們三五成群地去吃午飯時，喬‧吉拉德是和客戶去吃飯的，就算不是客戶，也是能夠為他帶來客戶的人。他這樣做的目的，僅僅是對自己工作的熱愛，他想盡一切辦法讓自己的工作做得更好。

對於那些習慣怠慢工作的業務員，在喬‧吉拉德看來，他們是缺少對工作本質的理解及對待工作的熱情，這樣的業務員，也會因為怠

慢自己的工作，而怠慢了自己的客戶。而喬‧吉拉德絕對不會和他們一樣。

他建議每一個業務員，在工作中，最好不要和同事組成小圈子，如果很不幸，不已經加入了，那就想辦法退出來，因為這除了耽誤你的工作之外，是不會有任何好處的。喬‧吉拉德之所以這樣認為，是因為他曾在工作中看到這樣一副場景：

一個顧客走進他們的店裡，這時一個業務員對另外一個業務員說：「老兄，幫我應付一下，他肯定只是進來逛逛。」另一個接到委託的業務員，因為不是自己的客戶，自然不會放在心上，於是顧客就真的逛一逛走掉了。小圈子裡的業務員只會把時間用來對客戶品頭論足，而不會用來討論怎樣才能留住客戶。

所以，這樣的小圈子還是遠離比較好，在這其中學不到任何東西。小圈子裡的人不會告訴我們，一天打多少電話才能引來客戶，也不會告訴我們怎樣給客戶寫信，只會給我們將一些無關痛癢的小故事，或是向我們發發牢騷。

我們不如用這些時間，跑到角落給客戶打上幾通電話，或是在辦公桌上寫上幾封信給客戶。而不是加入這些小圈子，怠慢自己的工作。在喬‧吉拉德的家鄉有這樣一個比喻：如果你往牆上扔足夠多的義大利麵條，總有幾根會黏在牆上的。

喬‧吉拉德後來用這個比喻來形容業務員的工作，如果業務員不停地做工作，只是為了拉一些客戶，那麼或多或少都會拉到。只要不把時間用在和小圈子裡的人聊天說笑，否則就沒有時間來做這些事情了。

最後，記住喬‧吉拉德的忠告，不要加入任何小圈子。這是職場處事重要的一條，也許這樣做會讓我們覺得有些孤單，但同時也會減

少許多是非。我們將得到更多的時間去發展我們的客戶，瞭解我們的產品。

只有遠離了那些小圈子，我們才能把更多的熱情投入到銷售工作中，客戶才更願意和我們做生意。

ψ 利用充電器充電

沒有人會對一樣工作一直保持熱情的態度，銷售工作也是一樣，難免會遇到熱情耗盡的時候。包括喬·吉拉德本人，也有對工作感到厭倦的時候，這個時候的喬·吉拉德就會給自己充一充電。

這個所謂的充電，和電動車沒電了需要充電是一個道理，但不同的是，這個充電器是一個人，也有可能是一件事。總之，是一個能夠給與人激勵的人或事。有個叫艾德的人，他就是這樣人。

艾德的工作是銷售汽車和卡車，每一刻他都是充滿著熱忱的，可以說，他銷售的不是汽車，而是他的熱忱。他熱忱也影響了每一個在他身邊做事的人。每當有同事發現自己心情沮喪，毫無幹勁時，就會去找艾德充電，哪怕只是聽艾德說上幾句話，都能感覺到自己的身體內充滿了力量。

艾德就相當於我們工作中的充電器，在我們「沒電」時，給我們「充電」。其實，情緒上的充電是相互的，別人可以成為你的「充電器」，你也可以成為別人的「充電器」。比如：當我們向別人微笑時，也會得到對方的微笑；當我們對著別人垂頭喪氣時，別人的心情也會低落下來。

所以，當我們感覺自己沒有熱忱時，就努力表示出對別人的熱情，然後利用別人對我們回報的熱情，來為自己的充電。同時，喬·吉拉德還為我們提供了 4 種訓練熱忱的計畫。

在金字塔頂端跳 Disco
金氏世界紀錄最強業務員喬‧吉拉德

1. 要有一件自己十分在乎的事情。

這件自己十分在乎的事情，能夠隨時激發出我們的熱情。它可以是一個目標、一個想法、一個計畫或是一個人，只要它對你來說是很重要的就可以。如果沒有這件事情的存在，我們就無法寄託我們的熱忱。

就好像當你準備去散步的時候，去發現自己沒有目的地，這樣毫無目的的散步又怎麼能引起你的興趣呢？喬‧吉拉德曾回憶起，自己第一次開車載家人到迪士尼樂園的情景。當他們越接近目的地，他們的情緒就變得越高漲。

當他們看到第一個路標：「迪士尼 535 英里」時，他和家人相視而笑。接著看到第二個路標「迪士尼 350 英里」，他們開始興奮。第三個路標出現時，他們已經快要到達目的地了。因為他們心中在乎的是迪士尼樂園，正是這種在乎，使得他的熱忱在路上的每一英里都得到了鍛煉。

為了讓自己一直保持著熱情，喬‧吉拉德把自己的長期目標分成幾個短期目標來實行，然後盡力去完成每一個目標。他發現當他完成一個目標之後，他的熱忱便提高了一些。

相反，如果我們什麼都不在乎，久而久之這種態度就會影響到我們的工作，我們會對客戶也不在乎，會對自己的形象也不在乎，更不要說對工作的熱情了。如果你不知道自己要做什麼，或者是要完成什麼目標，你又如何讓自己充滿熱忱呢？

試一試讓自己對某件事持有在乎的態度，那麼一切都會不同。

然而沒有趣味的目標，會讓我們漸漸失去追求目標的興趣，這樣就無法培養我們的熱忱。查理斯‧德拉蒙德是密西西比河以東最棒的鞋業業務員之一，他能夠擁有輝煌的銷售記錄，完全是因為他能讓自

己的目標變得更加有趣。

那麼，他是怎樣讓自己的目標變得有趣的呢？例如，他會和自己說：「如果我能在三個月之內，把新款的鞋銷售給 80 家以上的商店，我就要和我太太一起到好萊塢度假。」到好萊塢度假遠比給自己規定銷售多少雙鞋更有趣，所以查理斯會更加賣力的銷售。他發現，對到好萊塢度假的熱忱在無形中，已經轉移到他手頭上的工作了，瞬間，賣鞋子也成為了一件有趣的事情。他變得更加熱忱，每天都期待著第二天的到來，想像著自己可以賣掉多少雙鞋。

查理斯就是這樣令自己熱忱無限的，設定目標，然後讓它變得更有趣，然後在實現的過程中提高自己的熱忱。

2. 大聲地表現出自己的興奮。

喬．吉拉德從來不吝嗇表現自己的興奮，每天從起床起，他就開始鍛煉自己的熱忱。無論他觸碰到什麼，都會讓他想要高升歌唱，就算他的這一行為招致了妻子的反感，他仍然樂此不疲，依然在每天早晨起來時，告訴自己：「要快樂哦。」然後他就會變得很快樂。在喬．吉拉德看來，因為今天是嶄新的一天，這一天有嶄新的 24 小時，這就是一件值得高興的事情，也是他想要高聲歌唱的原因。

3. 充分利用充電器。

喬．吉拉德建議每一個業務員都找一個讓自己充電的對象。這個人必須像喬．吉拉德是個天生的贏家、第一名的人，這樣的人才能在我們需要的時候，給我們力量。當然，讓自己成為別人的充電器同樣重要。

4. 保持一顆天使般的心。

天使般的心就像是嬰兒的心，純潔而透明。喬．吉拉德曾說：「不管我們的年齡有多大，都要用充滿好奇的童心來看這個世界。這樣才

能保持熱切期待的心態。」

　　喬‧吉拉德出生在一個貧窮的家庭，他們通常是依靠救濟來生活的。每當耶誕節來臨之際，提供救濟的親睦會就會籌集一些善款，來購買一些禮物，送給窮人家的孩子。這個時候，是喬‧吉拉德最開心的時候，儘管他早已經知道聖誕禮物是什麼，因為每一年都是一樣的。但是他還是迫不及待地想要收到這個禮物，那種熱情是不會因為已經知道了而減退的。

　　直到長大成人，喬‧吉拉德依然沒有忘記那份熱情的期盼。而那種熱忱正是大人所缺少的，有了這種熱忱才能更加投入到工作中的每一天。

　　按照這 4 項去做，一定能夠在工作中迸發出無限的熱忱。

ψ　業務員要熱愛自己的職業

　　最讓喬‧吉拉德無法理解的一個現象是：很多業務員回到家中時，他的妻子甚至不知道他所推銷的產品。為什麼要這樣躲著藏著呢？每一個業務員都要熱愛自己的工作，應該很自豪地告訴大家自己的工作。

　　很多人不願意從事推銷工作，原因在於，銷售在他們看來是一個工作壓力大、工資待遇低、不被人們重視、可替代性強的工作。當我們抱著這樣的看法去從事推銷這個職業時候，又怎麼能去熱愛它呢？從事了一輩子推銷工作的喬‧吉拉德卻不這樣認為，他認為銷售不是一個單調而乏味的工作，而是一場人生的競技賽。

　　喬‧吉拉德曾說：「有人說我是天生的業務員，因為我十分熱愛銷售工作，我確實認為，我早年成功的主要原因是我熱愛推銷工作。我認為，同我在一起的其他業務員比我更有才能，但是我的推銷額卻比他們的多，這是因為我拜訪的客戶比他們多。在他們看來，推銷工

作是單調乏味的苦差事。在我看來，它卻是一場比賽。」

　　不僅僅是喬・吉拉德，各行各業被公認為「成功者」的人，他們有一個很大的共同點，這就是他們熱愛自己的工作。因此，作為一名業務員，或是即將從事推銷工作的人員，必須消除對推銷工作的誤解，要正確、全面地認識銷售工作，這樣才不會產生排斥心理，才能夠滿懷熱情地去做這項工作。

　　對每一個業務員來說，想要成為頂尖的業務員，就要把推銷這項工作當作是自己的事業來做，要立志在推銷的領域中實現自己的理想。首先，不要再因為自己是一個業務員而羞於向他人提及自己的工作，而是應該讓每一個認識你的人，瞭解你的工作，瞭解你推銷的產品，這樣，當他們想要購買此類產品的時候，才會想到你。

　　推銷本身就是一個與人打交道的工作，所以絕不能認為自己的工作是無關緊要的，不願向他人提起，這樣的做法對銷售是毫無幫助的。事實上，無論是對任何一個產業來說，銷售都屬於命脈，每一個效益好的公司，都會把銷售放在至關重要的地位上。

　　所以，如果有誰說瞧不起推銷這門職業或者瞧不起業務員，我們就可以理直氣壯地對那個人說：「正是由於我和像我一樣的人在從事銷售工作，你才能拿你賺的全部收入買東西。」這樣的話在對方聽來，就算他是大學的教授，是政府的官員，都無法反駁你，因為這就是不爭的事實。

　　銷售這個職業無論是在金錢上，還是在情感上，都會讓我們獲得比其他職業更大的回報。無論是在什麼樣的企業，業務員都是企業中值得尊敬的人。因為不管是什麼產品，都要透過業務員來推廣，都要經過業務員來送到客戶的手中，都要透過業務員來轉換成貨幣。在任何一家公司，他的核心競爭能力，都是透過業務員來實現的，所有，

在金字塔頂端跳 Disco
金氏世界紀錄最強業務員喬‧吉拉德

每一個業務員都能受到來自老闆的重視。

從薪資角度來看，業務員的底薪雖然比較低，但是卻沒有上限，完全和自己的能力成正比。銷售的越多，得到的薪資也就越多。我們能夠從薪資中，看到自己的付出有所回報，這是其他工作所無法達到的。

喬‧吉拉德從事銷售工作的很大一部分原因就在於，他喜歡錢，也喜歡不斷取得勝利給自己帶來的激動和滿足。在他賣出第一輛汽車後，他得到了養活家人的食品，第一次的成功，讓他感受到了銷售工作的價值：除了養家糊口，他還能從中感受到興奮和喜悅。這一次的成功，讓他對自己的工作前景充滿了信心，鼓足了勇氣。

除此之外，銷售工作的升職空間很大，許多我們眼中的成功人物都是從業務做起的。據調查，企業中 74% 的高層管理人員，都是透過銷售工作一步一步晉升上去的。雖然，他們曾經艱辛地工作過，但是因為他們一直處於市場的最前線，他們能夠準確的掌握市場動向。與此同時，他們還透過銷售積累了人脈關係，鍛煉了自己的交際能力。這些都為他們的成功做了準備。

所以說，銷售工作不是一項地位低下的工作，也不是一個沒有尊嚴的工作，它是一個應該受到尊重的工作，也是一個充滿挑戰的工作。只有膽小的人，才會對這項工作心懷抱怨，因為他們沒有勇氣來征服這項工作。

不管是什麼樣的職業都會有枯燥乏味的一面，不僅僅是銷售工作。工作都是一樣的，關鍵取決於我們的對待工作的心態。當我們認為這項工作是有意義的，我們才能夠更認真地去對待它。

因此，作為業務員，我們應以自己的工作為榮，保持一個快樂的心態去對待我們的工作。當我們懷著快樂的心情去工作時，這種心情

也會影響到我們的客戶，客戶的心情愉快了，推銷的工作也會隨之而順利。

努力做好推銷這份有意義的工作吧，讓我們的努力日復一日、月復一月明確地呈現出成果，讓它成為展現我們能力的最佳舞臺。

ψ 點燃的你的熱情

喬·吉拉德認為：推銷只要自始至終讓你的客戶體驗到你的熱情，而且享受到你的熱情。這樣，客戶會覺得如果不接受你的產品就對不起你這一片熱情，這樣你的推銷就成功了。

在所有的感情中，熱情是最具感染力的一種感情，根據調查顯示，在成功銷售的案例中，95% 以上都是因為有熱情的存在。所以，作為業務員，在工作中要充滿熱情；如果毫無熱情，就會像脫水的蔬菜，毫無生機可言。

對於工作，喬·吉拉德就是一直保持這種充滿熱情的狀態，他能夠在一天當中平均賣掉 4 輛汽車，他的成功與他的這份熱情也是分不開的。他從不認同別人所說的：對工作要付出 100% 的努力，他認為這是誰都可以做到的。想要成功，僅僅是做到 100% 是不夠的，應當付出 140% 的努力，這才是成功的保證。

所以，喬·吉拉德對自己的工作從來沒有滿意過。但大多數的業務員認為，只要賺夠每個月的生活費，完成公司規定的任務就可以了。在喬·吉拉德眼中，這樣的業務員沒有遠大的理想，缺乏對工作的熱愛，這樣的業務員又怎麼能夠成為頂尖的業務員呢？每一個頂尖的業務員，對工作都是滿懷熱情的。例如：玫琳凱化妝品公司的創始人玫琳·凱。

那時玫琳·凱還是一名普通的家庭主婦。一天，一位業務員向她

在金字塔頂端跳 Disco
金氏世界紀錄最強業務員喬‧吉拉德

推薦一套優秀的學前幼兒讀物，玫琳‧凱看過之後，認為確實十分好，但是這一套書需要 50 美元，這是她所負擔不起的。

那個業務員看著玫琳‧凱溢滿淚水的雙眼，對她說：「如果今天下午你能夠幫我賣出 10 套書，那麼我就送給你一套。」玫琳‧凱聽後破涕為笑，並逐一打電話給她所認識的媽媽們，在電話中，她熱情而富有熱情地她們介紹這套讀物的多種優點，很多媽媽聽過她的介紹，在還沒有見過這套書的時候，就答應購買。經過玫琳‧凱的努力，10 套書在一個下午就賣出去了，她也得到了屬於她的那一套。

到了今天，玫琳‧凱對待工作的熱情已經世界聞名了，對待工作的熱情，是玫‧琳凱推銷的原動力。無論是短期的零售促銷員，還是收入不菲的行銷人員，都要拿出 100% 的熱情來對待客戶。

這正如一位哲人所說：「任何一項偉大的事業的成功都是一次熱情的勝利。」喬‧吉拉德在從事銷售工作之前，他從來沒有試過向人推銷產品。但是進入這個行業的第二個月，他就超越了許多老員工，原因就在於，他能夠讓點燃自己的熱情。

據專家分析，熱情在推銷成功的因素中占 95% 的比重，而對產品只是的認知僅占 5%。業務員的熱情能夠促進交易的成功，也能夠感染顧客。就如同要說服別人，首先就要說服自己，想要讓客戶保持著熱情，我們自己就要先充滿熱情。所以，每一個業務員都要養成一見到顧客，就要讓自己進入最佳的狀態的習慣。

不管我們是作為新業務員還是老業務員，養成這一習慣，就算我們是新手，只掌握了最基本的產品知識，我們也能夠把產品推銷出去；反之，就算我們是經驗豐富的資深業務員，掌握了豐富的產品知識，沒有了熱情，一樣不能夠說服顧客。

推銷，確實是一個非常辛苦的工作，需要業務員整日、整月甚至

整年要四處奔波,來推銷自己的產品。然而,當我們付出努力之後,還可能會遇到挫折與失敗,但僅因為這樣就失去了對工作的熱情,那麼將永遠無法成為的成功的業務員,並且還會一事無成。

熱情,幾乎是我們每一個人與生俱來的能力,每一個人的內心都燃燒著熱情的烈火,只要善於去開發,就能夠點燃我們的熱情,充分地發揮到我們的工作當中。

下面介紹幾種點燃熱情的方法。

1. 面談不再是如臨大敵。

與客戶面談時,不要感覺是如臨大敵,而是當作一場遊戲,這樣才能讓自己放鬆,更好地去發揮。

在和客戶見面時,我們一定要下定決心使對方認為「這是我見過的最熱情的業務員」。當做好了這樣的準備,再出現在客戶的面前。如果具備了這樣的決心,卻依然無法打動客戶,這時,就若如被澆了一盆冷水,但是絕對不能感到沮喪,因為這只是一場遊戲,你還會遇到下一個客戶,想一想:下一個客戶會提出怎樣的問題呢?

2. 所有的客戶都是貴賓。

如果,我們常常根據一個客戶的穿著打扮,來判斷這個客戶是不是貴賓的話,這樣就大錯特錯了。在推銷工作中,每一個顧客都是平等的,都是消費者,所以不能分出三六九等,對於每一個客戶我們都應該以成心相待。不要存有這個顧客只是隨便看看,或是這個顧客買不起任何東西等等這樣的想法。

誠心地銷售產品,就要把每一個客戶都當成貴賓去對待。這樣,即便是顧客沒有打算買任何東西,也可能會被你的熱情所打動。相反,如果僅僅是虛情假意,一旦被客戶察覺,那麼交易也會隨之停止。

3. 不做沒有目的的訪問。

目的會讓我們更積極地去接待客戶，而不是散漫、機械式對待客戶。每當面對客戶的時候，都要想像一下自己已經達成目的，享受成果的情景，這情景會促使我們更加熱情地去對待客戶。

此外，健康的體魄也是產生熱情的基礎。喬‧吉拉德演講時，他已經84歲高齡了，但依然能夠點燃在場每一個人的熱情，就足以見得，一個健康的體魄有多麼重要了。每天清晨做一些適量的鍛煉，如慢跑、散步等等，都能夠達到增長精力和熱情的目的。

ψ 永保進取心

進取心是一種偉大的自我激勵力量，它是存在在每一個人體內的一種向上的力量，它能夠推動著每一個人不斷地向前，不斷地完善自我，去追求完美的人生。

喬‧吉拉德9歲的時候，他是一名擦鞋匠。每天放學以後，他都會到附近的酒吧為客人擦鞋。之所以選擇酒吧，是因為進過市場調查，喬‧吉拉德發現：做生意最好的地方是人們放鬆並表現出禮節的地方。並且在酒吧中做生意，在天氣惡劣的時候，酒吧裡會很溫暖。

擦鞋的生意給喬‧吉拉德帶來了第一份成功，但是他並沒有為此而滿足。緊接著，他開始了自己的第二份工作，送報員，那一年他11歲。因為他送的是晨報，所以他必須在早清晨5：30起床，並在上學之前送完所有的報紙。很快，喬‧吉拉德透過他的努力，使他家的老倉庫裝滿了可樂果，也讓他家的4個孩子吃到了他們父母無法提供的蘇打冷飲大餐。這時，喬吉拉德意識到了自己的價值，並且他知道，他的價值不應該僅限於此。

不久之後，喬‧吉拉德開始了第三份工作，向鄰居家的小孩兒提

供其他商販無法提供的蘇打冷飲。那時，最讓他感到驕傲的事情就是把他賺到的錢交給母親，讓母親去買家中急需的食物。這一切都來源於喬‧吉拉德的不斷進取。

優秀的業務員往往都擁有強烈的進取心。而喬‧吉拉德能夠做到頂尖的業務員，就是因為他有著奮發向上的進取心。每個人的都猶如一座寶藏，蘊藏著無窮的寶物，等待著自己去挖掘和利用。只是，大多數人更依賴於別人的經驗，從來不會去「迫使」自己去做別人做不到的事情。

喬‧吉拉德曾說：「任何一個人都能夠戰勝我，只是他們不願意這樣做，因為他們沒有強烈的進取心去這樣做。」如果每一個業務員都抱有這樣的心態，從不願意去改變自己的現狀，那麼所有的潛能都不能被釋放出來，在推銷過程中就不能努力地去進取，去爭取成功。

一個人能力的提升，往往是透過自己和自己能力的較量實現的。當我們不確定這件任務我們是否能夠完成時，不妨鼓起勇氣來試一試，想盡各種方法去完成，只有我們成功了，我們才能發現只有正視挑戰、敢於挑戰的人，才能夠打破現狀的束縛不斷地向前邁進。

其實，最難超越的不是別人，而是自己。正如喬‧吉拉德所說，任何人都可以超越他，只是沒有人願意去挑戰他自己罷了。超越自己，是一個不斷自我激勵、不斷進取的艱難過程。積極地進行自我挑戰，本身就是一種成功。作為業務員，我們應該具有這種自我挑戰的精神。

首先，不斷地進取，需要我們克服「推銷低潮」。

「推銷低潮」是每一個業務員都會遇到的情況，它不僅使人精神鬱悶，令人喪失冷靜，甚至會產生極度的不自信，對自己的能力產生懷疑。引起「推銷低潮」的原因有很多種，有可能是家中出現了事故，分散了精力；有可能是沒有去發展新的客戶；也有可能是生了一場大

病等等。

　　但是所有原因最後都會歸結到自身上，想要走出「推銷低潮」，我們就必須克服自身的問題，不要把原因全部歸結給客觀因素。所謂的「推銷低潮」，只是我們不夠努力，不夠熱情罷了。遇到這種情況，我們不能灰心，也不能自尋煩惱，要充滿信心地去完成下一期的業績。我們還可以透過這次的「低潮」發掘出自己的問題，然後整裝待發，努力再努力，用行動去彌補缺陷。

　　其次，不要忘了自我激勵。

　　雖然業務員和藝術家是兩個完全不相同的職業，但是他們有一個共同點，就是都希望自己的成果得到認可。藝術家需要來自外界的讚美，業務員則需要出色的業績來證明自己。出色的業績能夠讓業務員時刻保持著活力，相信自己是成功的。

　　所以，每個業務員都要時時憧憬一下成功的場景，以此來激勵自己更加努力。想要一直保有進取心，自我激勵是不可少的，要經常和自己說：「我一定能夠完成任務」、「下個月我會比這個月做得更好」、「我一定要成為頂尖的業務員」等等。

　　心懷著這種信念去行動，就能克服一切困難，去追求自己的目標。

　　最後，給自己上一堂特殊的培訓課。

　　日本的富士山下有這樣一所奇怪的學校，學期只有 13 天，學費是 20.4 萬日元，學員都是來自相關公司、企業的高階幹部。這所學校課程的特別之處在與，學生每日多次走在大街上高喊：「我是最優秀的分子，我能勝！我能勝！」這所學校從來不向學生傳授生產經驗或是管理方法，它的方針就是讓那些不想破產的企業領導重振雄風。

　　對於那些即將破產的人來說，他們並不缺乏生產經驗和管理方法，他們缺乏的是足夠的自信和抵抗力。這所學校就是把每一個學生推向

極限，然後他們戰勝極限。

　　作為業務員，我們也應該給自己上這樣一堂課，樹立起自己的信心。同時，也告訴自己，成功者和失敗者最大的區別在於：成功者永遠會對自己的結果和過程負責，而失敗者總是在找藉口。

　　一個成功的業務員，是一個擁有著強烈自尊心，強烈的進取心的人，這是他熱愛工作、走向成功的必備條件。無論遇到怎樣的挫折，都不要懷疑自己，用積極的心態去努力，就一定能激發自己不斷向前的潛能。

ψ　每一天都要耐心工作

　　推銷，是一個需要很多耐心的工作。如果我們沒有足夠的耐心，就算這個工作中有做夠大的利潤，我們也無法獲得。

　　在喬‧吉拉德辦公室裡有這樣一句標語：通往健康、快樂以及成功的電梯壞了——你必須爬樓梯——一步一格。這句標語不僅僅是掛在了辦公室中，同樣也記了在喬‧吉拉德的心裡。在 76 歲的一次演講中，喬‧吉拉德讓人把一個高 6 米的梯子搬上演講臺，然後在大家的擔心中，他一步一步地爬了上去，並且一邊爬一邊說：「通往成功的電梯總是不管用的，想要成功，只能一步一步地往上爬。」

　　當我們在電梯和樓梯之間做選擇時，往往都會毫不猶豫得選擇電梯，因為電梯可以讓我們節省時間和精力。但是在工作中，需要更多的是耐心和踏實。「一步一步地往上爬」，是踏實對待工作的表現，也是每一名成功業務員所要具備的基本素質。就算是喬‧吉拉德，在他已經成為世界頂級的推銷大師後，也沒有忘記這個原則——對工作要有耐心。

　　推銷時，業務員常常會因為顧客的猶豫不決而不耐煩，也常常會

因為總是不能說服顧客而洩氣。表面上看來，使我們失去耐心的是顧客，其實，在推銷的過程中，我們最大的對手是我們自己。每當遇到困難，就會消耗掉我們僅存的那一點耐心，其實只要我們堅持下去，我們會發現，毅力會讓我們成為贏家。

這個道理，喬・吉拉德在 12 歲的時候已經熟知了，他會用自己清醒的每一分鐘去拉生意。那是喬・吉拉德在底特律自由報社工作的時候。當時，報社為了尋求新讀者開展了一場競技賽，競賽中最大的獎勵是一輛嶄新的自行車。喬・吉拉德十分想得到那輛自行車，於是，他決定用自己清醒的每一秒去挨家挨戶的拉生意。最後，喬・吉拉德順利地獲得了自行車。

透過這件事，喬・吉拉德總結出：如果一個人能夠耐心地將計畫執行到底，他就會成功：而那些對工作缺乏耐心的人，往往都與成功失之交臂。這一經驗，成為了喬・吉拉德推銷的祕訣。

一直在工作中保持著耐心，並不是一件容易的事情。有的人會因為聽取了別人的勸告而選擇退縮；有的人也會因為遭到了別人的嘲笑而放棄。在推銷的過程中，這些都是我們可能遭遇到的，這時，我們能夠做到的就是充耳不聞，一如既往地做好自己的工作就好，就像喬・吉拉德一樣。

在喬・吉拉德剛開始賣車的時候，因為對銷售並不熟悉，所以他十分喜歡參加銷售經理召開的銷售會議。然而，他不像其他業務員一樣，僅僅是看看罷了，他會按照會議上放映的示範銷售電影和經理的提示不斷地去練習。堅持一段時間後，他的銷售能力果然提高了。

所以，喬・吉拉德建議每一個業務員要耐心得工作。耐心需要我們的毅力來支撐，這就意味著，我們要在工作中或者是生活中，做自己的領導者，而不是一個跟隨者。不要做那個跟隨別人標記的人，而

是做那個刻下標記的人。

當顧客說出「不」時，一般的業務員都會認為交易已經到此結束了。但是我們不能這樣做，我們應該拉住顧客的手臂，讓顧客感覺到：你不希望他離開，你希望他成為你的客戶。當別人認為「不」代表了否定的意思時，我們應該認為「不」代表了「不確定」，而「不確定」就代表了「可能是」。這樣的想法，存在於我們的腦海中，會幫助我們堅持到底。

當我們感覺到疲憊，不願意再走下一步時，這時候，我們應該告訴自己：「或許我還可以再走一步。」然後就去試試看，這個「或許」或許就變成了「確實是」。而這一切，關鍵就在於我們能夠有耐心地堅持下去。

成功是一個漫長的過程，需要時間，還需要我們的耐心和堅持。喬·吉拉德的勝利，就因為他比別人多堅持了一下；而有些業務員的失敗，就是因為他們對工作不夠有耐心。從今天開始，培養一個對工作不急不躁、有耐心的好習慣吧。

ψ 讓客戶感激你

如果這個世界上有這樣的一個人，他的要求是我們無論如何也不會拒絕的，那麼這個人就是對我們有恩的人。因為我們對恩人有所虧欠，所以會答應他們任何要求。

喬·吉拉德把人們這一心理運用到了推銷中，當然他還不至於讓每一個客戶都對他感恩戴德，但是他絕對會作出一些事情來，讓客戶真心地感激他。譬如，在喬·吉拉德的辦公桌裡放了十幾種不同牌子的香煙，當客戶在想要抽煙卻找不到煙的時候，他就會把所有的煙拿出來讓客戶挑，當客戶表示感謝時，他就會說：「送給你了，你拿去

用吧。」再或者,有顧客說他的襯衫很好看時,他會立刻把襯衫脫下來送給顧客,並說:「喜歡就送給你,拿去穿吧。」當然,如果有顧客真的拿走了他的襯衫,他還會回到自己的辦公室拿提前預備的襯衫穿上。

這樣的事情時有發生,甚至有的時候,對於愛喝酒的顧客,他還會拿出一瓶酒來,在辦公室中和顧客一起喝,當然他不會喝醉,他只是透過這樣的方式,讓顧客感覺到輕鬆。只要顧客能夠全身心的放鬆,就能夠讓他們接下來的談話更加順利。而這樣的行為不僅僅只是局限於顧客身上,如果顧客帶著小孩兒,喬‧吉拉德會拿出氣球或是棒棒糖之類的東西給他們的孩子;如果是到顧客家中拜訪,他會拿著印有「我喜歡你」字樣的小徽章送給顧客的每一位家人。這些不是很貴重的東西,恰恰能夠引起顧客的感激之情,不會太多,但足以讓他們把喬‧吉拉德記在心裡,在買車的時候第一個想到他。

正如喬‧吉拉德所說:顧客不僅來買產品,而且還買態度,買感情。只要我們給顧客放出一筆感情債,他就會欠我們一份人情,顧客會把這個人情債放在心裡,等著機會來還,而最佳的還債方式就是購買我們能推銷的產品。業務員和演員在很大程度上有著相似之處,頂尖的業務員就是一流的演員,他們會配合顧客的衣著,舉止,甚至是動作。有時顧客已進入店裡,就會開始看擺在大廳裡面的車,這時候,喬‧吉拉德就會走近他們,但是他不會說任何話,只是保持適當的距離跟在顧客身後,顧客有時候會蹲下來看看車子的底部,這時候,喬‧吉拉德也會效仿顧客的做法,蹲下來看看車的地步。這一刻就出現了轉機,往往顧客都會被喬‧吉拉德的這個動作逗笑,因為他完全沒有必要蹲下來。

只是一個動作就打破了業務員和顧客之間溝通的鴻溝,不管是香

70

煙、小卡片，還是棒棒糖和小徽章，包括襯衫和配合顧客的穿著、動作，喬‧吉拉德做這些，只是希望顧客知道，他願意為他們做任何事情。

在喬‧吉拉德的辦公室中，顧客看不到任何一樣可以吸引他們注意力的東西，喬‧吉拉德會把辦公室打掃地很乾淨。當顧客離開後，他會立刻開始打掃辦公室，把所有東西回歸原位，倒掉煙灰，收起酒杯，然後在向空中噴灑除味劑。做這些，也是因為喬‧吉拉德知道有的顧客並不喜歡煙味和酒味，他希望他的每一個顧客在他的辦公室中都能感覺到舒服和放鬆。

儘管為此喬‧吉拉德付出了很多金錢和心思，但是他所得到的遠遠要比他付出的多。顧客總是對喬‧吉拉德說：「喬，我欠你太多了。」他聽後總是回答說：「哪有，不要這麼說。」而事實上，喬‧吉拉德就是想讓顧客有這種想法。拉斯維加斯的賭場老闆們，會送他們的顧客一張張頭等艙往返機票，或是一套套華麗的服裝，一頓頓讓人大開眼界的佳餚美味。喬‧吉拉德和他們比起來，簡直是小巫見大巫，而他們的宗旨卻是一樣的，都是讓顧客利用顧客的感激之情，使自己的生意更加火熱。

但有一點需要注意的是，這種「感情債」要局限在一定的範圍之內，譬如，我們要送顧客一些小禮物，不要選擇昂貴的，這樣就會讓顧客有受賄的想法，他們會不敢接受，這時，不要說他們會感激我們，說不定今後都不敢再見我們。「感情債」不要欠太多，只要一點點就好。最好是不要讓顧客感覺出來我們是在刻意為之，而是很自然、很真誠地為他們服務，既讓他們認為這是我們的應該做的，又讓他們感覺欠了我們的人情。

不論我們做什麼，最重要的是我們要熟悉顧客，就算叫不出他們

的名字也至少要瞭解他們的風格和類型，這樣才能作出有效的行為，使他們對我們心存感激，從而消除他們對我們的敵意，最終贏得交易成功。

第三章 蓄勢待發

——機會只眷顧那些有準備的人

ψ 良好運用肢體語言

在推銷中，除了從我們口中說出的語言，肢體的語言也很重要。業務員的一舉手一投足之間，都能表達出一些資訊，有些有可能是我我們不在意的小動作，但是往往產生的效果卻是很大的。

比如，當我們全身僵硬的時候，可能是因為我們比較緊張、拘謹，這樣的肢體語言常常發生在我們和比自己地位高的人交往的時候；在這種情況下，對方是很難和我們溝通的。相反，如果我們身體各部位都十分放鬆，甚至會隨便拍拍對方的肩膀，這種情況下，通常會引起對方的不愉快。

可見，身體和放鬆程度是一種資訊的傳播行為，向後傾斜 15°以上是極其放鬆；向前傾斜約 20°，向一邊傾斜不到 1°是較為自然的交往姿態；最拘謹的是肌肉緊張，姿勢僵硬。這都是經過推銷專家們研究得出的結果。

首先，從業務員的坐姿開始。一些業務員在客戶面前總是坐立不安，不停搖晃身體，這將給客戶留下極為不好的印象。業務員要做到「坐有坐相」，到客戶家中的時，不要太隨便，如果主人還站著，我們就不該先坐下。

坐在椅子上時，至少要坐滿椅子的2/3，輕靠椅背，身體微向前傾，不可翹起「二郎腿」，也不可突然的站起和坐下，避免製造出響聲，如果再打翻茶杯等，就更加失態了；選擇一個自己覺得舒服的姿勢坐

下，坐下後就不要頻繁地更換姿勢，兩腳平放在地上，你要搖晃或抖動，兩腿也不要分得過開；和客戶交談時，雙臂不要交叉放在胸前並向後仰，這樣是態度散漫的表現。

其次，是業務員的站姿，良好的站姿能襯托出高雅的風度和莊重的氣質。有一位業務員已經成功地說服了客戶，但是卻在站到吧台前商量具體事宜時，他的站姿導致了交易的失敗。只見他歪斜的靠在吧臺上，一隻腳還不停地抖動著，客戶見狀當即表示「再考慮一下」。業務員的這種站姿，在客戶看來是不耐煩的表現。

也許這只是業務員的習慣性動作，但是落入客戶眼中就會產生負面的效應。所以業務員在站姿方面，也要嚴格地要求自己，避免犯一些禁忌。例如：身體抖動、亂晃，是輕浮、沒有教養的表現；兩腿交叉站立；雙手或單手叉腰，這會給客戶以大大咧咧、傲慢無禮的感覺；雙手背於身後，會給人以高高在上的感覺；彎腰駝背、左搖右晃，是懶惰、輕薄的表現；身體倚門、靠牆，會使自己看起來沒有活力雙手插在衣服口袋中，會顯得有點裝腔作勢；。

最後，是業務員的走姿，瀟灑的走路姿勢能夠顯示出業務員樂觀自信的精神狀態。具體的做法是：抬頭挺胸、步履輕盈、目視前方，不要彎腰、駝背；雙手自然地擺動、幅度不宜過大或過小；男性在行走時不要吸煙，女性不要吃零食。

除了坐姿、、站姿和走路姿態，還特別需要提到一個動作，就是手勢，手勢動作是極為豐富複雜的符號。在推銷中，手勢動作能夠起到直接溝通的作用。當客戶向我們伸出手，我們應迎上去握住它，表示出我們的友好與交往誠意在交談的過程中，向客戶豎起大拇指則是讚賞的表現，對客戶而言，是十分受用的；小拇指則表示貶低的意思，不可濫用。

此外，還有一些小動作是我們應該注意的。例如：不要在客戶面前吸煙，如果客戶本身不吸煙，這樣的行為會招致他的反感；隨地吐痰，這是十分沒有教養的行為，在客戶心中留下的印象不言而喻；眼中見三白，即在眼珠的左、右和下方都見到眼白，這種表現在銷售中，表示懷疑和鄙視，會讓客戶看了不舒服；當眾搔癢，會讓客戶產生不好的聯想；對著客戶打哈欠，是精神狀態不佳，或不耐煩的表現；沒有說話，嘴巴亂動，這會讓對方在對我們說話的時候分神，如果沒有說話的需要，嘴巴還是閉著為好；高談闊論，大聲喧嘩，是目中無人的表現。

以上這些行為都會產生不良的資訊，給客戶留下不好的印象，從而影響我們的交易。

ψ 培養自身職業素養

基本上人人都可以成為業務員，但是要成為一名職業的業務員，就必須要具備與之相適應的綜合素養。要知道，推銷人員的素養與能力直接關係到企業的生存與發展。因此，業務員的職業素養是一個不容忽視的問題。

作為一名合格的業務員，主要應該具備以下基本素養：

（一）思想素養

人們的行為往往是由思想來控制的，因此業務員的思想素養十分重要。只要具備了優秀的思想素質，哪怕只有有 1% 的成功可能性，業務員都會用 100% 的行動去爭取。

1. 敬業精神

敬業的精神可以使業務員在推銷的過程中不畏艱難，努力去克服遇到的各種困難。有了敬業的精神，才能使自己的聰明才智得到充分

的發揮,才能不斷努力以實現更高的目標,敬業的精神是成為優秀業務員的基礎。

2. 事業心

有強烈的成就事業之心,才能真正做到做一行愛一行,並力爭成為推銷團隊中的尖兵;作為推銷人員,必須把滿足顧客消費需求作為推銷工作的起點,誠心誠意為顧客著想,全心全意為顧客服務。

3. 創新精神

創新是業務員的至高境界,喬·吉拉德希望每一個業務員都不要怕自己與眾不同,並且要努力做到與眾不同。我們現在處在一個創新的時代,不管是什麼工作,沒有創新精神,就會被淘汰,推銷工作也不例外。因此,每一個業務員都要樹立起創新的精神,在與顧客接觸的過程中,不斷地創新自己的思維,採用顧客最喜歡的方式與他們接觸。

4. 責任感

業務員是企業的代言人,其一言一行都關係到企業的聲譽與形象,因此,業務員首先必須具有高度的責任感,想方設法地完成銷售任務,才能算得上是合格的業務員。其次,除完成一定的推銷任務外,還需要在推銷活動中樹立良好的形象,與顧客建立和保持良好的、融洽的關係,不能為了實現推銷定額而損害企業的形象和信譽。同時,業務員應對顧客負責,推銷給顧客的商品應該是真正滿足其需求、能夠為其排除困難、解決實際問題的產品,並且保持優秀的售後服務。

5. 勤奮精神

一個優秀的業務員,要具備勤奮好學的精神,這樣才能是自己適應工作的要求,進而在事業上有長足的發展。勤奮的精神要求業務員努力掌握自己工作所需要的一切知識;還需要業務員善於思考,遇到

問題要想辦法解決；最後需要業務員向自己的同行和競爭對手學習。

6. 頑強的毅力

推銷工作是勇敢者的職業，這就要求每一個業務員都具備頑強的毅力，這樣才不會因為遭到顧客的拒絕或是投訴時，輕易地放棄推銷工作。

（二）職業能力素質

推銷人員的能力是其在完成商品推銷任務中所必備的實際工作能力。

1. 應變力

推銷活動對業務員的應變能力要求很高，業務員需要根據顧客的改變而改變，沒有一種推銷方法是對所有顧客都滿意的，而且業務員所掌握的推銷知識也不是一成不變的，社會的發展、企業的發展，導致需求的變化也導致了產品的更新換代，這就要求業務員在推銷過程中不斷地去適應這些變化。除此之外，業務員在推銷的過程中，面臨的突發因素也很多，譬如顧客態度的轉變，談判中對方策略的改變等，都在考驗著業務員的應變能力。因此，業務員應該把自己培養成「變色龍」。

2. 表達能力

良好的表達能力是對業務員能力最基本的要求，語言是業務員用來和顧客溝通的主要方式，只有具備了良好的表達能力，才能讓顧客清晰明白我們所要表達的意思。對於每一個業務員來說，沒有良好的表達能力，就沒有推銷。

3. 自我控制能力

缺乏自我管理、自我激勵的業務員通常都無法完成推銷的任務。

業務員常常會面臨來自各方面的利益誘惑，這時候，就需要業務員具備自我約束、自我監督的能力，否則就會做出違反紀律的事情。此外，業務員在工作遇到冷漠的待遇是常見的事情，這時候也需要業務員能夠良好的掌握自己的情緒。

4.社交能力

社交能力可以說是頂尖業務員最擅長的能力，結識的人越多，自己的潛在客戶也就越多。從某種意義上說，業務員就是社會活動家，必須將整個社會當作是自己的工作場地，社會上的每一個人都是自己將要發展的顧客，這就要求業務員必須具備非凡的社交能力。

同時，還需要業務員具備社交需要的一些禮儀，這能夠讓業務員在社交活動中表現更加出色，推銷活動也能進展得更加順利。

5.團隊管理能力

要成為頂尖的業務員，就要把眼光放的更遠一點，要努力使自己成為自己所在團隊的領導人，這就要求業務員在具備一些推銷的基本能力之外，還要具備團隊的管理能力。

（三）文化素養

雖然推銷工作對業務員的學歷沒有過高的要求，但是卻要去業務員具備廣博的文化知識。業務員具備的文化知識越豐富，獲取良好推銷成果的可能性就越大。

1.自家企業的知識

業務員首先要瞭解的就是自己企業的知識，否則一個連自己企業都不瞭解的業務員，是無法贏得顧客的信任的，對自己企業瞭解最多的業務員就極有可能取得顧客的信任，從而獲得訂單。

2. 產品知識

業務員知道的產品知識越全面，就越能夠在顧客面前具有權威性。業務員對產品知識的最低掌握情況至少是顧客想要知道什麼，我們就能知道什麼。

3. 市場知識

市場知識包括市場行銷理論、市場行銷調查方法、推銷技巧等方面的知識，熟悉有關市場方面的政策、法令和法規。

4. 競爭對手方面的知識

業務員必須掌握同行業競爭狀況的資訊，包括整個行業的產品供求狀況，企業處於什麼樣的競爭地位，競爭品有哪些優點，本企業產品有哪些優點，競爭品的價格，競爭品的銷售策略等。

（四）身體素養

推銷工作是一項活動量很大的工作，因此對業務員的身體素養要求也較高，身體狀況不佳的業務員會錯失很多交易的機會，同時也無法負荷高強度的拜訪工作。所以，每一個業務員都應該加強鍛煉自己的身體。喬‧吉拉德為業務員提供了 3 種鍛煉身體的方法：

1. 平躺在床上，在空中蹬腳踏車 42 次，早晚各一遍；

2. 42 個仰臥起坐，早晚各一次；

3. 42 個仰臥起坐，早晚各一次。

這三種運動都不用花費很多的時間，而且對環境的要求也不高，通常情況下，優秀的業務員是沒有時間去健身房的，所以只要根據自己身邊的環境為自己制定一些適合的自己運動，只要天天堅持，就能得到好的體魄。

作為一個業務員，要隨時隨地地培養和提升自己的職業素養，才能為自己成為頂尖的業務員打下堅實的基礎。

ψ 隨時儲備自己的知識

沒有哪一個知識貧乏的人，可以成為一名優秀的業務員。人類的經濟活動離不開知識，知識的積累和知識結構的完善，應該貫穿於個人事業的始終。對我們每個人來說，知識和技能是我們唯一不會被人剝奪的寶貴財富。

在這個競爭的年代，唯有知識才能讓自己在社會上利於不敗之地。在推銷這一行業中，每一個出色的業務員都是擁有豐富知識的人。世界在不停地發展著，知識的更是日新月異，我們想要掌握全部的知識是不可能的，但是我們要盡自己的努力，隨時隨地地去掌握知識。一個優秀的推銷人員，他要妥善地處理好與各類客戶之間的關係，就必須掌握大量的知識。

喬‧吉拉德成為業務員後，他接觸的人越來越多，他越感覺到知識的匱乏。於是，他很虛心地學習和汽車有關的各類知識和銷售技巧，為的是能夠賣出更多的汽車。然而僅僅是學習這些知識是不夠的，他還大量地閱讀報紙、雜誌，收聽錄音帶，從中選出對自己有用的知識；除此之外，他還向每一個人學習，學習他們身上自己所沒有的優點。

「如果看到一個優秀的人，你就要挖掘他的優點，複製到你自己的身上。我從一個人身上學到一些，從另一個人身上學到一些，慢慢我再仔細琢磨，直到我用起來得心應手為止，我相信最後形成的必然是獨一無二的喬‧吉拉德。」除此之外，喬‧吉拉德還說：「我之所以能有今天的成就，單靠自己的力量是辦不到的，而是得力於我廣泛的人際關係。我的朋友很多，包括教育界、商業界、娛樂界……甚至連無業遊民都有。我向他們每一個人學習，學習我以前不曾接觸的知識和技能。他們也是我擁有的一筆財富。不管哪種人，都有優缺點，而且人生的際遇都各不相同。說不定平時你認為最沒用、最瞧不起的

人，確一天也會教給你終生受用的東西。所以，不管是哪一種人都要交往。在交往之初，利用人家的念頭，這樣無形中你會交到很多好朋友。因為每個人的立場、環境、想法、經驗都不同，多和別人接觸，拓寬自己的視野，並從中學習。」如果不是這樣好學，喬·吉拉德不會在短時間內就成為了優秀的業務員。

對於業務員來說，掌握所推銷產品的所有知識，是必備的技能。試想，如果一個業務員連自己的產品都不瞭解，又怎樣去講解給客戶聽呢？對產品沒有充分的瞭解，又怎麼去回答客戶提出的問題呢？不能夠給客戶一個滿意的答覆，他有怎麼能相信你，從而購買你的產品呢？不要期望著客戶會等我們去準備好資料再回答他，在我們準備的過程中，客戶很可能已經改變了意圖。

當發生這樣的狀況時，我們已經喪失了和客戶成交的最佳時機。而當我們再一次遇見這個客戶時，我們還要重新再介紹一遍產品，然而這個時候，客戶已經對產品失去興趣了。我們不但浪費了時間與經歷，還丟失了以為潛在的客戶。

與此同時，僅僅掌握和產品有關的知識是不夠的。因為推銷的主題因素是人，而不是產品。因為要和各行各業的人士打交道，為了我們能夠更加自如地與他們溝通，我們還需要掌握不同領域的知識。這就需要我們經常關注社會動態，熟悉當前的經濟環境，還有政治、文化等方面的變化。最主要的還是要提升自己對經濟的理解度，掌握基本的理財投資常識，和一些經濟發展前景。因為，經濟是大部分人都會關心的問題。

做一個知識廣博的業務員，需要我們付出更多的努力和時間，不僅要透過書本學習，還要透過日常的生活和我們所交際的人群。下面，具體地介紹一下，作為業務員，我們應該掌握哪些知識。

首先，相信自己的產品，熱愛自己的產品。

掌握了完備的行業知識，我們才能夠在推銷的過程中，更加得自信。當我們熟悉的掌握了行業知識後，應該做的就是相信我們所推銷的產品。

不要認為我們自己相不相信無所謂，只要我們能夠說服顧客相信就行。其實不然，客戶永遠不會比我們更相信自己的產品，如果我們自己都不信，說服力從何而來呢？說服就是一種信心的轉移，成功的業務員對自己的產品和服務具有絕對的信心。只有這樣，在和顧客溝通的時候，才能產生巨大的影響力。

每一個頂尖的業務員對自己的產品和服務都是 100% 相信的，除了相信，和他們還非常喜歡，非常熱愛自己的產品。他們推銷自己的產品，似乎不是為了完成公司規定的任務，更像是為了告訴更多人他的產品是值得信賴，值得擁有的。

當我們也能具備這樣一種對產品的熱誠和信心時，這種喜愛之情也會傳導給顧客，這時候，我們離成功的境界就不遠了。

第二，熟知自己企業的知識。

成功的業務員，不僅要具備豐富的基礎學科知識，而且應熟悉本企業的全部情況。一般地，企業規模、企業聲響、企業產品、企業對顧客的支持、企業財務狀況、企業優惠政策等，往往成為客戶判斷企業是否值得依賴、是否選購該企業產品的重要依據。推銷人員必須十分瞭解有關企業的一切資訊，並保證讓顧客能夠準確、充分地接收與理解這些資訊。企業的知識包括：

企業的歷史；

企業的經營範圍和產品、服務種類；

企業的財務狀況；

企業在同行業中的地位和影響力；

企業的經營理念和特點；

企業的訂單處理常式；

企業的信用政策；

企業的折扣政策和顧客獎勵政策；

企業的人事結構，特別是總裁和高層管理人員狀況；

其次，要擁有豐富的專業知識。

每一個行業中的成功者，都是這個行業裡的專家。當然，這些專家不是與生俱來的，而是他們透過自己的不斷地學習，不斷地實踐，最終成為行業中的佼佼者，成為行業中的專家的。

所以，我們要成為成功的業務員，就要讓自己成為推銷行業中的專家。讓自己在推銷的領域裡成為真正的權威人士，對推銷的過程的每一個細節都瞭若指掌。

然後，掌握競爭對手的資訊。

僅僅知道自己產品的狀況，我們還不足以取勝。孫子兵法說：知己知彼才能百戰百勝。所以，我們還需要知道同類產品在市場上的狀況，這樣才不會在談判的時候，不被客戶唬住。很多客戶會用同類商品價格更低，來讓業務員降低價錢，這時，如果我們清楚同類商品的價格，就能夠很好應付；如果不知道，就失去了主動權，同時，也有可能失去一個客戶。

還有，熟知產品的不同之處。

一個產品的不同之處，是產品的核心競爭力。通常情況下，市面上同一類產品會有多個品牌，這就意味著顧客的選擇也是多樣性的，那麼，我們怎麼保證客戶一定會選擇我們的產品呢？關鍵就在於，我們是否能讓顧客看到我們產品，與其他產品的不同之處。

同時，還需要掌握產品詳細的技術性能。

產品詳細的技術性能，指的是產品的材料、性能資料、規格、操作方法等。掌握這類知識是為了，在我們給客戶做詳細介紹的時不出差錯。假如，我們推銷的傢俱是用樟木做的，而我們說成了桃木。當客戶自己看過說明書後，就會有一種上當受騙的感覺。所以，這樣的小細節問題是不容忽視的。

最後，就是培養自己的推銷技能。

想要自己的銷售業績好，除了對產品的知識外，推銷的能力和技巧也是很重要的。推銷具有專業性，是需要透過不斷地學習和練習來提高自己的能力和技巧的。

有一點值得強調的是，技巧，並不是投機取巧，為了促成交易的形成，就欺騙顧客，這是一種很危險的行為。世界上最大的傻瓜，就是把別人當傻瓜的人，客戶不是傻瓜，所以不要去欺騙客戶，否則我們失去的不僅僅是一個客戶，還有他可能帶給我們的潛在客戶。

在競爭如此激烈的市場中，為了能夠在客戶面前遊刃有餘地回答各種問題，為了能夠取得更好的業績，業務員就必須隨時地儲備自己的知識。

ψ 用好習慣塑造自己

成功的業務員，都具備嚴謹與良好的工作習慣。喬‧吉拉德認為，習慣若不是最好的僕人，便是最差的主人。

好的習慣是日積月累的過程，世界第一的壽險推銷專家班‧費德文成功的祕訣就是，一條向前邁進的軌跡和永不妥協的工作習慣。在他剛入行的時候，他的主管就給他這樣的規定「每週三宗，簡單從事」。為了完成每週的三宗，他一直是早晨 8 點開始，12 小時後才結

束，有時候甚至是 16 小時才結束；結束後，他還要閱讀兩個小時，就算是週六也不例外。

在別人都休息的周日，他特許自己在十點鐘開始工作，一直到下午的三點。這樣的習慣，他一直持續了很多年。另一個推銷之神原一平也是這樣，每天的生活和工作都按照固定的時間表進行，分秒不差。

他們的成功不是因為運氣好，而是因為他們的習慣好。沒有好的習慣是很難成功的，例如：喜歡遲到的人，他總是會錯失談判的最佳時機；凡事沒有計劃的人，會在不經意見浪費很多時間；喜歡拖延的人，常常無法完成當天的工作等等，這些都說明了好習慣的重要性。相反，如果養成了好習慣，我們就很難失敗，比如喬·吉拉德、班·費德文、原一平。

好的習慣還是由一些簡單的習慣組成的，那麼我們應該養成哪些良好的習慣呢？

（1）目標導向的工作習慣。

每一個成功的業務員都會在頭一天工作結束之後，給自己制定第二天的工作安排；

（2）做事有條不紊的習慣。

做事分主次，先做重要的事情，絕對要比隨心所欲地想起什麼就做什麼更有效率；

（3）辦公桌整潔的習慣。

如果辦公桌上堆滿了未讀的信件、報告等，我們就會產生混亂、焦慮的情緒。隨時整理自己的辦公桌上資料，會使我們的工作更有效率；

（4）堅持閱讀的習慣。

知識是取之不盡的，業務員應隨時學習知識；

（5）隨時提到自己產品的習慣。

要讓產品成為我們生活的一部分，養成隨時向他人提起的習慣；

（6）和主管建立友好的習慣。

這可以使我們從主管身上學習到更多的經驗；

（7）聽完演講做筆記的習慣。

我們的記性是有限的，對於能夠給予我們說明的資訊，用筆記下來能夠加深印象；

（8）堅守信用的習慣。

對於我們答應別人的事情，一定要去做到；

（9）微笑的習慣。

微笑可以在短時間內縮短我們和顧客之間的距離；

（10）每天和客戶見面的習慣。

養成每天拜訪固定人數的客戶的習慣；

（11）隨時補充「新名單」的習慣。

經常更新我們的客戶檔案，發展新的客戶。

一個習慣大概要花 20 天或 30 天的時間才能形成，這些都是看似很簡單的習慣，我們輕輕鬆鬆就能夠做到的事情，但是要一直堅持下去並不是一件容易的事情。每天擺脫一個舊的習慣，就等於養成了一個新的習慣。

ψ 精通自己所銷售的產品

我們都有這樣的經歷：在商場選購商品的時候，同一類商品有多種品牌。這時，當我們向業務員提問每種品牌的差異時，大部分業務員都說不出個所以然來，甚至有的直接回答：「我也不是很清楚。」

這樣的業務員怎麼能夠稱之為合格的業務員呢？對於業務員來說，我們應該成為我們所推銷產品的行家。要成為行家，就意味著我們必須要從精通產品知識著手。產品知識所涵蓋的範圍是很廣泛的，它不僅僅包括產品本身的知識，還包括一切可能和產品相關方面的知識。掌握這些知識，不僅僅是為了在顧客提出問題時，幫顧客解答。需要瞭解產品的知識，對我們而言，還有許多幫助。

1. 可以增加我們推銷時的勇氣

對產品知識知道的越多，就越能提高我們的勇氣。不必擔心顧客會提出各種各樣的問題，也不必擔心我們會回答不出顧客的問題。

2. 可以增加我們的競爭能力

對產品知道的越透徹，我們能夠講解給顧客的內容就越多，也就越能讓顧客體會到我們產品的好處。

3. 可以激發我們的熱情

熱情是每一個業務員不可缺少的條件，高漲的熱情來源於我們對產品絕對擁護。如果我們不瞭解產品，就不會喜愛產品，就更會激發出我們對推銷產品的熱情。

4. 可以使我們更像專家

人們往往更願意相信專家的言論，原因在於專家更具有權威性。完備的產品知識，能夠業務員更加像一個專家，這樣，在向顧客介紹起產品時，就會更加有說服力。

5. 可以讓我們更加自信

在推銷的世界裡，沒有永遠的拒絕，也沒有所謂的最好的產品和最壞的產品，產品都是圍繞顧客的需要而製作的，所以，每一種產品都有它所面對的人群。只有充分瞭解了產品的知識後，我們才能發現

我們產品的可信之處，找到對應的客戶群。

當我們明白了掌握產品知識給我們帶來的好處後，接下來我們應該瞭解的是，我們都需要掌握關於產品的哪些內容，對此，喬‧吉拉德總共總結了 9 個方面。

1. 產品的名稱。業務員所推銷的產品多種多樣，從幾種到數十種不等，甚至還會更多，關於這些產品的名稱、俗稱、簡稱等，我們都應該掌握。

2. 商品的特徵。如果我們所負責推銷的產品，具備同類產品所不具備的優勢，就要熟練掌握這一優勢，讓它成為我們推銷過程中的利器；同時，也要清楚我們的產品在哪些方面存在不足，以備客戶的提問。

3. 產品的構成。包括產品的規格、型號、成分、功能等等。

4. 使用方法。所有的產品都會附帶說明書，不要認為這樣就可以讓顧客自己的去研究如何使用，我們更好得掌握了使用方法，才能示範給顧客。

5. 產品的材料來源和生產過程。客戶可能會問起產品的生產材料來源於哪裡，或者是產品是怎樣生產出來的，所以掌握這一知識也是很有必要的。

6. 同類的競爭產品和產品的相關產品。競爭產品就是同類型，但是不同廠家、不同品牌的產品。相關產品就是和我們所銷售產品同屬同一家廠商或是公司，對此，也應該略知一二。

7. 交貨期和交貨方式。如果我們不能夠在合約規定的日期內交貨，會給客戶帶來麻煩，同時也會有損我們的信譽。所以對產品的交貨日期和交貨方式都要熟知。

8. 價格和付款方式。產品的價格不能記錯，同時也要知道允許

範圍內的降價幅度。

9. 售後服務。不要認為產品推銷出去就和我們沒有任何關係了，這是不負責任的做法。有關售後服務，一定要嚴格按照公司的規定執行。

掌握了這以上 9 個方面，在產品的知識掌握上就合格了。最後，喬‧吉拉德還為業務員提供了精通產品和服務知識的管道。

1. 從相關人士身上獲取。相關人士是指我們在推銷行業中接觸的每個人，可以是我們的經理，也可以是我們的同事，甚至還可以是我們的顧客。

2. 從書本中獲取。最快捷、最直接的獲取方式就是透過書本、報刊雜誌等等書面檔，只要是記載著關於產品的資料、簡介、設計圖等等，都可以成為我們資訊。

3. 自己的經驗總結。銷售過程中的心得、顧客的意見、需求等都可以反映出產品或是服務方面的資訊。

能夠進行成功銷售的人，都十分瞭解自己的產品，在面對客戶的詢問及對手的競爭時，他們因此總是信心十足，並在銷售競爭中旗開得勝。

ψ 對時間進行合理規劃

「時間就是金錢」這句話用在業務員身上，是再合適不過的了。業務員是和時間賽跑的人，是否能夠有效的利用一天的時間，是提高業績的關鍵。

頂尖的業務員之所以比普通的業務員優秀，是因為他們更善於利用時間。在相同的工作時間裡，如果我們的時間管理能力是其他人的兩倍，那麼我們每天拜訪的客戶就是其他人的兩倍，假設這兩倍的客

戶裡面，有一半的客戶和我們成交了，那麼我們的業績至少要比其他人多出一倍。

就如喬·吉拉德，他不會浪費一分一秒的時間在閒談上，即便是吃午飯，他都會選擇和客戶在一起吃。為的就是有更多的時間來做推銷。當別人都是九點鐘踏進辦公室時，一個業務員卻在早晨七點已經到了辦公室。

他對人說起早上七點到辦公室的好處：比別人早兩個小時，他可以不必排隊用影印機和傳真機，還可以打電話給工廠的客戶服務代表，而且還能有時間調整一下前一天所做的日程表等等。兩個小時的時間，讓他比別人事事都快了一步，甚至可以比別人早下班一個小時。

由此可見，一天的起步是很重要的。所以，我們每天開始工作的時間，最好早於其他人 10 分鐘，雖然僅僅是 10 分鐘，但是一年下來我們比別人多了 48 個小時。在多出來的時間裡，我們不但可以高效地完成我們的任務，還能有時間對自己的工作作出規劃與安排。這裡，喬·吉拉德建議每一個業務員在時間安排上，應遵循下面三個原則。

1. 量化目標

量化目標就是使我們的目標更加具體，更加切實可行。我們可以把目標分為三個層次：

（1）短期目標，需要我們馬上去達到的目標；

（2）爭取達到的目標，這個目標需要我們透過不斷地改進工作方法，提高自身的能力來實現的目標；

（3）最終目標，最終目標上也是理想目標，是我們為之付出努力，透過各種決策才有可能實現的目標。

量化目標之後，就需要我們按照自己的計畫去實現目標。這期間，不管遇到什麼困難與挫折，都要堅持下去，直到目標的實現。

2. 時間的合理分配

這一原則要求我們對自己的工作進行分類，分類的依據主要來源於客戶。通常情況下，我們的工作可以劃分成老業務、新業務和非業務。然後再根據工作的劃分來規劃我們的時間，做出我們行動的計畫表。

這樣我們在工作起來，才會有條不紊，不會手忙腳亂。

3. 充分利用時間

（1）合理安排路線，節省時間和費用

業務員要對自己所做的銷售區域做到熟悉掌握，這樣才能合理的安排我們拜訪客戶時所行走的路線。路線安排不合理，不但會浪費掉大部分時間，還會增加交通費用。這時，我們可以利用地圖來確定我們的路線圖，既直觀，又簡單。

（2）避免無效拜訪

這是很多業務員都遇到過的情況，在拜訪客戶之前，沒有事先做好溝通，導致自己到了客戶的家門口或是辦公室時，客戶有事情外出了。不但白跑了一趟，還浪費了大量的時間。有時是因為在電話裡面沒有確認好時間和地點，導致自己找錯了地方，或者是錯過了時間。

這種情況還是可以避免的。每當和客戶在電話中預約後，最好再次和客戶確定一下約定的時間、地點。不要怕客戶會因此而感到厭煩，客戶只會覺得你是一個做事認真的人。同時，也不要怕打電話給客戶確定見面時，客戶會拒絕你。為了不讓自己傷心，就不經過預約直接去拜訪客戶，表面上看似客戶不得不見你了，其實這未必是一個好的方法。

首先，不經過預約就直接去拜訪，是不禮貌的行為。因為客戶的時間是安排好的，我們的突然拜訪，可能會打亂客戶的計畫；其次，

萬一客戶真的有事情,就白白浪費了我們的時間。正確的做法是,當客戶提出拒絕見面時,我們可以很禮貌地告訴客戶,我們不會佔用他太多的時間,只需要十分鐘就好。或者,詢問一下客戶什麼時候有時間,然後約在客戶空閒的時候見面。

(3) 善於利用瑣碎的時間

我們的一天中,總會有不少瑣碎的時間,比如:等公車、等電梯、上廁所等,這些瑣碎的時間往往都是我們不在意的,不知不覺就被我們浪費掉了。倘若能夠利用起這些瑣碎的時間,所產生的效應也是非常客觀的。

許多業務員都習慣了在這些瑣碎的時間裡面,想一些和工作無關的事情,或是和同事聊一些工作以外的話題。這樣做的話,時間就是浪費掉了。其實,我們可以利用等車的時間,來計畫一下我們一天的工作,或者在腦海裡面過一遍關於產品的知識,甚至可以利用這些瑣碎的時間打個電話給客戶。

把這些時間都利用起來,無形中我們又比其他的業務員多工作了幾十分鐘,甚至是一個小時。

(4) 熱衷於長時間的工作

頂尖的業務員在工作起來的時候,都有一個共同的特點,就是像一群瘋子,或者可以說是工作狂。他們有著驚人的活力,可以從清晨一直工作的深夜,在他們的工作中,不分白天晚上,只有做不完的工作。

成功不是一件簡單的事情,我們既想要像普通人一樣按時上下班,不錯過任何一個精彩的節目,又想要成為頂尖的人物,這基本上是不可能的。沒有成就不是透過汗水換來的,所以,想要成為一個成功的業務員,就要擠出更多的時間來工作。

一生中最寶貴的就是時間，在有限的時間內，能用來工作的時間更是少之又少。因此，合理的規劃時間，對於每一個想要成功的業務員來說，都是必不可少的一項環節。

ψ 設定目標，讓自己成為專業人士

如果一個人沒有任何人生目標，就猶如沒有羅盤的輪船在大海中漂泊。無論怎樣奮力拚搏，都無法到彼岸。這足以可見目標的重要性。

現在我們已經是一名業務員，我們選擇推銷這個職業，最初也許只是為了多掙取一些錢，但時間長了，我們所掙的錢足夠支付我們日常的生活開支，這個時候，我們的目標就不僅僅在是掙錢了，而是要更遠大一些。譬如，成為這個行業中的專業人士、成為世界頂尖的業務員。這樣的目標能夠激勵我們在工作中，不停地努力，以達到我們的目標。

喬‧吉拉德第一次交易成功的情景，至今他還記在腦海裡。那天已經臨近下班的時間，其他的業務員都已經陸續離開了。這時，從外面進來一個人，喬‧吉拉德知道自己的機會來了，於是他走上前去招呼這位顧客。具體說了些什麼，喬‧吉拉德現在已經不記得了，只記得那是一位可口可樂的業務員，還有一點他記得十分清楚，那就是他的妻子、孩子正在家中等著他買食物回去，於是他不斷地告誡自己，一定要成功地把車賣給這個顧客。

那天，他賣出了他成為業務員後的第一輛汽車，就是賣個那個推銷可口可樂的業務員。當他拿著文件走在回家的路上時，喬‧吉拉德認識到知道自己要什麼，是多麼的重要。我們所想要的，就是我們為自己定下的目標。從那以後，所有的事情，喬‧吉拉德都會給自己定一個目標。每個人的潛意識中都有一種如同導彈一般的自動導航系統

的功能,所以一旦我們設定了明確的目標,並且讓我們的潛意識明確接受了我們的目標,那麼我們的潛意識就會做出反應,讓我們不知不覺中趨向於這個目標,去說明我們完成它。

有人問喬‧吉拉德是怎樣成功的時,喬‧吉拉德回答說:「因為我會我會為自己定下遠大的目標,並且附有切實可行的方案。」是什麼方案具有如此大作用呢?原來喬‧吉拉德會將年度的計畫和目標細分到每週和每天裡。譬如,他今年給自己制定的目標是 2400 萬美元,他會把這 2400 萬美元分成 12 等份,這樣每個月需要完成 200 萬美金,然後在把 200 萬分成 4 等份,這樣,就變成每個星期只有 50 萬美元了。

然而,50 萬元仍然是很大的一個數目,但如果把這 50 萬元分成 7 等份呢?就是他每天需要完成的訂單目標。對此,喬‧吉拉德說:「只有目標定的夠大才能讓你感覺到興奮,接著再把目標分成一小份一小份的,這樣就能確實可行了。」

就像我們捧著一塊大蛋糕,想要一口吞下去是不可能的,想要品嘗到蛋糕的美味,就把它切成小塊,細細地去品嘗。我們的目標就像是一個大蛋糕,也需要我們進行分塊,才能更加切實可行。這就需要我們把目標細化到每個月、每個星期和每一天中,甚至是每時每刻。

凡是成功的人,都是有計劃的人,現在我們應該做的就是,根據喬‧吉拉德的經驗,制定出我們的目標。這個目標要是具體的、可定的、可以測量或評估的。制定目標時,我們可以從 6「W」、2「H」的角度去考慮,可以使我們的目標更有可實施性。

6「W」是指 What、When、Who、Where、Why、Which。

What 是指要達成什麼目標;

When 是指什麼時候完成目標;

Who 是指促成目標實現的關鍵人物;

Where 是指實現目標過程中，需要利用的場所；

Why 是指明確自己為什麼要確立這樣的目標；

Which 是指目標有不同的實施方案。

2「H」是指 How 和 How much。

How 是指如何去做。

How much 是指要花多長時間、多少費用等。

目標是我們行動的原動力，制定目標是很容易的，但能否實現就是關鍵的問題了。許多人曾有這樣的經歷：在開始制定目標時熱血澎湃，但過了幾十天後就毫無鬥志，更不用說取得成功的那種自信了，全都蕩然無存了。因此目標制定後，最關鍵的一步就是立刻付諸行動，朝著實現目標的方向付出實際行動。

很多業務員對自己沒有信心，所以給自己制定的目標也很小，這樣就限制了自己的潛能。何不試著給自己定一個宏偉的目標，然後向喬‧吉拉德一樣把目標分到每一天中去完成，但給我們達到目標時，才發現不知不覺中，我們已經超越了自己。

堅信自己是一個優秀的業務員，堅信我們可以達到自己的目標，成為推銷行業中的專業人士。

ψ 自信，你必不可少的氣質

當一個人失去自信心時，一切事情都將不會再有成功的希望，就猶如一個沒有脊樑骨的人，永遠不能挺直腰站直一樣。

推銷是勇敢者的職業，在推銷過程中，業務員要與形形色色的人打交道。這裡有財大氣粗、權位顯赫的人物，也有博學多聞、經驗豐富的客戶。業務員要與在某些方面勝過自己的人打交道，並且要能夠說服他們，贏得他們的信任和欣賞，就必須堅信自己的能力，相信自

在金字塔頂端跳 Disco
金氏世界紀錄最強業務員喬·吉拉德

己能夠說服他們，然後信心百倍地去敲顧客的門。如果業務員缺乏自信，害怕與他們打交道，膽怯了，退卻了，最終會一無所獲。

如果沒有充分的自信心，就無法面對顧客一次又一次的拒絕，就沒有勇氣敲開顧客一次又一次關上的門，就沒有能力去面對競爭對手的挑戰，一個沒有自信心的人是無法抓住任何成功的機會的，更無法成為一個優秀的業務員。因此，要成為成功的業務員，就要培養起自己的自信心。

通常情況下，一個人缺乏自信的原因是他們內心有深深的自卑感，這種自卑常常會讓業務員以「不能」的觀念來看待事物。這種微妙的心理差異，造成了推銷成功與失敗的巨大差導。自卑意識構成了走向成功的最大障礙。自卑意識使業務員逃避困難和挫折，不能發揮出自己的能力。因此業務員一定要克服自己的自卑心理，培養自信心。

銷售人員只有具備了自信的氣質，才會在銷售工作中積極地爭取、執著地奮鬥、勇敢地面對，充滿無限熱情和動力。當我們和客戶談判的時，言談舉止才能流露出充分的自信，才能贏得顧客的信任，促成交易的形成。同時，自信的業務員在面對失敗時，仍然能夠面帶微笑，告訴自己：「沒關係，還可以重來。」正是這樣的心態，他們才能客觀地反省失敗的銷售過程，找出失敗的真正原因。

喬·吉拉德曾經窮困潦倒，為了生計，他希望能夠在底特律一家汽車經銷商當業務員，然而，當時的經理並不看好喬·吉拉德，並不打算錄用他。走投無路的喬·吉拉德只好對經理說：「假如你不雇用我，你將犯下一生中最大的錯誤！我不要有暖氣的房子，我只要一張桌子，一部電話，兩個月內我將打破你的最佳銷售人員記錄。」因為這番話，最終經理聘用了他，而喬·吉拉德的表現也沒有讓經理失望。

即便是已經進入了人生的最低谷，都無法使喬·吉拉德失掉自信。

那些失敗的業務員，導致他們失敗的罪魁禍首就是他們先對自己失去了信心。業務員和運動員是一樣的，必須毫不氣餒地去工作，因為一個人的思想對他行為的影響是深刻的，只要有自信在，即使沒有成功，也不會對自己失望，只會讓自己更加有鬥志。那麼，我們怎樣培養自己的自信心呢？

首先，要確信我們對自己的工作和客戶有所貢獻。

想要把產品推銷過顧客，業務員自己就要相信產品對客戶是有用的，如果沒有這種心理，是無法建立起自信的。就像玫琳·凱相信自己的化妝品一定能夠給顧客帶來美麗；微軟則相信自己一定能夠為顧客解決問題。因此玫琳凱成了享譽世界的化妝品牌，微軟成為了世界最大的資訊處理公司。所以作為業務員就一定要相信自己的產品能夠為顧客作出貢獻。

第二，鞭策自己的意志力。

喬·吉拉德之所以能夠保持那樣的自信心，是因為當他第七次被顧客拒絕後，他會想「沒關係，還有三次。」這是這樣百折不撓的意志，讓他面對任何打擊，都能重拾起自信。很少有人能夠在不斷的拒絕聲中依然保持自信，但是作為業務員，這卻是我們必須要做到的。這就需要我們具備堅強的意志力，來支撐我們的自信心。

第三，關心顧客。

對顧客關愛能夠換取他們的信任，而顧客的信任是樹立一個業務員自信心的有利因素。很多業務員在顧客面前沒有自信，原因就在於他們害怕自己得不到顧客的信任。如果能夠得到顧客的信任，業務員就消除了自己的恐懼心理，從而能夠自如地和客戶溝通，消除和客戶之間的障礙。

第四，重視自己的成功。

　　有時候，業務員的付出和回報是不能成正比的，有的業務員每天在外奔波，但是卻簽定很少的合約。這不免是一件讓人感覺灰心喪氣的事情，但是業務員也要正確對待。如果你持消極態度，認為只訂了數量這麼少的合約，把它看作是失敗，就會心情沮喪。反之，你抱著積極的態度來看待，認為我今天又訂了一份合約，取得了成績，並為此而自豪，就會鼓起明天繼續努力，取得更大成績的信心。抱著積極的觀念而不是消極的態度來看待自己的工作，從每一點工作中看到成就，看到成功，最後就會從自信中獲得一次次的成功。

　　第六，心理暗示。

　　透過心理暗示培養自己的自信心，需要業務員每天都對自己說：「我是最棒的，我一定會成功。」日本創造學家未名一央說：「所謂能力，從某種意義上講只不過是一種心理狀態，能夠做多少，取決於自己想做多少，你是你認為的那「種人。」首先從心理上認可自己，就能夠消除自己的自卑感，從而建立起自信。

　　不管我們的天賦有多高，能力有多大，教育程度多麼精深，我們在事業上取得的成就都不會高於我們的自信，只有我們認為我們能，我們才能。

ψ　培養敏銳的觀察力，練就非凡的親和力

　　觀察能力是指人們對所注意事物的特徵具有的分析判斷和認識的能力。具有敏銳觀察力的人，能透過看起來不重要的表面現象而洞察到事物的本質與客觀規律，並從中獲得進行決策的依據。作為業務員想要成功，也就需要業務員必須培養自身敏銳的觀察力。

　　每一位優秀的業務員對客戶的性格特點、愛好興趣、家庭狀況、職業特點、家庭成員的情況以及他們的興趣，目前最需要什麼，最擔

心什麼，最關心什麼。而這些除了業務員透過調查所得，還有就是透過他們的觀察得出來的結論。一個頂尖的業務員都是客戶的心理專家，他們不但是傑出的業務員，還是一個好的調查員。在與客戶見面之後，他們能夠準確地說出客戶的職業、子女、家庭狀況，甚至他本人的故事。顧客在對此感到驚訝的同時，也拉近了客戶和業務員之間的距離。

甚至有一些厲害的業務員，能夠透過觀察把見過的陌生人身上的一些細節小事說出二、三十件來，只需幾眼就能夠記住所有的細節，並歸納出顧客的模樣。華人首富李嘉誠 15 歲的時候父親去世，他不得不到茶坊招待客人為生。在招待客人之餘，他最喜歡做的事情就是透過對客人的觀，去分析每一個顧客的性格，以及他們做得什麼生意、家庭狀況、有沒有錢、並加以查證，同時他會把這些資訊牢牢地記在心裡，然後真誠地對待那些客人，結果年僅 15 歲的他是所有夥計中得到賞錢最高的。可見，敏銳的觀察力不是天生具備的本領，而是透過後天的培養而練就的。

要培養敏銳的觀察力首先要具備好奇心。好奇心是出自內心的一種疑問，如果能夠對所有的事情都抱有一種好奇的心態，就會想要去一探究竟，這樣的心理能夠讓我們學到更多的東西。有好奇心的人不會對任何事情失去興趣，就算是參加一場十分乏味的演講會，別的人都聽的昏昏欲睡，有好奇心的人也會精神飽滿，因為即便是演講的人無法引起他們的興趣，周圍的其他事情其他人也會引起他們的興趣。

當然，好奇心要好奇我們應該好奇的事情，對於那些和推銷無關的事情，比如客戶的隱私等等，這樣的事情還是不知道的好，我們只去好奇對我們會有所幫助的事情。如果我們能夠擁有觀察、發問、外加學習的精神，對任何事情都抱有好奇的心態，就等於我們對周圍的人、事、物睜開了另一雙眼睛。

其次，不可忽略的眼神。顧客的眼睛是最能直接透露顧客內心真實想法的器官，若是對產品感興趣，眼神的光芒就能表現出來，所以，業務員要密切觀察顧客的眼神變化，能夠為我們帶來更多的資訊。

第三，動作是思想的延伸。除了眼神之外，顧客的一些動作也能透露出一些訊息，這些也需要業務員仔細的觀察，不要錯過一個微小的動作所表達的資訊。

第四，語氣和聲音也是思想的傳輸器。在推銷過程中，業務員要仔細聽顧客的說話的語氣和聲音，因為往往能夠透過顧客的語氣和聲音觀察到顧客思想的轉變。

第五，留意可見訊號。顧客家中或是辦公室的一些擺設、掛飾都是業務員觀察的對象，那裡面蘊含的資訊是不可小覷的，那往往是顧客興趣愛好的體現。

第六，透過對注意力的開發，使注意力集中到需要觀察的推銷對象或有關事物上。

第七，全面、系統、聯繫的觀點看事物。透過觀察到資訊，如顧客服裝的風格、顏色等，聯想到顧客的個性特色。透過事物的聯繫可以使推銷人員系統地瞭解顧客。

第八，對顧客以及周圍事物的觀察，既要定性觀察，又要定量分析。

最後，要一邊觀察，一邊思考，這樣才能隨時發現關鍵點，為進一步調查瞭解做好準備。

敏銳的觀察力，不僅是要透過眼睛去看，還要透過耳朵來聽，鼻子來聞，和心靈來感受，這些器官的結合才能形成敏銳的觀察力。當業務員具備了可以得知顧客一切資訊的敏銳觀察力後，還需要具備非凡的親和力，這樣才能在和客戶的接觸的時候，迅速拉近彼此的距離。

具備非凡親和力的業務員，更容易博得客戶的信賴，也更容易被客戶接受，贏得客戶的喜愛。大多數推銷行為都是建立在友誼的基礎上，包括我們自己而言，都更願意去找我們喜歡、信任的業務員購買東西，因此，業務員能不能在最短的時間內和客戶建立友好的感情，將直接影響到業務員的業績。

通常情況下，業務員先從喜歡自己、相信自己做起，只有喜歡自己、相信自己的人，才能做到去喜歡別人、相信別人，同樣也能得到他人的喜歡和信任。那些常常貶低自己，心情低落的業務員，在他們的眼中世界就是灰暗的，這樣的人是無法得到他人的喜愛和信賴的。因此，要練就自己非凡的親和力，首先要給自己樹立一個自信、樂觀的業務員形象，然後以此去感染我們的顧客，在顧客的心中留下一個熱情、真誠、樂於助人、關心他人的形，相信每一個顧客都願意和這樣的業務員打交道。

每個人都是自己的一面鏡子，我們怎樣對自己，也就怎樣對別人，從現在開始，喜歡自己、相信自己，努力讓自己擁有人見人愛的親和力，相信我們就可以和每一個顧客成為朋友。

ψ 聰明而不是勤勞地去工作

不少業務員都會把自己推銷不出產品的責任，歸罪到店面的地理位置不好上。喬‧吉拉德不止一次地聽到自己的同事有過這樣的抱怨，但是喬‧吉拉德在一個店裡工作了多年，一直沒有更換工作地點，卻從未抱怨過一次。

在喬‧吉拉德看來，儘管一些汽車經銷店都會選擇位置比較好的地方，但是業務員能否推銷出汽車，和店面的地理位置並沒有多大的關係。工作中最後最重要的，是一個人的工作方式，是如何更聰明地

在金字塔頂端跳 Disco
金氏世界紀錄最強業務員喬‧吉拉德

做事。聰明的做事，可以幫助業務員擁有正確的工作態度，以及提高工作的效率，加快工作的進程。喬‧吉拉德一年內零售 1425 輛汽車，平均一天要賣掉 4 輛汽車，這樣的工作量，不是只有勤勞地去工作，可以輕易達到的。喬‧吉拉德之所以能做到這樣，是因為他知道怎樣聰明地去工作。

事實上，喬‧吉拉德對只要勤勞工作就能夠成功的言論，也不是十分信任。他更願意讓自己聰明地去工作，而不是勤勞地去工作。喬‧吉拉德認為聰明地去工作，就是我們必須知道我們今天要做什麼，並且拿出時間來作計畫。

聰明地工作離不開記事本，這是喬‧吉拉德工作離不開的工具。每天早上，喬‧吉拉德首先先會查一查約會記錄本，看這一天有什麼約會，然後根據這些再來安排自己這一天的工作。除此之外，對於他的顧客檔案，也不是雜亂無章，隨便記在本子上。他會按照一定的順序，比如：根據字母的順序排序，這樣在找起來的時候，就可以節省時間，不必要一個一個人名的去查找；或者可以根據時間來排序，比如：記在最後的就是當天剛剛成交的，這樣做的好處就是，他能夠知道那些顧客該買新車了。閒暇的時候，他就會給那些需要買新車的顧客打電話，在電話裡面告訴他們來了新款的車。當顧客和他約好看車的時間，他就會立刻記錄下來。儘管喬‧吉拉德的記性並不壞，但是他相信記事本能夠幫助他記住更多的東西，並且能夠為他節省時間和精力。

利用記事本，是喬‧吉拉德聰明工作的一個方面。另一個方面，他在時間上的巧妙安排也讓他的工作更加有效率。在一天的工作中，總會有一些空閒的時間，這些時間裡，喬‧吉拉德絕對不會用來和其他人閒談，或是坐在一旁休息。譬如，這一天喬‧吉拉德要接待以為顧客，但是顧客要下午才能到。在等待客戶的這小段時間裡，喬‧吉

拉德會做一些事情來吸引更多的客戶來找他。

通常情況下，他會給客戶寫郵件，但是他只寫收件人的姓名和地址，原因在於可以隨時停止。如果寫信件的內容的話，顧客突然來訪時，他就不能立刻停止下來，或者等繼續寫的時候，忘記了自己要說寫什麼。除此之外，他也會打一些電話，或者是到其他房間與人聯絡感情。這樣做是為了壯大自己的關係網，而不是僅僅為了和同事閒聊。

看過喬·吉拉德工作的方式，很多業務員就明白了，為什麼自己很勤奮、很投入、滿懷熱情地工作，但是最終卻沒有取得優秀的業績。因為工作不僅僅是體力勞動，更需要用腦去支配。再簡單的工作也不能機械地去做，這樣再勤奮也是無濟於事的。在工作之中，是需要我們不斷地學習、摸索、總結經驗，想方設法地提高自己的工作效率，這樣才能更加充分地利用工作時間，才能做更多的事情。因此，喬·吉拉德給每一個業務員提了 3 個建議，以幫助我們更加有效率地工作。

1. 用心工作。用心工作就是業務員不要機械式的工作，不要認為自己熟悉了一切工作流程，就可以不用動腦去思考。只有動腦去思考，才能發現每一天的工作結束後，我們都會有不同的收穫。

同時，對於工作中不理解的問題，要及時向他人請教，不斷地充實自己的知識。平時的工作中，要用眼睛去觀察，用大腦去記憶、思考。

2. 安排好工作日程。如果業務員還沒有安排日程的習慣，就要從現在開始做了。把安排好的日程用筆記錄在記事本上，每天早晨都看一遍。這樣可以使我們的工作有條不紊地進行，從而提高工作的效率。

3. 善於思考。工作中的思考是極具價值的，它能夠幫助業務員

克服在工作中遇到的困難、總結經驗、找出規律和方法，從而不斷得提升工作業績。這是每一個業務員都應該具備的。

當我們瞭解了聰明工作的意義，就不要再只是辛勤地工作了。記住，聰明比辛勤更重要。

ψ 有效的 TDPPR 公式

對於業務員來說，任務就是推銷出產品，除此之外，還有一個更重要的，就是讓推銷工作不斷地進展下去。因此，業務員必須要去發展和並維持動力而且一定要採取主動，讓推銷的流程不停地前進。

通常情況下，業務員在拜訪客戶後出現 4 種結局：顧客同意購買；顧客沒有興趣；顧客請業務員保持聯絡，但沒有約定下一次見面的時間；顧客同意進行推銷的下一個步驟。業務員要使推銷工作不斷地前進，就需要業務員在結束了一輪的推銷工作後，就要確定下一次的拜訪的時間、地點、人物，以及理由都已經安排妥當。如果這些資訊都沒有確定，下一次的推銷活動就無法繼續進行。這需要用到喬‧吉拉德所說的「TDPPR」公式，及時間（time）、日期（date）、地點（place）、人員（person）、理由（reason）。

TDPPR 公式要求每一個業務員在拜訪一位顧客前，認真地思考一下，並制定出具體的計畫：首先，你要清楚你的顧客是誰，他是幹什麼的；他有什麼特點和愛好；他有沒有決定權；他有什麼需求。另外還要分析一下自己能否滿足顧客的需求和怎樣才能滿足顧客的需求。最重要的是要弄清楚你這次拜訪準備達到什麼目的，因為只有這樣，才能對此次拜訪是否成功進行評價，才能總結經驗教訓，才能為下次拜訪做好準備

每完成一次拜訪後，業務員都會得到一些有用的資訊，以備下次

拜訪之用。因此，每一個業務員在拜訪結束後，都需要和顧客約定下一步拜訪的計畫，盡可能在離開前確定下一次拜訪的時間、日期。地點、人物以及理由。例如，我們可以說：「我們這次的談論很愉快，下一次我會帶一些資料以及一些對比資料來讓您參考，您看我們在週末之前再進行一次談話怎麼樣？」然後，我們就拿出自己隨身準備的筆記本和日曆，來和客戶敲定下一次的拜訪的時間、日期、地點、人物，以及理由，一旦得到這些資料，需要我們向顧客確定一下，以免出現錯誤。

在業務員接觸的客戶中，大部分都是十分忙碌的人，這就導致了他們沒有太多的時間來考慮我們產品的好壞，即便是他們有購買慾望，也會因為沒有時間做詳細的調查而推遲購買的決定。因此優秀的業務員應該懂得如何縮短每次拜訪客戶的時間。由於客戶每天都忙忙碌碌，所以他們喜歡接待一些有充分準備的，談話簡明扼要的業務員。明白了這個原因後，業務員就知道一定要事先確定好 TDPPR，並保留一定的修改空間，以防萬一客戶的情況有所變動。

一個優秀的業務員是不會對銷售的任何細節掉以輕心的，有的業務員業務員匆匆忙忙地拜訪了 10 位顧客而一無所獲，而有的業務員卻能夠從一位客戶身上收穫頗多，因此，與其盲目地追求數量，不如認認真真做好準備去打動一位顧客，讓我們的拜訪具有建設性。每一個優秀業務員的銷售案都是這樣開始的，準備充分之後，以積極的態度去拜訪一位並不是很熱衷於產品的客戶，他心理早已做到了客戶不會立刻答應的心理準備，他只會充分利用這次拜訪的時間，透過對產品的介紹一步一步地解除顧客對產品的疑慮，然後確定下一次拜訪的 TDPPR，一直這樣輪迴下去，直到客戶完全相信我們所銷售的產品就是他們所需要的。

在金字塔頂端跳 Disco
金氏世界紀錄最強業務員喬‧吉拉德

　　這樣的銷售案是每一個業務員都必須準備的，這不會浪費業務員太長的時間，但如果沒有這樣的準備而貿然去拜訪客戶的話，那不但是浪費了顧客的時間，也使顧客產生一種被輕視的感覺，這會傷害彼此的關係。美國推銷協會統計，80%推銷個案的成功，需要 5 次以上的拜訪，48%的業務員 1 次就放棄，25%的 2 次放棄，12%的 3 次放棄，5%的 4 次放棄，10%的堅持 5 次以上。根據這個資料我們可以看到，透過一次的拜訪就達到簽單目的的少之又少，從第一次接觸到促成簽單大約要經歷五個步驟，每一次的拜訪如能達到一個目的就不錯了。因此，業務員一定要初次拜訪結束後確定好 TDPPR 公式，否則就預示著交易的失敗。

　　許多客戶願意和業務員見面，都是基於好奇心和他們的禮貌，而他們本身並沒有購買的慾望，這就需要業務員用自己的專業水準來說顧客，和顧客建立友善的關係，用問題來引導顧客真正的需求，然後展開一場規劃完整的銷售方案，這就是業務員最基本的工作流程。

第四章 銷售中，永遠遵循 250 定律

—— 不得罪任何一個客戶

ψ 每個人的背後都站著 250 個人

多米諾骨牌是大家都熟知的，將骨牌排成一條直線，推倒第一塊，其他的就會一塊接一塊的倒下來，這就是連鎖效應。業務界也存在著連鎖效應，這個連鎖效應被喬‧吉拉德稱之為「250 定律」。

世界上充滿了因果關係，某件事情的發生極有可能影響到其他事或是其他人。喬‧吉拉德的 250 定律就是說，在每一個客戶的背後，都大約站著 250 個人，這是與他關係比較親近的人：同事、朋友、親戚、鄰居，假如我們另其中的一個顧客不滿意，就會引起和他有關的 250 個人的不滿意。

喬‧吉拉德首次發現 250 定律是在他進入保險行業不久。一天，他去參加一個朋友母親的葬禮，在主持人向現場的參與者分發印有死者名字和照片的卡片時，喬‧吉拉德向葬儀社的職員問道：「你是怎樣決定印刷多少張這樣的卡片呢？」那位職員回答道：「這得靠經驗。剛開始，必須將參加葬禮者的簽名薄打開數一數才能決定，不多久，即可瞭解參加者的平均數約為 250 個人。」

最初聽到這樣的結論，喬‧吉拉德認為是個偶然，直到有一天，一個服務於葬儀社的員工向喬‧吉拉德買車。待一切手續辦完，喬‧吉拉德想到了之前參加葬禮時，那位職員對他說的結論。於是問道：「每次參加葬禮，平均有多少人？」那名員工回答說：「大概 250 個人。」

在金字塔頂端跳 Disco
金氏世界紀錄最強業務員喬‧吉拉德

又有一次，喬‧吉拉德和夫人去參加一個朋友的婚禮，喬‧吉拉德向酒店的服務人員問道：「一般來參加婚禮的人數是多少？」那位服務人員幾乎想都不想，就告訴他說：「男方差不多是 250 個人，女方也差不多是 250 個人。」又是 250 個人，這一次不再僅僅是巧合了。從那時起，喬‧吉拉德開始對這問題關注起來，並總結出了 250 定律。

在這之後的一次演講中，喬‧吉拉德提到了他的 250 定律。他的朋友喬爾‧沃爾夫森聽後，興奮地告訴他：「你相信嗎？喬，我最近和一些人研究猶太會堂要蓋新建築的事情，我們遇到了一些問題，其中之一就是這個會堂要蓋得多大？我們需要一些執行儀式及程式的空間。為此，我們研究了許久，根據過去的經驗和實際需要，我們決定的空間大小必須能容納 25 張圓桌，每張桌子坐 10 個人。最後是 250 個人，250 個人！」

喬‧吉拉德對此當然深信不疑，這是他多次觀察和研究的結果。他把 250 定律牢記在心裡，一刻也不敢忘記。

如果每一個業務員在一個星期內可以見 50 個客戶，這其中有兩個客戶對我們不滿意，按照 250 定律來推斷，那麼一年下來，就有 5000 個人對我們不滿意。我們得罪了一個顧客，就連帶得罪了他身後的 250 個人，而這 250 個人每個人的身後還站著 250 個人。這將是多麼可怕的一件事。

所以，作為業務員，我們不能夠得罪每一個顧客。試想，如果有一人走進我們的店裡，正巧那天我們的情緒不好，從而影響到了顧客。當這個顧客回到自己的辦公室中時，就會對他身邊的同事說起這件事，那麼他的同事即便是沒有見過我們，也對我們沒有任何好感了。如果恰巧這個同事身邊還有一位他的朋友，也聽到了這次談話，那麼那個人也會把我們記在心裡，然後絕對不會找我們來買東西。

　　通常，我們都不能夠準確的知道，哪一位顧客是真的想要買東西，哪一位顧客只是隨便看看。所以，我們不能存在任何偏見。即便是喬‧吉拉德已經成為了銷售大師，他也沒有忘記 250 定律，他依然會看顧客臉色行事。也許，我們遇到的顧客之中，有十分讓人討厭的。這時，我們就需要來說服自己，顧客是來購買我們的產品，他不是來騷擾我們的，他是我們的衣食父母。如果交易成功了，我們能夠得到豐厚的回報，如果失敗了，我們所做的一切，都是屬於我們工作範疇之內的，我們也沒有任何損失。

　　記住，我們是在談生意，是在想辦法把顧客的錢，裝進我們的口袋。而不是在選擇結婚的對象，我們不必在意顧客的樣子、人品等等，我們只需要在意，他們會不會購買我們的產品。不管顧客是什麼樣的人，就算他是人人都厭惡的討厭鬼，是地痞流氓，是行為怪癖的人，這些統統與我們無關，我們需要控制自己的情緒，因為他們是可能掏錢給我們的人。

　　如果我們確實碰到了十分棘手的顧客，也不要不知如何是好。我們可以採取以下 7 種方式來應付他們。

(1)　即使對方令你感到棘手，也不要有意地疏遠他，回避他；

(2)　如果對方故意找我們麻煩，我們最好裝作不知道，根本不妨在心上；

(3)　不要讓自己以高高在上的姿態出現在顧客面前，要對所有的顧客一視同仁；

(4)　和此類顧客交談時，不要夾雜自己的觀點在裡面，更不能有批評、否決等語言的出現；

(5)　找個與對方關係較好的人做橋樑，逐漸建立起之間的友好關係；

(6)　如果一起參加活動，不要忘了把他當成夥伴之一；

(7)　關心對方的家人．

做到以上這 7 點，再棘手的顧客也不會為難你，因為沒有人會對尊重自己的人表現不友好。如果我們想成為優秀的業務員，就要記住 250 定律。時刻把客戶放在第一位，在推銷過程中，絕對不得罪一名顧客。

當然，這只說了這個定律的負面影響，任何事情都是相對的，250 定律也有它的正面影響。當我們能夠讓令我們一位顧客滿意時，我們就能令和他相關的 250 個人滿意，從而另更多的人來和我們做生意。

成功地替自己做廣告，其背後的意義就是喬‧吉拉德的 250 定律。運用好這個定律，就能為我們建立起良好的口碑。

ψ　怎樣抓住那個「1」

在推銷學中有種推銷方法叫做「情感行銷」，即利用顧客的感情抓住他的人，讓他成為我們的忠實顧客。在喬‧吉拉德的 250 定律中，首先保持住 250 個人前面的那 1 個人，是最重要的，因為抓住了這 1 個人就等於算是抓住了 250 個人。

而「情感行銷」無疑是最好的辦法，成功的推銷都離不開感情的投資，投入的感情越多，也就越能打動顧客。因此，為了抓住那一個人，業務員就要拿出自己 100% 的感情來，像對待老朋友那樣去對待他們，不要認為和他們交往，只是為了掙錢，在這裡首先把金錢放在一邊，讓感情成為主旋律。看一看喬‧吉拉德是怎樣用感情來打動顧客的。

那天，喬‧吉拉德像以往的每一天一樣，在店裡推銷他的汽車。這時，從門口走進來一位女士，只見她神色安然，穿著也比較普通。

當喬‧吉拉德走到她的面前時，這位女士不像其他的顧客一樣等著喬‧吉拉德的發問，她直接告訴喬‧吉拉德：「我想要一輛白色的福特車，我的表姊就有一輛，非常好看，而且看起來特別時尚，我喜歡極了。你這裡有嗎？剛才在對面那家車行，那裡的業務員告訴我說現在沒有，要我等一個小時，我就來你這裡隨便看看。真希望你這裡能夠有，今天是我的生日，我想買下它做我的生日禮物。」

喬‧吉拉德耐心地聽完這位女士的話，儘管他賣的不是福特汽車，但他還是把這位女士帶到了賞車的展覽室，讓她自己先看一下，然後說自己出去一下馬上就回來。過了一會兒，喬‧吉拉德再次出現在那位女士的面前，對她說：「您喜歡白色的款式對嗎？雖然我不賣福特汽車，但是我們這裡有一款新車，正是您喜歡的白色，我相信您一定會喜歡的。」當那位女士表示願意看一看時，一位女工作人員向他們走了過來，並且手中捧著一束美麗的玫瑰花，然後把這束花遞到了那位女士手中，並對她說：「祝您生日快樂！」那位女士顯然被眼前的情景驚呆了，繼而感動得雙眼噙滿了淚水，「已經好久沒有人為我慶祝過生日了，我很感動，謝謝你們。」她聲音略帶哽咽地說：「剛剛在那家車行，我告訴業務員今天是我的生日，我想買一輛白色的福特車，可能他們認為我買不起，對我不理不睬，我要求看樣車，他們卻說要我等一個小時。我這才來到你們這裡，其實我不一樣非要買福特的，你的雪佛蘭也不錯。」

說完，那位女士就爽快地簽訂了訂單。整個過程，喬‧吉拉德說過的話還不到 10 句，然後他用了比話語更加有利的武器，那就是感情，他用自己最真誠的感情去感動那位女士，儘管那位女士表示自己想要買福特汽車，儘管她沒有作出任何買車的承諾，也許喬‧吉拉德的一切努力都會白費，但是他卻毫不猶豫地這樣做了，並且最終取得了勝

利。這就是感情的力量，它足以讓一個陌生人對我們深信不疑。只要我們能夠在交易的過程中，巧妙地利用顧客的感情，就能夠贏得顧客的信賴，從而促成交易的形成，更主要的是，我們留住了一位永久的顧客，而且這個顧客會逢人就說我們是多麼的體貼，我們的服務是多麼的周到，我們的產品又是多麼的可人心意。

留住這樣一位顧客，要比我們費勁心機去接待十名顧客更加有效。因此，為了抓住這樣的顧客，我們能就要使用「情感推銷」，根據不同顧客的情感需要，作為我們推銷活動的出發點，根據其感情需要制定具體的行銷方式。在推銷活動中，不是每一位顧客都會像喬‧吉拉德遇見的那位女士一樣，把自己的需求一股腦的說出來，但是有一點值得肯定的是，人都是有情緒的，只要業務員能夠準確地抓住顧客的情緒，就能夠找到行之有效的感情推銷方法。

留住一個永久的顧客並不難，只要我們願意付出自己的感情去感動對方，只要對方被我們感動了，我們就在無形中得到了 250 個潛在顧客。

ψ 不和「陌生人」做生意

不和「陌生人」做生意，並不是說我們只能和自己認識的人做生意，而是要求每一個業務員對自己的顧客都要做到熟悉的程度。

這樣的要求對一般的業務員而言，是有一定難度的。通常情況下，業務員面對陌生的顧客，都會感到一絲的緊張，更不要說像對一個熟人一樣去對待他們了。想一想，為什麼我們和老朋友見面的時候，不會感覺到緊張？原因很簡單，因為我們彼此瞭解，在溝通上就不存在任何困難。然而，陌生人是我們所不瞭解的，彼此之間都存在著戒備心理，因此就會感覺到不自在，甚至是恐懼。

　　但是在推銷這個行業，要求業務員不管在家庭周圍，還是在客戶的影響力中心，或是在其他任何場合，都要做個有心人。做到有準備、有意識地和陌生人接近、寒暄、溝通，並及時、恰到好處地取得第一手資料，為以後的陌生拜訪作準備。就要求我們不斷地認識更多的人，基本上每一個業務員每天都要接觸到一個陌生人，想要成為優秀的業務員，我們首先就要學會怎樣和把陌生人變成我們的朋友。這就要求我們首先要在心中建立一種樂於與人交朋友的願望，心裡有了這樣的想法，才能夠付諸於行動上。

　　業務員在上門推銷的時候，通常都會遇見陌生的顧客，這時候就不免會產生緊張的情緒，因為事先不瞭解，很怕自己說錯了話會引起顧客的反感。這個時候，業務員可以憑藉自己的觀察力，來推斷顧客的興趣所在。如果我們發現了一些線索後，就不難找到開場白了。

　　除了拜訪陌生的客戶，我們還要擴大我們的交際圈，努力地認識更多的人，這就意味著我們可能要參加一些商業活動，或是一些聚會。在這些聚會和活動中，大部分都是陌生人，甚至有可能我們一個也不認識。這時候，我們就不必透過觀察周圍的環境來熟悉陌生人了，我們可以先坐在一邊，對在場的每一個人進行一番觀察，也可以留意一下身邊人的談話內容。如果恰好他們談論的話題是我們所擅長的，那麼我們就可以走過去加入他們，這樣我們就認識和在這個聚會中第一批人。

　　或者，當我們發現了在這個活動中，還有和我們一樣沒有熟人的陌生人，我們不妨走上前去，先做下自我介紹，然後禮貌地和對方握個手，相信這樣的主動，會受到對方的歡迎。透過我們的觀察，也許我們會發現在這個聚會中，有我們不喜歡的人，這時候，千萬不要表現出來，同時還應該學會與他們談話。雖然這樣的做法會讓我們自己

有些為難，但是在交際場合中，只會以自己為中心，而不顧他人的感受，並不是一件好事。

　　有時，僅僅做到和我們不喜歡的人交談是不夠的，對方能夠從我們的態度上感覺到我們對他們的看法，就算我們不說出來，在眼睛裡也會寫著「我不喜歡你」四個字。為了不讓對方感覺到我們的冷漠，我們在談話的過程中，要有禮貌，不要問及有關對方私人的問題。

　　當我們決定和一個陌生人接觸時，應該先對自己做一番介紹，可以不先說自己的名字，因為對方並不認識和我們，一開始就報上名來，會讓對方覺得唐突，同時對方也不見得會立刻就記住。最好的辦法就是先告訴對方我們的工作單位，然後再問一下對方的工作單位，如果是同行就更好了，多了許多共同的話題；如果不是同行，我們就要考慮把對方發展成我們的顧客了。通常情況下，如果我們先說明了自己的情況對方也會很樂意告訴我們他們的情況。

　　為了進一步拉近我們和陌生人之間的關係，我們可以談論一些有關於他們本人的問題，比如問下他們的家庭成員，如果多方已經有了子女，要顯出關心的樣子，問一問孩子的年齡、還有學習狀況等等，因為一般家長都會對孩子的問題格外關心，也會願意和其他人交流這個問題。值得注意的是，可以詢問對方孩子的情況，但是不要對他們的孩子妄加評論。如果是好的方面，我們可以加以讚揚，如果對方對孩子有所抱怨，我們絕不能隨聲附和。當問了對方的一些情況後，我們也應談談自己的情況，這樣才能達到交流的目的。

　　在和陌生人談話的時候，需要我們更加的用心，因為他們的話語中，常常隱藏著很多資訊，這些都能夠為我們所用。通常情況下，我們都能夠判斷出他們的經濟水準，還有一些興趣愛好，這都能為我們將來談生意埋下伏筆。

如果我們恰巧遇到一個性格羞澀的人，此時就需要我們更主動一些，同時要多談論一些無關緊要的事情，儘量不要讓他感覺到緊張和局促不安。在談論的話題上面，要儘量選擇沒有爭議性的話題，如果發現對方對我們的話題並不感興趣，甚至是厭煩的時候，我們應該及時轉變話題，對任何性格的人都是如此。

最後，要儘量記住對方的名字，如果再一次遇見對方的時候，卻實在想不起對方的名字時，我們就要很誠懇地表示自己忘記了，並且再次請教對方貴姓。也可以用「您是……」、「我們好像……」這樣的開場白來引導對方，使他主動補充回答。慢慢經營與陌生人的關係，使他們成為客戶；結識他們的朋友，打到他們的圈子中去；瞭解他們的需求，為他們服務。客戶量增加，促成的機會也會增加；促成的機會增加，促成的次數也就增加了。

站在人來人往的街頭，我們所能看到的都是陌生人，但同時我們也要看到，透過我們的努力，他們正在逐漸成為我們的顧客，我們的朋友。

ψ 未成交的顧客也很重要

在推銷活動中，準客戶很重要，潛在客戶也很重要，老顧客更加重要，但是還有一種顧客是不能忽略的，那就是和我們沒有成交的顧客。

業務員習慣於只跟已經成交的顧客保持聯繫，卻忘記了其實為成交的顧客也值得我們付出時間和精力去聯繫。對於業務員來說，不是每一次的交易都可以成功，也許比例 1：1，甚至成交的比例會更小，也就是說如果我們不在意未成交的顧客，就等於主動放走了一大批的潛在顧客。

115

在金字塔頂端跳 Disco
金氏世界紀錄最強業務員喬·吉拉德

　　每當喬·吉拉德看到自己的同事輕易就放走一個未成交的顧客時，他就感到很可惜。於是，他與同事商量，他給他們 10 美金，只需要他們允許他與他們未成交的顧客談談。開始的時候，他的同事很高興這樣做，自己可以不費任何力氣就拿到 10 美金。然而不久以後，他們就改變了主意，因為喬·吉拉德從那些未成交的顧客手中賺到的傭金，遠遠高於他給他們的 10 美金。看著原本應該屬於自己的傭金進了喬·吉拉德的口袋，他們漸漸感到不滿意，最後，喬·吉拉德只好終止了這種辦法。但是，卻讓他更加清醒得認識到未成交顧客的重要性。

　　因此，作為業務員我們應該像喬·吉拉德學習，不放棄任何一個顧客，包括沒有成交的顧客。事實上，未與我們成交的顧客並不是因為他們沒有需求，至少高達 80% 的顧客是這樣的，而是因為我們服務令他們的需求得不到滿足，如果我們能夠瞭解到他們的需求，並且找出解決的辦法，成交的可能性就會大大提升，這充分地體現了未成交顧客的重要性。

　　首先，未成交的顧客雖然現在沒有與我們成交，但是一旦他們阻礙他們購買的障礙消失了，他們就會立刻購買，如果業務員沒有在交易初次失敗之後，繼續與顧客保持聯繫，那麼當顧客想要繼續購買的時候，就可能會到我們競爭對手那裡去買，我們也就損失了這樣一個潛在顧客。

　　第二，發展未成交的顧客，可以便於我們今後繼續做拜訪。有時候，喬·吉拉德為了推銷一輛汽車，至少要到顧客家中拜訪 6 次以上，如果我們只因為前兩次的訪問是失敗了，就放棄了這個顧客，那麼也就沒有成交的可能性了。對於未成交的顧客，我們需要的就是不懈的堅持。

　　第三，顧客之所以未與我們成交，除了需求沒有得到滿足這個可

能性外，還有可能是因為顧客對我們的公司，以及我們抱有成見。因此，繼續與未成交的顧客聯繫，可以透過我們的努力扭轉顧客這一觀念。如果我們放棄了，就失去了改變他們觀點的機會，就會讓誤會繼續存在於他們的意識之中，這種意識會使他不再購買我們的產品。

現在，我們知道了未成交顧客的重要性，與他們繼續聯繫，目的就在於最後的成交，在今後的推銷活動中，要重視起未成交的顧客。因此，還需要我們遵守 4 項原則。

1. 不是所有的未成交顧客都值得我們保持聯繫。

未與我們成交的顧客千千萬萬，如果我們每一個都去爭取的話，恐怕爭取到 80 歲也爭取不到全部。因此，這就需要業務員對未成交的顧客進行鑒別，哪些是還有希望促成成交的，哪些是希望比較渺茫的。確定了我們值得發展的對象之後，再投入時間與精力，要比我們從一開始就一把抓有效率。通常情況下，沒有購買需求和購買能力的顧客就屬於我們考慮範圍之外的部分了，其餘的為成交顧客中，我們就要集中精力去發展最有可能成為準客戶的客戶。

2. 建立關係從第一次交易失敗開始。

機會不是時時都有的，與未成交顧客聯繫最好的時機就是在初次交易失敗之後，打鐵要趁熱，推銷也是如此，要在顧客的購買需求依然強烈的情況下，繼續與他們保持聯繫。不要等到他們沒有購買慾望了，或是已經在別處購買了產品。

3. 不要急於求成。

發展未成交的顧客需要一個過程，因為他們並是不從一開始就對我們的十分得滿意，因此在與他們保持聯繫的過程中要有耐心，不要一開始就催促他們購買，這樣只會加劇他們的抗拒心理。在與他們聯繫的初期，我們應該把精力用在和他們保持聯繫、建立感情和搜集資

料上。萬事俱備之後，在促成交易的形成也不晚。

4. 不要忘了請教自己初次失敗的原因。

從未成交的顧客那裡，我們可以知道自己交易的失敗的原因是什麼，這有助於我們在今後的推銷過程中加以注意和改正。因此，我們應在適當的時候，向顧客請教是當初是因為什麼原因使我們遭到了他們的拒絕。

在業務員的一生中，未成交的顧客遠比成交的顧客多得多，而喬‧吉拉德依然能夠成為銷售冠軍，很大程度上取決與他從未放棄過未成交的顧客，在他的眼中，未成交的顧客就是潛在顧客，潛在顧客就是準顧客，而準顧客就會成為他的老顧客。

ψ 把每一個人都當成最有價值的顧客

很多業務員都有一個錯誤的理解，就是認為只有有購買慾望、肯下大訂單的顧客才是最有價值的顧客。但是這樣的顧客並不是遍地都有的，也許一個月都遇不到一個，這就引發了業務員的一些抱怨——顧客太難找了。

一個業務員在喬‧吉拉德面前抱怨準客戶太難找了，喬‧吉拉德聽後把他拉到窗子前，然後指著窗外來來往往的人群，對他說：「外面的那些人都是你的顧客。」除非我們睡著了，否則我們接觸到的每一個人都有可能成為我們的顧客，因此每一個人對於我們來說，都是有價值的，關鍵在於我們的怎樣把他們找出來。業務員應該想一座敏感度極高的雷達，不論在走路、坐車、購物、交談時，我們都應該隨時注意身邊的每一個人，聆聽他們說話，這樣才能隨時隨地地發現顧客，否則，就是準客戶站在我們面前，我們都無法把握。

很多人都驚異於為什麼喬‧吉拉德能夠擁有那麼多的顧客，原因

就在於，喬‧吉拉德不放過每一個和他接觸過的人，在他看來，他們每一個人對於他來說都是最有價值的顧客。他經常從自己曾經購物、位置付帳的店家那裡尋找自己的顧客；在每一個所到之地，他都會刻意留意每一個可能成為自己顧客的人。除了客戶名單以外，喬‧吉拉德還有一份他曾經去購物的店的名單。每一次去買東西，喬‧吉拉德都會努力向這些店主做推銷，包括交錢的時候，他還會再次提醒店主他是一個汽車業務員，如果需要買汽車，一定要找他。

除此之外，如果有哪家店的店主向他購買了汽車，他就會問顧客是賣什麼的，店在什麼地方，有時間喬‧吉拉德一定會到這家店裡面買一些顧客的東西，並且會真誠地感謝顧客購買他的汽車。就這樣，一個準客戶就找到了。一般的業務員都不會在自己購買東西的時候，向店主進行推銷，因為在他們看來，這時候自己的身份是消費者，而不是業務員，再者，他們也不認為眼前這位業務員會成為他們顧客。透過喬‧吉拉德的做法，我們會發現，其實尋找顧客就是這樣的過程：把每一個我們認為不可能成為我們顧客的人，都當作是我們的顧客，這需要我們從三個方面去做：

首先，留意我們身邊的生活。業務員的工作地點不僅僅局限於自己的辦公室、顧客的辦公室或者是顧客的家中，還可以擴展到任何一個地方。當我們走在大街上時，每一個從我們身邊走過的人都有可能成為我們的顧客；當我們坐在公車上的時候，理髮的時候，坐在我們身邊的人就可能成為我們的客戶；甚至在我們與他人談話的過程中，都可以從其他人的話語中捕捉到一些資訊。

其次，讓自己認識更多的人。業務員要和更多的人接觸，才能發現更多的顧客，因此，在我們身邊的每一個人，如朋友、親戚、同事、鄰居，乃至陌生人，都是我們的顧客。很多業務員在各方面的能力都

很突出，但是只有一樣他們不具備，就是與人交流的主動性，而這幾乎成為了他們的致命傷。因此，業務員要主動去與更多的人接觸，這樣才能做出優秀的業績。

最後，關心我們身邊的每一個人。通常情況下，我們只會去關心我們認識的人，熟悉的人，對於我們不認識，不熟悉的人，都不會給予關心，認為這是浪費感情的行為。別的職業可以這樣認為，但是推銷職業絕對不能這樣做，作為業務員要使自己具備更多的愛心，去關心出現在我們身邊的每一個人，不管對方是不是我們的顧客，我們都要拿出我自己的關心，只有這樣，他們才有可能成為我們的顧客。

喬‧吉拉德認為業務員不是缺乏顧客，而是缺少尋找顧客的眼睛，因此，從現在起，去觀察我們身邊的每一個人，做到尊重他們、關心他們，因為他就是我們的下一位顧客。

ψ 到魚多的地方去打魚——鑒別準客戶

常常釣魚的人會知道這樣一個常識，不同的漁場中，魚群也是不一樣的，而不同的魚群所需要的誘餌也是不一樣的。這個常識運用到推銷中，同樣適用，推銷的前提就是鑒別準客戶。

對於業務員來說，找到了潛在客戶並不能保證完成推銷任務，我們必須找到真正的客戶，這就意味著我們必須具備鑒別準客戶的能力。頂尖的人都會把 80% 的精力放在那 20% 的 A 級客戶身上。正如喬‧吉拉德所說：「尋找準客戶是推銷最關鍵的一步，將目標客戶群分類分級，研究判斷購買的可能性大小。不要浪費太多的資源於漫無目標的客源上，列出優先順序和重點，以及多要強調的重點專案，把 80% 精力放在那 20% 的客戶身上。」

這就涉及到一個重點問題——尋找符合購買條件的潛在顧客，然

後才想辦法把產品或服務銷售給他。這是大多數業務員都會忽略的一個問題，許多業務人員在還沒有搞清楚對方是否有此需求或是否有能力購買之前，就耗費了許多寶貴的時間去說服他購買，到最後才恍然大悟根本弄錯了對象。

為了不讓我們做徒勞的工作，我們要從一開始就就應該選擇真正符合購買條件的潛在顧客，繼而針對他們來進行銷售動作。尋找準客戶是推銷最關鍵的一步。你推銷任何產品，一定要尋找對該類產品有需求，有興趣的人群，如果你是賣賓士汽車的業務員，你就不能找那些工薪階層的人消費。如果你是銷售保險的人，你就要找那些有保險觀念的人銷售。只有找到準客戶才能使你事半功倍。

對此，喬‧吉拉德指出，想要真正擁有潛在客戶，必須處理好以下幾個問題：

我們的產品或服務中有哪些特色是這些潛在顧客最感興趣的？

我們需要掌握一些什麼資料，才能進一步說服顧客？

我們的產品顧客時候有能力購買？

我們所確定的潛在顧客，有沒有決定購買的權利？

潛在的客戶希望我們什麼時候去拜訪，他們什麼時候會確定購買？

當我們掌握了以上幾種狀況，我們就能夠進行下一步的安排。如果一個潛在客戶對我們所提供的產品毫無興趣，那麼我們也不必繼續浪費口舌。就像一個沒有駕照的人，他是不會考慮買一部新車的。除此之外，潛在客戶還應該有一定的經濟能力，沒有經濟能力就沒有購買力。與此同時，我們要知道，誰是最終決定購買的人，這樣我們才能有針對性的去做說服工作。

總而言之，業務員要在有限的時間裡，準確地判斷出自己的準客

121

戶，這樣才能使自己的推銷工作順利地進行下去。

ψ 「情緒談判」不可忽視

每一個業務員在和客戶談判的過程中，一定要用理智來控制情緒，因為談判是直接和我們的經濟利益掛鉤的，如果我們控制不好自己的情緒，就會因此而得罪客戶。

有經驗的業務員都知道，沒有好脾氣是就做不了業務員。這樣的說法是十分有道理的，業務員每天都要面對不同的顧客，因此就可能遇到各種情況，可能被拒絕，可能指責，甚至可能被人奚落，這時候，如果業務員不能控制自己的情緒，就會和客戶發生爭執，從而得罪了顧客，導致交易的失敗。這樣的損失是很慘重的，只因為我們一時的情緒發洩，而失去了一個顧客以及他身後的 250 個潛在顧客。

不管是什麼樣的交易，不能控制自己的情緒都會導致最後的失敗。拿破崙剛剛從西班牙戰事中抽出身來，就接收到他的外交大臣塔里蘭密謀反對他的消息。這個消息簡直讓他寢食難安，在跟所有大臣開會之際，他含沙射影地指出塔里蘭的密謀，但是塔里蘭對此卻沒有任何反應。

終於，拿破崙無法再控制自己的情緒，他對著塔里蘭大喊：「你這個忘恩負義的東西，我賞賜你無數的財富，你竟然如此傷害我。」說完便轉身離去，留下大臣們各個面面相覷，他們從來沒有見過拿破崙如此失態。然而拿破崙的辱罵並沒有激怒塔里蘭，塔里蘭依然一副安然自若的樣子，對其他大臣說：「沒想到如此偉大的人物經如此沒有禮貌。」

拿破崙的憤怒和塔里蘭的鎮靜形成了鮮明的對比，結果就是拿破崙在人民面前的威信一落千丈。在從事推銷工作之前，喬・吉拉德可

以說是一個脾氣很暴躁的人，尤其不能讓他忍受的是別人喊他「義大利佬」。每次聽到這樣的稱呼，他都會朝著對方大發脾氣，甚至是大打出手。這樣的脾氣怎麼能夠留住顧客呢？沒有人會因為他打了別人一拳而乖乖買下他的車的，甚至再介紹顧客給他認識，如果他沒有改變自己的脾氣，就永遠不可能成為世界第一的業務員。

　　雖然業務員不是一國之君，面臨地不是整個國家，但是業務員面臨著顧客，他們不是我們的下屬，不會對我們一味的忍讓或者無聊件地服從我們，更不會包容我們的壞脾氣。顧客對於而言就是上帝，就是我們的衣食父母，如果我們在顧客面前控制不了自己的情緒，就會招致顧客的不滿，就無法使我們擁有優秀的業績。因此，想要成為優秀的業務員，就要學會控制以下情緒：

(1)　猜疑。無端的猜疑會讓交易前功盡棄，如果與顧客發生誤會，要想辦法去澄清，而不是讓猜疑佔據我們的心靈，從而失去客戶。

(2)　恐懼。推銷中的拒絕、抱怨、投訴等現象的出現，都會給業務員帶來恐懼的負面影響，這會影響業務員的推銷活動，因此，業務員要克服這一弱點。

(3)　焦慮。當顧客出現猶豫的情況時，業務員就會十分焦慮，害怕交易會失敗。但是愈是讓顧客感覺到我們的焦慮，就愈會影響他們成交的決心，導致交易的失敗。

(4)　亂發脾氣。每個人都會有心情不好的時候，如果在這個時候恰巧又遭遇了顧客的拒絕或是冷漠，業務員很容易無法控制自己的心中的怒火，最終導致交易的是失敗，因此，業務員要有十分強的控制能力，控制自己的脾氣。

(5)　妒忌。妒忌會讓一個人變的心胸狹窄，對於業績比自己好的

業務員不要去嫉妒，甚至是詆毀和詛咒，這樣的心理對我們的工作沒有任何好處，反而會讓我們在工作中寸步難行。

這些情緒都是人們身上最常見的情緒，正是因為這樣，業務員才會疏忽，認為擁有這樣的情緒是天經地義的事情。其實不然，這些情緒往往都是我們談判失敗的劊子手。為了能夠與顧客建立友好和諧的關係，業務員應始終使自己保持平和的心態，即使是面對誤會和奚落，也要用平和的心態去對待，因為發脾氣對我們沒有任何幫助。在此，喬‧吉拉德提供了幾點克服壞情緒的經驗，希望能夠對業務員有所幫助。

1. 對於十分易怒的業務員來說，可以自己的辦公桌上，或是其他自己可以一眼看到的地方，放上一個寫有「勿怒」座右銘的工藝品，或是自己寫的也可以，只要能起到時刻提醒自己的作用。

2. 碰到讓自己惱怒的事情時，可以想一些有趣的事情，引開自己的注意力。

3. 當有人對著我們發怒，我們可以留意他發怒的表情，就會發現發怒原來是這麼可怕的一件事，從而提醒自己不要發怒。

4. 如果實在沒有的別的事情可以引開我們的注意了，我們不妨嘗試立刻閉嘴，在心裡默數到十，等自己情緒平靜了再開口。

因為壞脾氣是推銷工作的天敵，因此，我們一定要想方設法地避免自己的情緒失控，不得罪每一個顧客，做自己情緒的主人，才能擁有好的業績。

ψ 抬起頭來向每一個人微笑

作為銷售人員，最不能吝嗇的就是我們的笑容，尤其是在接待顧

客的時候，微笑能夠讓對方感受到溫暖。很多成功人士都指出，微笑是與人交流的最好方式，也是個人禮儀的最佳體現，特別是對業務員而言，微笑尤為重要。

喬·吉拉德所學到的關於銷售的初步事項之一就是：「業務員的臉不只是用來吃東西、清洗、刮鬍子或者化妝。它其實是用來表現上帝賜給人類最大的禮物——微笑。」在他的辦公室裡，有一個小小的標語「我看到有個人臉上沒有微笑，所以我就給了他一個。」喬·吉拉德並不知道這句話出自誰口，但是他知道，這是一個業務員必須具備的。

在喬·吉拉德還沒有結婚的時候，他透過朋友的介紹認識了一個女孩，當他第一次見那個女孩時，他原本激動的心情頓時落入谷底，因為那個女孩兒的長相不僅普通，甚至可以說是醜陋。

然而，10 分鐘後，喬·吉拉德的想法徹底地改變了。原因就在於，這個女孩兒開始自我介紹時，就始終面帶微笑，即便是不說話，也不會忘記微笑。正是她的微笑，改變了喬·吉拉德對她的看法，在此之前，喬·吉拉德從沒有覺得微笑是這樣地可以打動人心。

直到很多年過去，那個女孩兒的微笑仍然一直印在喬·吉拉德的腦海中。當他成為業務員時，他也沒有那個女孩兒的微笑。同時，他也認識到了作為業務員來說，微笑更是強有力的工具，即使工作再繁重，他也不會皺眉頭。

知道嗎？當我們皺眉時會牽動我們 43 條肌肉，而微笑只需要牽動 17 跟臉部肌肉。並且，微笑帶給我們的好處，不僅僅只是牽動 17 根肌肉。還有其它 5 大好處。

(1) 微笑能夠迅速縮短我們和顧客之間的距離，是雙方的心扉打開；

(2)　我們向顧客微笑，也會得到顧客的微笑；

(3)　微笑能夠讓我們更加自信，消除我們的自卑感；

(4)　天真無邪的笑容能夠輕易地打動人心；

(5)　微笑可以傳染。

所以，當我們感覺到苦惱的時候，也不要皺眉，試著微笑一下，就會發現突然輕鬆了許多。每當喬‧吉拉德談到克勞狄歐‧卡羅‧布塔法瓦（倫敦著名的薩伏伊飯店的總經理）時，總是不忘了強調他的笑容。布塔法瓦面臨一個偌大的酒店，每天都有各式各樣的人住進去，從國王、總統到明星、運動員，各種瑣碎的細節都需要他來維持，與此同時，他還要監督數量龐大的員工。

這些事情都加起來，足以夠他忙到焦頭爛額了，但是卻從來沒有在他的臉上找到過一絲厭煩。在接受《紐約時報》的採訪時，他說道：「我的個性就是這樣。用微笑避免所有，或至少 90% 問題的發生。」

我們會認為布塔法瓦說的過於簡單，難道微笑真的有這麼大的能力嗎？答案是肯定的。因為喬‧吉拉德對此深信不疑，布塔法瓦掌握了解決問題的最好辦法，就是從一開始就避免它們發生。而微笑就是避免麻煩發生的最佳辦法，無論對於誰，看到微笑，都是最好的見面禮。

業務員用微笑去對待每一個人，總有一天會成為客戶最歡迎的人。因為每個客戶都希望看見業務員是積極的、自信的，這樣客戶才能放輕鬆。客戶心情輕鬆了，才願意配合我們，與我們完成交易。

因此在生活中，我們應有意識地聯繫微笑。微笑不是天生具備的素質，即便是喬‧吉拉德也要靠在自己的廁所，對這鏡子來練習自己的微笑。所以只要我們肯去練習，就一定能擁有迷人的微笑。

喬‧吉拉德就創造更多的微笑，給業務員提了 7 個建議。它們分

別是：

(1) 　即使不想笑，也要試著笑；每個人都有心情沮喪的時候，這個時候，只要是站在顧客面前，即使我們笑不出來，也要努力讓自己笑出來。

有一種方法叫做情緒誘導法，即在心情不好的時候，利用能夠讓我們心情愉快的事情，使我們逐步擺脫沮喪的心情，比如，看一本自己喜歡的書，或是放一首自己喜歡的歌曲等；還有一種是演員經常會用到的方法，叫做記憶提取法，就是把自己過去快樂的情景，從記憶中喚醒，引發微笑。

(2) 　只把積極的想法和別人分享。不要總是把消極的想法掛在嘴邊，這樣是不可能有笑容的。當我們把積極地想法分享給他人時，就會發現別人會被我們的積極想法感染，和我們一起微笑；

(3) 　用整個臉來微笑。迷人的微笑不僅僅是牽動嘴唇，還需要我們用眼睛、鼻子、臉頰來配合；

(4) 　徹底反轉你的愁容。這裡，喬‧吉拉德特別提到《我是如何從失敗走向成功的》的作者法蘭克‧貝格，他在年輕的時候是一個憂鬱的人，常常愁眉不展。但是他想要成功，後來他發現，要成功，首先要改變他的心態，他決定用微笑來代替「苦瓜臉」。經過長期的練習，他做到了，他也成功了。

(5) 　大聲地笑出來。大聲地笑出來比微笑更具有魅力，當我們想要捧腹大笑時，不要忍著，讓自己笑出聲來。相信每個聽到的人都會被我們感染；

(6) 　培養你的幽默感。幽默感並不意味著一定要會講笑話，同時還可以表現為，當別人和我們開玩笑時，我們能夠一笑置之；

被人微笑時，我們一起微笑，從不嘲笑他人。

(7)　不要說「Cheese」，要說「我喜歡你」。在照相館照相的時候，攝影師會讓顧客說「Cheese」，這是為了帶動微笑的嘴型。但是喬‧吉拉德發現，說「我喜歡你」這句話會笑得更開心。當我們大聲地和顧客說：「我喜歡你。」相信每一個顧客都會對我們露出微笑。

從現在起，面對我們接待的每一位顧客，我們都要露出微笑，不管他們時候會購買我們的產品，也要讓微笑成為業務員的招牌動作。就像喬‧吉拉德說的那樣：「微笑吧，當你笑的時候，全世界都在笑。一臉的沮喪是沒有人願意搭理你的。從今天開始，直到你生命結束的那一刻，用心微笑吧！」用這樣的態度去對待我們的工作，我們才能在獲得財富的同時，其樂無窮。

第五章掌握拜訪的技巧

——通向成功之門由此打開

ψ 尋找潛在客戶

潛在客戶是有可能成為但目前還沒有成為我們客戶的客戶。在喬‧吉拉德的客戶卡片裡，相當一部分都是潛在客戶，他們就是我們想要賣給他們東西，他們會向我們買東西的客戶。

對於業務員來說，工作環節的第一步就是尋找潛在客戶，如果沒有潛在客戶，我們的產品就不知道該推銷給誰。業務員所要搜尋的潛在客戶必須具備兩個條件，一個是客戶用得著我們所推銷的產品；另一個就是顧客買的起我們的產品。首先因為很少會有人買自己用不到的產品，所以我們的產品要賣給會用到的人，這樣才能加大我們推銷成功的幾率；其次，如果客戶的經濟條件不允許，即便他用的到也想買，但是他沒有購買能力。譬如，每個人都想擁有汽車，但不是每一個人都買得起汽車。

這就需要業務員在尋找潛在客戶時，要遵循一定的原則。首先，可以參照「MAN」原則。這並不是英文單詞「男人」的意思，而是每個字母都分別代表了一層意思。

「M」代表「Money」，即金錢。這就是客戶必備的條件之一，有經濟能力，具備購買能力；

「A」代表「Authority」有權力者。就是我們所尋找的潛在客戶必須掌握同意購買或拒絕購買的權利；

「N」代表「Need」即需求。就是潛在客戶對我們的產品有所需

要。

業務員在依照以上三個原則尋找潛在客戶的時候，如發現有的客戶符合其中兩個原則或其中一個原則，遇到這種情況怎麼辦呢？如果潛在客戶不符合「M」原則，業務員可以透過瞭解對方的業務狀況、信用條件等給予融資；如果不符合「A」原則，業務員可以少與對方接觸，找機會認識可以做決定權的人；如果潛在客戶不符合「N」原則，則需要業務員發揮自己的銷售技術，去說服客戶；如果潛在客戶只符合其中的一項，業務員可以把這類客戶列為二等潛在客戶，就是可以接觸，但需要長期的培養與觀察；如果是三項原則都不具備，那麼就不是業務員尋找的潛在客戶。

尋找潛在客戶是一項艱巨的工作，這個工作的直接關係到我們的銷售業績。所以，怎樣去尋找潛在客戶，值得每一個業務員去學習。下面介紹兩種常見的，尋找潛在客戶的方法：

第一種是企業內部搜索法。從企業內部搜索潛在客戶，是既準確快捷，又省時省力的做法，這是大多數業務員首先會用到的方法。例如生產企業，業務員就可以透過各個職能部門找到潛在客戶的名單。

第二種方法是人際連鎖效應法。

(1)　介紹法。這一方法就是透過已有客戶來挖掘潛在客戶，這裡起到關鍵作用的就是老顧客。每一個人身後都站著 250 個人，老顧客是我們可以充分利用的資源，因此，一定不能忽略老顧客，時常和他們保持聯繫，讓他們幫自己介紹一些朋友來購買。

除了老顧客，還有可以利用的就是我們自己的朋友和家人。有人曾經問喬・吉拉德潛在客戶的名單從哪裡找，喬・吉拉德指著他的電話簿問道：「這裡面的人都知道你在推銷什麼嗎？你有多久沒有打電

話給他們了？」電話簿上家人和朋友的電話，就是我們潛在客戶的名
單。

(2)　電話拜訪法。喬‧吉拉德曾說過，電話對於業務員來說是非
　　　常有利的工具，他經常會使用電話來尋找潛在客戶。

　一次，喬吉拉德隨便撥通了一個電話，接電話的是一位女士，喬‧
吉拉德說道：「葛太太，您好！我是雪佛蘭公司的喬‧吉拉德，您訂
購的汽車已經準備好了，您可以隨時過來開走它。」

　「先生，您可能打錯了，我沒有訂購新車。」那位太太回答到。
「您肯定嗎？」喬‧吉拉德問道，「您這裡是葛克萊先生的家嗎？」「不
是，我先生是史蒂芬。」「很抱歉，史蒂芬夫人，一大早就打擾您了。」
喬‧吉拉德用抱歉的語氣說到。這時，對方並沒有掛斷電話，於是他
就在電話裡面和那位女士聊了起來，順利地掌握了他們的情況，例如，
是否買車需要她丈夫來決定、她家的位址、家庭狀況以及喜歡的車型
等等。

(3)　市場調查法。從市場中尋找潛在客戶，是把範圍擴大到更大
　　　的區域，這種方法面廣集中，往往可以獲得比較好的銷售績
　　　效。

　業務員可以利用婚禮、喪禮、演講會等等來搜尋潛在客戶，在這
些場合中，業務員不要吝嗇自己的名片，大量發名片，就能讓在場的
人知道你是做什麼的，推銷什麼的。

(4)　郵寄法。透過名單寄給潛在客戶及一些大量的宣傳資料，包
　　　括他們的親戚好友等。

　尋找潛在客戶，需要時間和精力，因此，業務員不可急躁，用心
來尋找，誠信地對待我們的潛在客戶，時間久了，我們所付出的努力
一定會有所回報。

ψ 明確約見對象，盡可能全面瞭解客戶

成功總是傾慕有準備的人，世界頂尖的業務員，在做任何事情之前都是有準備的。就像喬・吉拉德，在與準客戶見面之前，如果他對對方的情況沒有完全掌握，他是絕對不會和對方見面的。

在正式見面之前，喬・吉拉德會搜集一切與客戶有關的資料，然後描繪出客戶的形象，同時還會在腦海中想像自己和客戶見面的情景，如此反覆演練之後，他才會去見客戶。喬・吉拉德認為，在見客戶之前要完全摸清了對方的底細，對客戶的瞭解，要猶如他 10 多年的老朋友一樣。從這一點上看，業務員又和演員有一定的相似之處，在見客戶之前，先背好台詞，經過多次的排練之後，才能夠站在舞臺上。

要做到對客戶的瞭解，就像喬・吉拉德瞭解的一樣透徹，是需要付出很多時間和精力的。通常情況下，對於地位比較高的客戶，我們在第一次就能見到他們的幾率並不大。因此，就需要業務員事先制定出計畫，首先明確一個適合初次見面的人選。這一點需要考慮的是，初次約見的人和我們客戶關係的密切程度，是否能夠為我們帶來正面效應。

對於我們除此見面的人，要尊重和相信他們，然後想辦法透過他們瞭解客戶的具體情況，並得到和客戶見面的機會。

商品都是為滿足消費者的需求而生產的，一次在推銷我們的產品前，就需要我們十分瞭解客戶，才能透過客戶的需要來推銷們的產品。在確認了我們要約見的客戶之後，接下來就應該對客戶進行分析研究，準確地把握他們的各種情況，真正做到全盤掌握。這裡經常會用到的辦法就是認真細緻地做好客戶情況的調查，掌握客戶的第一手資料。

也可以從客戶身邊的朋友下手，知道客戶平時都和什麼人交往，就能夠知道他都有些什麼愛好，從而尋找和客戶的共同語言。喬・吉

拉德中肯地指出：如果我們想要把東西賣給某人，就要盡自己的力量去收集他與你生意有關的情報。不管我們推銷的是什麼，如果我們肯多花一些時間去研究顧客，然後做好準備，就一定能夠賣出我們的產品。就拿業務員傑克來說，他能夠成功地把產品推銷給佩恩，就是因為他用心地去瞭解了客戶。

佩恩是美國一家藥品公司的採購總裁，也是許多業務員爭相拜訪的對象。但是自始至終都沒有那個業務員能夠打動他。

當大家都在絞盡腦汁地想辦法和他交易時，卻發現一個叫做傑克已經捷足先登了。數月以後，其他業務員才知道傑克拿到訂單的原因。傑克透過多方打聽，知道佩恩喜歡下圍棋，為了能夠和佩恩建立友好的關係，傑克特意去學習了圍棋，並努力提高自己的棋藝。然後透過這個愛好取得了佩恩的好感，贏得了訂單。

要做到全面瞭解顧客，僅僅是依靠大腦去記憶是不行的，假設每天業務員要見兩個準客戶，一個月下來就是六十個，一個月我們就要記住所有顧客的興趣、愛好、需求甚至是他們的家庭狀況、工作狀況。如果僅僅是依靠腦力來記憶，就會出現忘記了，或是記錯了的狀況。因此，我們可以效仿喬‧吉拉德的做法，給每一個顧客「存檔」。

剛接觸推銷工作的時候，喬‧吉拉德只是把客戶的資料寫在紙上，然後就隨手塞進抽屜裡。後來因為缺乏整理，有幾次竟然忘記了追蹤一位準客戶。這時，他才開始意識到建立客戶檔案的重要性。於是他專門去買了筆記本和一個小小的卡片夾，把之前寫在紙上資料做成了記錄。在每一張客戶卡片上，他都記載著有關顧客和潛在客戶的所有資料，包括：客戶的年齡、妻子、孩子、嗜好、學歷、職務、成就、文化背景甚至是客戶旅行過的地方，只要是顧客有一點關係的，都在他的記錄範圍之內。

在每次要見客戶之前，這些資料就成了喬・吉拉德事先預習的課程。見到客戶以後，他的話題就會圍繞這些，和客戶高談闊論，只要能夠讓顧客感到心情舒暢，那麼推銷的過程就會很順利。喬・吉拉德認為，每一個業務員都應該像一台機器，具有答錄機和電腦的功能，在和顧客交往的過程中，將顧客所說的有用資訊全部記錄下來。

對於每一個業務員來說，客戶就是我們的衣食父母，因此我們應該細緻深入地去瞭解，掌握他們的各種情況，真正做到全盤把握，心中有數。

ψ 制定訪問計畫

能夠讓業務員在拜訪過客戶的過程中，始終自信滿滿、胸有成竹的原因是什麼呢？喬・吉拉德對此的回答是：「一份詳細的客戶訪問計畫。」

在拜訪客戶之前，就做好一份詳細的客戶訪問計畫，這是促進拜訪成功的重要條件，也是許多成功業務員的祕訣之一。喬・吉拉德平均每星期要花上一半的時間用來做計畫，每天要花至少一個小時的時間來做準備工作，在沒有做好準備之前，他是絕對不會出發的。

若是在訪問客戶之前沒有做好計畫，在見到顧客的那一刻起，往往都會語無倫次，說話沒有，重點，甚至最後都無法完成自己拜訪的目的。為了慎重起見，也為了讓我們的訪問工作更加順利，就在拜訪客戶之前先定一份計畫吧。

既然是計畫，就要方方面面的因素都考慮到，因此，制定訪問計畫並不是一件簡單事情。想要做好我們的計畫，就需要我們事先對客戶進行調查，而且還要根據客戶的不同列出不同的方案，這樣才能做到萬無一失，不會被突發的狀況打亂手腳。制定訪問計畫，還需要考

慮到一些必要的因素。

首先，業務員要為自己的訪問找一個充分的理由，這樣不會被客戶輕易地拒絕。

業務員在訪問客戶時候，需要選擇不同的理由，不要每一次都是同一個理由，或者是對每一個人都是同樣的理由。選擇不同的事由，能夠適應不同客戶的心理要求；充分尊重客戶的意願，以便取得客戶的長期合作。一般情況下，常見的拜訪事由有如下幾種：

（1）提供服務；（2）市場調查；（3）正式銷售；（4）簽訂合約；（5）收取貨款。

其次，在拜訪時間的安排上，要根據顧客的時間來確定。

通常情況下，對於時間的掌握，業務員是沒有主動權的，客戶會根據自己的時間安排來選擇讓業務員拜訪的時間，對於這段時間的利用，業務員需要掌握以下幾點：

（1）　根據客戶的特點來選擇拜訪的時間。為了方便客戶，拜訪的時間最好由客戶決定，業務員要做到準時赴約。

如果客戶讓業務員自己來選定時間，為了能夠取得較好的效果，業務員應選擇在客戶最需要的時候進行拜訪。同時，要瞭解客戶的起居習慣，不要在客戶休息的時候進行拜訪，只有客戶最空閒的時間，才是最佳的拜訪時間。

最後，業務員要做到珍惜時間，不管是自己的時間，還是客戶的時間，都是十分寶貴的，因此要合理安排拜訪時間，不要因為時機選擇不當，而浪費了時間。

（2）　根據自己的拜訪事由，選擇合適的時間。如果業務員是以正式銷售為事由的話，就應該選擇有利達成交易的時間進行拜訪；如果是以市場調查作為拜訪事由，應選擇市場行情變

化較大的時候作為拜訪的時間；如果是以提供服務為事由，就應該由顧客來選擇時間進行拜訪；如果是以收取貨款為擺放事由，就要對客戶的資金周轉狀況進行過瞭解之後再做拜訪；如果是以正式簽合約為事由，就要適時把握成交時機及時拜訪。

(3)　根據拜訪的地點選擇拜訪時間。拜訪的地點一般分為家中和公司中，也有少數情況是在咖啡廳、餐館等地方。通常情況下，業務員到家中拜訪的幾率會大一些，這時候，就要考慮客戶的工作時間和休息時間、還有作息時間。同時，在預定好時間以後，要提前幾分鐘到達，以表示對銷售工作的重視。

(4)　根據客戶的意願確定拜訪時間。通常情況下，客戶是不願意和業務員消磨太多的時間的，因此，當客戶有明顯的動作或語言，表示希望談話到此為止時，業務員要考慮在最快的時間內以圓滿的方式結束拜訪。不要讓客戶產生方案，影響下一次的拜訪。

最後，在地點的選擇上，要選擇合適的地點。

有時候客戶處於某些原因，不便於在公司或者是家中接待業務員，這時候，就需要我們根據的拜訪事由和拜訪對象的不同，來選擇約見的地點，通常情況下，適宜選擇環境優雅、安靜的公共場所。

當我們對以上因素進行過深思熟慮，就需要綜合以上因素來制定我們的訪問計畫。總體來說，業務員的訪問計畫可以參考以下方案進行制定：

1.　建立月期、週期以及每日的訪問計畫表；
2.　儘量在事前進行預約；

3. 預測從開始到成功共需要多少次訪問，通常以 7 次為一個週期；

4. 同一地區的訪問對象，應根據自己的「推銷責任區域」充分考慮拜訪的先後順序；

5. 確定要拜訪的人選，是否是採購部門的承辦人，還是有其他的決定權，事先掌握商談要點；

6. 做「訴求點分佈表」，以瞭解客戶及商品；

7. 推銷過程中，需要用到的工具；

8. 時間的安排要求寬鬆，以便保留隨機應變的彈性；

9. 訪問路線的安排和交通工具的選擇。

如果訪問不是以銷售為目的的，如問候，維修、調查等等，也需要預作計畫，這些計畫都應該在拜訪的前一天做好，有備才能無患。

ψ 檢查隨身工具箱

一個優秀的業務員不只是靠產品說話，而且還要善於利用各種工具。喬‧吉拉德在推銷業上的成功，就離不開他善於使用各種有用的推銷工具。

他曾說：「如果我能依靠一樣推銷工具來做生意，日子一定不太好過。我所以有今天，是因為總是在使用各種有用的推銷工具。」那麼喬‧吉拉德在推銷過程中都會用到什麼工具呢？

1. 客戶檔案

對於喬‧吉拉德而言，最重要的工具莫過於他親自整理的客戶檔案。他認為一個滿意的客戶，是未來做生意的最好保證，因此他會用自己的生命去保護自己的客戶檔案。為了保護自己的檔案，他特地買了一個保險箱，把檔案放在裡面，並且存了兩套。

2. 名片

名片是業務員首要的工具。每個業務員都有名片，但是許多業務員一年也用不完 500 張名片，而喬‧吉拉德一個星期就能夠用掉 500 張。名片就相當於一個人的「看板」，遞上名片就是在做自我介紹，如果我們的名片有一定的特別之處，還能夠增加客戶的印象。所以，很多人都願意在名片的設計上下功夫。

一個成功的業務員，他的名片肯定是與眾不同的。原一平的名片上就印有他的照片，如果只讓他選擇一種推銷工具，那麼他必定會選擇他的名片。足以見得名片的重要作用，它的作用和它的體積是成反比的。所以，不要再小看名片的作用，如果你的名片還是普普通通，和任何人沒有任何區別的話，那你現在需要做的就是製作一張，屬於你自己的、獨一無二的名片。

我們雖然會常常使用名片，但是使用的方法是否正確呢？呈遞名片的方法是很重要的。當我們向顧客呈遞名片時，最好是在向顧客問候或是做自我介紹的時候，而且要是站立著的；接名片時，要面帶微笑，欠身雙手接受；受到別人名片時，不要立刻就放進口袋裡，應仔細地看一看；如果是顧客先遞上名片，要先表示歉意，然後在遞出自己的名片。

名片是一種讓人一目了然的「自我推銷」工具，是許許多多業務員的成功祕訣之一。

3. 電話

喬‧吉拉德曾說：「打電話給陌生人是很有效的。」他會經常這樣做，給一些陌生人打電話，事實證明這種做法可以給自己帶來很多生意；同時，也要給一些長期的潛在客戶打電話，那些接到我們電話的客戶會非常高興，因為我們還記著他們。

4. 樣品和資料

業務員隨身攜帶的樣品要在出發前自信檢查一下，如果向客戶展示的時候，出現了問題，客戶會對產品的品質質疑。

同時，不要以為有了產品說明書就萬無一失，產品說明書上的資料並不全面，尤其是對於知名度不高的產品，或是與競爭對手相差無幾的產品。這時候，就需要業務員自己編寫資料。資料的內容需要包括：品質優良、安全性高、公司信譽好等等，所有優點都要寫在上面，尤其是說明上沒有，而且又比同類產品突出的優點。也可以把競爭產品的缺點寫上，但是要求實事求是。

5. 產品的模型

如果方便攜帶，最好隨身帶著縮小的產品模型。如果客戶對我們的產品感興趣，就會對我們手中的模型感興趣，從而會對模型進行一番研究，這時，不用業務員去解說，客戶已經知道產品都具有什麼特點了

6. 產品的照片

如果產品不方便攜帶，也沒有模型的話，我們可以利用照片來增加客戶的感官印象。如果能在每張照片下面都配有文字性的介紹，效果會更好。

7. 無形商品的形象化

如果我們推銷的是汽車，可以讓顧客真切地看到具體的實物，也可以讓顧客試駕，這些都可以增加成交的可能性。但如果我們推銷的是保險或是證券等無形的產品，那該怎麼辦呢？

這時候，我們可以透過花一些圖或是列出一些資料來增加顧客的感官感受。圖表和資料，不但可以幫會我們說明問題，還能夠引起顧客的興趣。不要認為資料之類的，只需要口頭向顧客強調一下就可以。

心理學專家認為，人的大腦中產生的各種印象，87% 是來自於眼睛的。可見，在推銷中運用視覺功能是非常重要的。

8. 時機

時機也是推銷時，所用到的工具之一。無論是拜訪客戶的時間，還是產品的展示，都要選擇合適的時機。譬如，在拜訪客戶，最好選在客戶閒暇時，並且情緒比較好的時候；在展示產品的時候，最好能夠在客戶眼前移動一下產品，引起客戶的注意時，再向客戶做講解。

除了比較常用的重要工具之外，還有一些工具也是業務員必備的。例如：鋼筆、手帕、手錶、皮夾、小梳子、記事本、打火機等日常生活中的必備品。

當我們都具備了這些工具後，就要記得在出門前，仔細檢查一下我們的工具箱。不要見到客戶以後才發現自己的說明書忘記帶了，或者是在簽名的時候發現鋼筆沒水了。要成為成功的業務員，就要有萬全的準備。

ψ 做一個懂禮儀的人

推銷界的許多權威人士提出，推銷工作蘊含著另一個重要的目的，除了「買我」之外，還要「愛我」，即塑造良好的公眾形象。

良好的公眾形象就要求業務員做到懂禮儀，不懂禮儀的業務員常常在無形中，破壞了和客戶交談的結果。每一個顧客都希望向值得信賴、禮節端莊的業務員去購買商品。禮儀原意是指紳士與淑女的行為準則，但是隨著社會的發展，禮儀逐漸演變成人們在社會生活中必不可少的言行方式和行為規範。它包括在不同場合、時間、地點，得體的衣著、優雅的儀態舉止、彬彬有禮的談吐、親切友好的態度等等。當禮儀不再是達官貴人才享有的專利，也不僅僅限於正式場合才需要

去注意時，業務員就應該把禮儀作為自己的日常行為規範去遵守了，只有樹立了有內涵、有修養的形象，才能贏得客戶的好感與信賴。

禮儀的大致情況是大家所熟知的，譬如，誠懇、熱情、友好、謙虛等，這些常見的禮儀，大部分的業務員都可以做到。下面就說一些比較細節的禮儀，只有把細節做好了，才算是真正的懂禮儀。

1. 介紹的禮儀

在社交活動中，業務員免不了會要做一下自我介紹，有時候還需要介紹別人相識。當我們要介紹別人相識時，應該先說：「請允許我先介紹一下新朋友。」當得到周圍人的肯定時，再接著說：「這是某某。」有時為了讓對方聽得更清楚，還可以介紹一下工作等其他狀況，但是不可以說別人的隱私、家庭狀況等等，除非是被介紹人特別感到驕傲的事情。

一般情況下，應把身份低、年紀輕的介紹給身份高、年紀大的：把男士介紹給女士：當要介紹自己公司的人或是自己家的人時，應先介紹本公司的人或是自己的家人，後介紹來賓。

做自我介紹時，要面帶微笑看著對方，表情、態度和姿勢要自然。可在握住對方手的時候，做自我介紹，需要遞上名片時，可在說出自己的名字之後，遞上名片。

2. 交談禮儀

許多業務員在與客戶交談時，到了情緒激動的時候，經常會拍客戶的肩膀，唾沫四濺，這樣的行為是不可取的。應該注意聆聽對方的談話，\別輕易打斷對方的談話，如必須要插話的時候，需要提前打個招呼。談話的內容切忌談論對方反感的問題，不要追問對方不願意回答的問題。

3. 握手的禮儀

握手是交際時最長用到的動作。主動的握手表示友好、感激和尊重；當業務員是經過介紹人和客戶認識時，一般是主方、身份等級高或年齡較大的人先伸手；異性之間握手時，男士一般不宜主動向女士伸手。

握手的時間不宜過長，一般以 3～6 秒為宜，如果關係較好，可以握的時間較長一點；與對方握手時，應該走到對方面前；握手時候，伸手快表示真誠、友好，樂意交往，重視雙方的關係；伸手慢表示缺乏誠意、信心不足。

4. 邀請禮儀

業務員經常會舉辦一些行銷活動，這時候就避免不了邀請一些人士來參加，在邀請他人的時候也需要注意一些禮儀。

首先，請柬要做到樣式大方，格式正確，內容完整、準確，如果業務員的字寫的比較好的話，可以手寫請柬上的內容；其次，請柬要提前發出，使被邀請的對象有所準備，但也不宜過早；最後，應根據活動的性質、規模和邀請對象的身份，選擇合適的發出邀請的形式。

5. 使用電話的禮儀

電話是業務員最長用到的工具，但業務員常常會因為是經常用的，而忽略一些應該遵守的禮儀。

首先在給客戶打電話之前，應該做好準備；其次，撥錯電話應表示歉意；如果聽不清對方說話，應該說：「不好意思，可以大聲一點嗎？」避免因為沒有聽清楚而造成誤會；同時，業務員的應用清晰的聲音向對方彙報本公司的名稱和自己的姓名；如果是別人接的電話，在需要別人轉達的時候，要說「謝謝」並詢問對方的姓氏。如我們要找的人不在，應問清什麼時候能夠回來；通話的內容要力求簡潔、準確，重要的內容，需要重複一遍；最後，在電話結束後，要等對方掛

上電話以後，在輕輕地掛斷。

這是業務員在打電話時應注意到的禮儀，同樣，在接電話時，也需要注意一些禮儀。首先，在電話鈴響之後，要立即拿起電話接聽，並在對方說話之前，說：「您好，這是ＸＸ公司。」；其次，如果電話是找別人的，業務員需要在說：「稍等。」之後，再去找對方要找的人，如果對方要的找的人，暫時在不在，業務員要記下對方的姓名、位址、電話等等相關資料；最後，如果對方問及的問題是我們所不熟悉的，我們應該交由瞭解情況的人來接聽。

6. 吸煙的禮儀

業務員在與客戶推銷的過程中，儘量不要吸煙，首先這會分散客戶的注意力；其次，這會引起不吸煙者的厭惡情緒。

如果客戶有吸煙的習慣，那麼業務員在接近客戶時，應先遞上一支煙。如果客戶先一步遞上香煙，而業務員又來不及取自己煙的情況下，業務員應起身雙手接煙，並致謝。不會吸煙的，可以婉言拒絕；會吸煙的，要注意煙灰彈到煙灰缸中，正式開始交談以後，要把煙熄滅，不要分散自己的注意力。

7. 用餐的禮儀

工作性質決定業務員會遇到不同的飯局，很多事物可能是自己不曾吃過的，這時候就需要業務員留意其他人怎麼吃，然後照著別人的做法去做；不要讓同桌的人有不愉快的感覺，在嘴裡有食物的時候，不要張口說話；不要狼吞虎嚥，小口迅速進食，可避免在別人突然向自己問話時候，口中因為有食物而不能立即作答；在咀嚼或喝湯的時候，不要發出聲音。如果是西餐，使用餐具時不要發出響聲。

如果在用餐的時候需要喝酒，需要由客戶來決定喝什麼酒，喝酒的量也需要客戶來決定，如果客戶表示不需要再喝了，可以適當的勸

酒，但如果客戶再次強調不喝時，就不要勉強客戶；在自己酒量很好的情況下，不要由著自己的酒量來，客戶不喝了，業務員也應該放下酒杯。

8. 使用目光的禮儀

美國人在和別人說話時，習慣打量對方，否則就是不禮貌的體現；而日本人在談話的時候，習慣看著對方的頸部，直接看著對方的眼睛是不禮貌的體現；在中國，說話時需要用柔和的目光看著對方眼睛和嘴部之間的區域，不能夠眼光四處看，也不能夠死盯住對方。

9. 喝茶的禮儀

喝茶是華人的傳統習慣，也是招待客人常用的方法。如果在客戶家中，客戶用茶招待業務員，業務員應用雙手接過茶杯，並道謝，不能大口得喝，不可出聲，也不可對茶進行評論。

知道了推銷中應注意的禮儀，在推銷的工作中，就應該時時提醒自己不要忘記這些禮儀。

ψ 說好第一句話

前面說過業務員的第一印象很重要，除了第一印象意外，還有一個「第一」也很重要，就是業務員對顧客說的第一句話。

業務員在接待顧客或是拜訪的顧客的時候，總要說第一句話，而顧客往往會對業務員的第一句話很重視，會聽得很仔細，從而來判斷自己是否要聽業務員繼續說下去。如果業務員的第一句話沒有引起顧客的興趣，那麼顧客就會考慮怎麼樣把業務員打發走。正如喬‧吉拉德所說：「巧妙的開場白能夠為你自己贏得一次暢談的機會，避免客戶一句『不要』就把你擋在了門外。」

所以，作為業務員，我們面對客戶所說的第一句話，說得是否得

體將直接影響著我們與客戶之後的交易。只有第一句引起了顧客的注意，才能喚起他的興趣。業務員上門推銷或是電話推銷時，第一句話就能決定業務員是否可能把產品推銷出去。因此，在今後的推銷中，我們應該考慮一下下面這6個問題：

1. 第一句話說什麼，才能保證與客戶進行有效的談話；
2. 在我們準備好的方案中，是否能全面地說出產品的優點，又可以激發客戶購買的興趣；
3. 我們的資料對客戶來說是否有價值，客戶是否願意接受；
4. 怎樣才能用一句簡單的話概括出產品的實用價值；
5. 能否用簡短的話就能解決客戶所提的問題；
6. 我們問及哪些問題才能夠令客戶說出自己對產品的要求。

在開始自己的開場白時，綜合這6個問題來設計自己的第一句話，能夠使自己的開場白具備一定的技巧，否則很難達到引起客戶興趣的效果。

一般情況下，我們和客戶說的第一句話就是：「您好，我是來自ＸＸ公司的業務員，我叫ＸＸ。」接著就畢恭畢敬地雙手遞上自己的名片。這是很傳統的開場白，可以說沒有任何不妥，但是卻也沒有任何新意。這樣的開場白，客戶已經聽過無數遍，早已經麻木了。因此，這就需要我們在拜訪之前，打破傳統，為自己設計一個別開生面的開場白老打動顧客。

喬‧吉拉德在拜訪客戶前，都會給自己準備一個巧妙的開場白，然後利用這次開場白打開局面，建立一個良好的開端，這也是許多成功業務員制勝的方法。譬如，一個業務員問客戶：「您知道這個世界上最懶的是什麼嗎？」客戶聽後一頭的霧水，忙表示自己不知道，這就引起了業務員的下文，於是業務員繼續說道：「就是你藏起來不用

的錢，本來它是可以購買我們的空調，讓您度過一個涼爽的夏天的。」
這樣一個開場白，沒有任何客戶會拒絕。

喬‧吉拉德將自己設計開場白的技巧總結為以下幾點：

1. 引起客戶的好奇心

上述那個案例就是利用了引起客戶的好奇心這個技巧。顧客對自
己不熟悉、不瞭解或是沒有見過的東西，都會表現出好奇。這就需要
我們給自己的產品營造出一個神祕的氣氛，就算我們推銷的是很普通
的產品，也要從平凡中找出不平凡的地方，作為我們吸引客戶的賣點。

這樣的開場白自然而生動，能夠很容易就引起客戶對產品的興趣。
例如，業務員推銷的是高級咖啡機，如果他第一句話說的是「請問您
需要高級咖啡機嗎？」大部分客戶會條件反射地回答說：「不需要。」
但如果換一種問法，會更加巧妙。「請問您家裡有高級咖啡機嗎？」
聽到這樣的提問，客戶往往會想到自己家裡面有咖啡機，但是卻沒有
高級咖啡機，這時，在好奇心的驅使下，客戶就會問道：「高級咖啡
機是什麼樣子的？」交易就這樣開始。

2. 讓客戶看到利益的存在

多數情況下，客戶是不會拒絕能夠給自己帶來利益的產品的。因
此，業務員可以利用這一點作為自己開場白的切入點。例如，但我們
向一個廠家推銷產品時，我們可以這樣說：「有一項新技術，我覺得
對貴廠的發展很有用途。」出於對工廠發展的關心，勢必會引起客戶
的興趣。

這點在語言上不需要驚人，但是一定要讓客戶看到我們產品對他
的好處。如果我們提供的資訊，能夠讓客戶感覺到我們是在為他們的
利益著想，他們會很感激我們。

3. 用贈品打動客戶

每個人都喜歡收到意外的禮物，因此，如果我們的開場白是送給客戶一些小禮物，客戶是絕對不會拒絕的。假如，我們推銷的是洗髮精，可以拿一個試用裝的護髮乳送給顧客。這樣的開場白是很實用的。

和客戶說好第一句話，往往勝過我們說十句，所以策劃一場巧妙的開場白，可以使我們的工作更加順利地進行下去。

ψ 客戶的時間也很寶貴

每一名業務員都知道時間的寶貴程度，喬・吉拉德不止一次地強調「時間就是金錢」，同時，他還強調，認識到顧客的時間很寶貴也同樣的重要。

一般說來，成功人士能夠積累大量財富，正是因為他們充分利用了時間。有名的銀行大盜在被問及為什麼要搶銀行時，他回答說：「因為那是放錢的地方。」業務員不是大盜，但是對於業務員來說，客戶就是「銀行」，我們是因為錢而去接觸他們，而他們的錢卻是依靠時間賺來的。因此，我們想要達成自己的目的，就要尊重和理解客戶的時間觀念。

成功的商人和專業人士，通常都是比較繁忙的，大多數業務員都不可能輕易就見到他們本人。因此，許多業務員都不會經過預約，直接去見客戶。因為他們認為，當他們人站在客戶面前時，客戶就沒有拒絕拜訪的理由了。事實上，這是一種錯誤的做法，大多數情況下，業務員都會被客戶身邊的人攔下，就算是見到了客戶，客戶會說什麼呢？他也許會說：「好吧，我只有10分鐘的時間聽你介紹。」或是「我現在有重要的會議，下次再約吧。」總之，客戶是不會對我們的突然造訪，而坐下來認真聽我們的介紹的，因為他沒有事先安排出這部分時間。就算是他給了我們十分鐘的時間，我們又能用來做什麼呢？僅

僅是做一個簡單的自我介紹，然後問一些簡單的問題罷了，這不會給客戶留下任何深刻的印象。

因此，想要得到客戶的時間，就要充分尊重他們的時間觀念。像喬‧吉拉德一樣，在去拜訪之前，先進行電話預約，喬‧吉拉德相信，儘管客戶的時間安排的很滿，但是他們還是願意花一些時間來聽聽業務員帶給他們的最新的市場動態。他認為，提前預約不僅能夠讓業務員合理安排自己的時間，也能夠給客戶留下時間來考慮是否要購買我們的產品，更重要的一點就是自己的推銷不會半途而廢。如果我們沒有考慮顧客的時間，就貿然去拜訪的話，多數情況下，都會在我們談性正濃時，客戶對我們說，他現在有緊急的事情要去辦，希望下次再接著聊。

這樣的情況在喬‧吉拉德剛剛假如推銷行業時候經常會遇到。當他意識到應該透過預約來進行拜訪時，已經是他成為業務員的第三個年頭了。第三年以後，喬‧吉拉德已經像一個醫生或是律師那樣透過預約來工作了。當時，很多人對此表示不理解，而喬‧吉拉德認為這樣很好，這讓他更加像一個專業人士，或者是重要人士，他喜歡這種感覺。

當然，喬‧吉拉德也會遇到客戶沒有時間的時候，當客戶對喬‧吉拉德說，他只有 20 分鐘的時間來聽喬‧吉拉德介紹時，喬‧吉拉德不會立刻抓緊時間去介紹，反而，他不會做任何介紹，因為要把 60 分鐘的對話縮短到 20 分鐘，是不會達到他想要的效果的。因此，他會和客戶說：「不好意思，耽誤您的時間了，下一次我一定早點預約，這一次，我們就先預約下次的時間吧，我需要一個小時的時間向您做介紹。」在我們看來，喬‧吉拉德的話有點太過直接和坦率了，然而這卻是最好的方法，既向顧客顯示了我們珍惜他的時間就像珍惜我們自

己的時間一樣，又體現了我們的專業水準。

當下一次見面時，我們就會發現，事情要比我們想像中進行地更加順利。因為已經有過一次的接觸，從心理上客戶對我們已經沒有強烈的抗拒心理了。當然，具體需要佔用客戶多長時間，要根據我們推銷的產品而言，一定要在儘量少的時間裡讓給客戶充分瞭解我們的產品。如果喬·吉拉德耽誤了大客戶的時間，他一定會作出相應的補償。

當喬·吉拉德的名字被越來越多的人知道後，來找他買車的人就更多了。很多預約的客戶都要等上許久，才能見到喬·吉拉德。為了安撫客戶的情緒，喬·吉拉德許諾，等得越久的客戶，他將會報價越低，他這一做法，讓客戶更加心甘情願地等在那裡。正是因為這樣為客戶著想，客戶才會越來越願意和喬·吉拉德打交道。

因此，珍惜客戶的時間，就像去珍惜我們自己的時間，每一個業務員都應該做到的事情。在珍惜客戶時間上，業務員可以按照以下三點去做。

1. 拜訪之前先預約。避免了突然的拜訪，給客戶帶來時間安排不過來的難題。事先預定好時間，能夠讓推銷更順利地進行。

2. 節省客戶的時間。通常情況下，問候客戶的時間不超過 1 分鐘，預定訪問的電話不得超過 3 分鐘；正式和客戶商談的時候，要根據自己的產品狀況進行時間的約定，在客戶能夠完全弄清楚的基礎上儘量縮短時間，避免推銷一個冰箱也要佔用客戶半天的時間這樣的情況發生。

3. 把時間主要用在決策人身上。和客戶身邊的每一個人打好關係，是應該做的事情，但是不要把主要的時間都用在與他們身上，不但浪費我們的時間，也浪費準客戶的時間。

往往為了節約客戶的時間，還需要業務員事先準備很久的時間，

有時需要為了 1 個小時的拜訪，去花 10 個小時的時間做準備，不要認為這樣是不值的，事後我們就會發現，這對我們來說是多麼重要。

ψ 「悄然」接近客戶

業務員在推銷產品之前，都會對顧客進行一番瞭解，要瞭解顧客就要接近顧客。有計劃且自然地接近顧客，並且能夠讓顧客感受到益處，需要業務員在必須在事前努力做好準備工作和策略，

在接近客戶之前，業務員需要掌握 3 項接近客戶的原則：

1. 必須做好各種心理準備

業務員在推銷的過程中，是什麼情況都可能遇到的。最多的就是客戶的拒絕，這也是最壞的情況，因此，要求業務員在接近客戶前要做好最壞的心理準備。在遭遇到顧客的拒絕時，不要有抱怨心理，而是要站在顧客的立場上，在充分理解客戶的基礎上，要善於挑戰自己，正確發揮自己的能力和水準。

2. 接近客戶的方法要根據客戶的具體情況制定

接近客戶的方法不能夠千篇一律，事實證明，成功的推銷在於業務員能不能夠在推銷風格上和客戶的風格保持一致。每個顧客都有自己的風格，因此，在實際的接觸中，業務員要根據客戶的不同來調整自己語言風格、表情和心理等。

3. 不能夠讓客戶感覺到有壓力

顧客在業務員接近自己的時候，都會感覺到一定的壓力，因此，需要業務員在接近客戶的時候，儘量減少顧客的心理壓力。

在此原則下，根據喬·吉拉德的經驗，總結出了接近客戶的 8 種方式。

1. 介紹接近法

這種方法是業務員經過他人的介紹或是自我介紹的方式接近客戶。自我介紹就是透過口頭或是身份證、名片實現。透過自我介紹，很難取得客戶的信任，同時也無法消除客戶的戒心。因此，要求業務員在接近客戶之前，要備齊一切能夠證明自己身份的證件。透過他人介紹，則要透過與客戶關係親密的人來介紹，這樣才容易取得客戶的信任。

2. 好奇心接近法

這種方法需要客戶運用各種巧妙的方法及語言藝術喚起客戶的好奇心，引起客戶的注意和興趣，當客戶的好奇心被緊緊抓住以後，業務員就可以利用這個機會，乘勝追擊，和客戶建立友好的關係。

3. 禮物接近法

沒有人會拒絕免費的禮物，所以透過贈送禮物接近客戶，很容易引起客戶的注意和興趣，而且效果也十分明顯。

4. 產品接近法

利用產品去接近客戶，是一種十分直接的方法。一般情況下，客戶會對業務員介紹的產品本身比較感興趣，因此，如果業務員所推銷的產品十分新穎，就可以透過產品來接近客戶。

這就要求產品本身具有一定的吸引力，如果是司空見慣的，就不能夠引起客戶的興趣；同時，產品要小巧精美，便於攜帶。如果產品不適宜隨身攜帶，業務員可以帶上產品的模型或是照片；產品本身要經得起使用，不要在客戶面前出現狀況。

5. 直接拜訪接近法

直接拜訪可分為兩種情況，一種是事先和客戶約定好時間；一種是沒有通知客戶，直接到客戶家中進行拜訪。對於接近客戶，直接拜訪是一個十分有效的方法，能夠說明業務員找到潛在的客戶，在極短

的時間內掌握客戶的基本資料。但是這個方法對於剛剛家務銷售行業的人員，要慎重使用，因為往往會因為經驗的不足，遭到客戶的拒絕。

6. 現場演示接近法

人們往往會對街頭的雜耍、現場表演等比較注意，在現代銷售中，利用現場的演示，能夠起到很好的接近客戶效果。就像我們經常在電視中見到的廣告一樣，拿著洗衣粉當中洗掉衣服上的污垢，這樣能夠在極短的時間內就接近客戶。

7. 利益接近法

在推銷產品的時候，業務員可以利用客戶追求利益的心理，在產品銷售上給客戶某些利益或是實惠，引發客戶的注意和興趣。這個方法需要注意兩點，一點就是對產品的介紹要實事求是，不能為了吸引客戶而刻意誇大產品的品質或功能；另一點就是產品利益要具有可比性。業務員可透過對產品供求資訊的分析，使顧客相信購買我們的產品所產生的實際效益。

8. 提問接近法

這是透過對客戶提出問題，引導客戶的回答，從而促成銷售面談的接近方法。透過提問，業務員能夠啟發客戶瞭解到自己的需求，另一方面還能介紹自己的產品。因此，這是一種非常有效的接近方式。

最後，在業務員接近客戶的同時，還需要注意一些細節上的問題，不要讓細節使我們之前的努力毀於一旦。

1. 舉止得當。要求業務員在接近顧客時，要注意業務員應該具備的禮儀，不要讓客戶認為我們是沒有教養的業務員，從而拒絕和我們接觸；

2. 談吐大方。許多業務員在第一次和客戶說話時，都會感到緊張，這樣就難以達到我們接近客戶的目的。因此，業務員在

語言上也要注意，要就儘量使自己的表達親切自然、措辭準確得體，不要含糊其辭，信口開河，更不能出言不遜。

同時，要保證在談話過程中，自己聲音的清晰可辨，說話頻率不宜過快，要給客戶留下說話的時間，在語言中不要談及客戶禁忌的話題。

3. 高度的時間觀念。在和客戶約定了見面時間的情況下，一定要在約定的時間內趕到，不要遲到。在時間的安排上，要給自己留有餘地，能夠在事情開始之前做好準備。

接近客戶是業務員銷售產品的第一步，也是重要的一步，需要業務員在此做好準備，邁出成功的第一步。

ψ 讚美你的客戶

在人的本性裡，都是渴望得到來自他人的讚美的。讚美之於人心，猶如陽光之於萬物。

因此，為了能夠在拜訪客戶的時候取得成功，業務員不妨試著去讚美客戶，這是每個業務員獲得客戶好感的有效方法。不要擔心有的客戶會不喜歡讚美，即便是相貌醜陋的林肯，都曾說過「人人都喜歡讚美的話，你我都不例外。」但是，讚美不是溜鬚拍馬，否則得到的就不是客戶的喜愛，而是厭惡了。

真誠得讚美是推銷中的通行證，喬‧吉拉德深信這一點。在一次的拜訪中，他發現女主人養了幾隻小狗，並且對它們十分疼愛。看著那幾隻可愛的小狗，喬‧吉拉德抱起其中的一隻，對女主人說道：「它實在是太可愛，看看它的毛色，真是漂亮，還有那雙眼睛，多麼得機靈！」說完又看看另外機智，又忍不住發出讚歎。

女主人看在眼裡，心裡十分高興。因為她和丈夫結婚多年，一直

沒有小孩兒，於是養了幾隻小狗，當孩子一樣地疼愛它們。喬‧吉拉德對她小狗的讚美，顯然說到了她的心裡。她當即表示，自己的丈夫在週六的時候有時間，請喬‧吉拉德週六的時候再過來詳談。

週六見到那位女士的丈夫後，喬‧吉拉德真誠地讚美了他的風度及事業上的成功。男主人聽後，自然也十分開心，幾十分鐘後，就簽下了買車的訂單。

「誰都喜歡讚美，客戶也不會例外。」喬‧吉拉德總是這樣說。事實上，他也一直是這樣做的，並且他還總結出了讚美顧客需要用到的技巧。

1. 讚美客戶，要連接與客戶的關係。一般業務員到了客戶家中，發現客戶家中很整潔，都會誇讚一番。但是往往會忽略一個問題，就是只誇讚了屋子的整潔，卻沒有把主人聯繫進來，似乎屋子的整潔是與主人無關的。所以，我們可以在誇讚屋子整潔之後，加上一句「您真是一個懂得生活的人。」這樣，客戶會更高興。

2. 讚美之前先觀察。人人都看得出的有點，我們再去讚美就沒有什麼新意可言。譬如，一位美麗的女士，無論誰見到都會誇讚她的美貌，次數多了，就不足以為奇了。但如果我們能夠更細微一點，就能顯示出與他人的不同，比如說：「您真是太美麗了，尤其是您的眼睛，我從未見過這樣迷人的眼睛。」

這樣的讚美，說明了我們不是再趨炎附勢，而是透過自己的認真的觀察，得出來的結論，是發自內心的。

3. 讚美需要真誠。只有真誠的態度才能打動顧客，毫無誠意的讚美，客戶會從我們的語氣中領悟到，不但不會感動，還會

認為我們很虛偽，這樣的讚美好不如不去讚美。

作為業務員，我們所面對的客戶是不同，有的時候，我們用錯了讚美之詞，不但達不到我們的目的，反而還會令客戶不開心。所以，在對客戶進行讚美時，需要我們注意以下幾點：

(1) 適度的原則。讚美只要表達出我們的意思就可以，不必反覆地提及，或是讚美起來沒完沒了。這樣很容易讓我們遠離我們拜訪客戶的主題，我們的讚美是為了讓客戶購買我們的產品，只要達到這個目的，就可以適可而止。

(2) 有事實為證。讚美不是我們憑空想像出來的，而是根據客戶的實際情況有感而發。這樣才不會顯得造作虛偽。

(3) 因「地」制宜。我們面對的客戶形形色色，不是每一個人都喜歡一種讚美方式，有人喜歡含蓄一點的，有人喜歡直接一點的，都不盡相同，這時候，就需要我們根據對客戶的瞭解，掌握客戶喜歡的讚美方式。

讚美的語言，每個業務員都會講，但是我們要讓我們的讚美更能夠打動客戶，使我們的推銷更順利得進行。

在金字塔頂端跳 Disco
金氏世界紀錄最強業務員喬‧吉拉德

第六章 學會傾聽

—— 感受顧客的內心想法

ψ 傾聽是一項精緻的藝術，是銷售的一大法寶

很多推銷人認為，推銷是一門「說」的藝術，說的越動聽，就越能夠說服顧客。其實不然，推銷是一門「聽」的藝術。

這就是為什麼有的業務員，拿著價值 100 美元的東西，10 美元都賣不出，因為他們只顧著自己滔滔不絕地介紹，卻沒有仔細聽客戶有什麼樣的需求。通常情況下，顧客是沒有耐心一直聽業務員介紹的，他們只關心自己想要知道的問題，如果業務員一直自顧自的介紹，不理會客戶的反應，很快就會讓顧客感到厭煩。喬‧吉拉德就曾犯過這樣的錯誤。

一次，喬‧吉拉德用了很短的時間就說服了一個顧客買車。在他們一起想辦公室走去的途中，那位顧客對喬‧吉拉德說：「你知道嗎？我兒子要當醫生了。」「哦，這真是個好消息，您的兒子一定很優秀。」「當然了，在他還是嬰兒的時候，我就發現他相當聰明。」

說到這裡時，正巧喬‧吉拉德的一個同事向他們走來，見到喬‧吉拉德，那位同事向他提起了前一天晚上的籃球賽。這個話題引起來了喬‧吉拉德的注意，他忍不住和同事聊了起來。當他意識到還有顧客在自己身邊時，一回頭才發現顧客已經不在了。已經到手的生意，就這樣失去了，這讓喬‧吉拉德很苦惱，那一天他都悶悶不樂。

第二天，喬‧吉拉德再也按捺不住心中的不解，撥通了那個顧客的電話，他想知道那位顧客為什麼突然走掉。電話裡，那位顧客告訴

157

在金字塔頂端跳 Disco
金氏世界紀錄最強業務員喬・吉拉德

喬・吉拉德：「我向你談起我的兒子，他剛考上密西根大學，他是我們全家的驕傲，可是你卻一點也沒聽進去，對我相當不尊重，我為什麼還要和你合作呢？」

喬・吉拉德這才知道自己交易失敗的原因，從那一刻起，他決定以後要做顧客忠實的聽眾。再有顧客來到喬・吉拉德的店中時，他都會問問對方是做什麼工作的，家裡都有哪些人等等，然後認真地聽顧客所說的每一句話。漸漸地，喬・吉拉德越來越受顧客的喜歡。

所以，對於業務員來說，傾聽顧客講話是順利接近顧客的有利武器，同時也是專業業務員的必須具備的素質。也許，有的業務員會質疑，只要傾聽顧客說話，就能達到我們的目的嗎？答案是肯定的，傾聽顧客可以給業務員帶來很多好處。

首先，傾聽顧客說話，表達了我們對顧客的尊重。

沒有人不喜歡被尊重的感覺，顧客也是如此。當我們聚精會神地聽顧客說話時，顧客就會有一種被重視的感覺，無形中就拉近了顧客和我們之間的距離。

一個業務員去拜訪一個曾經買過他們公司汽車的客戶，見面之後，還沒等這個業務員做自我介紹，那位客戶就說起了他之前買汽車時發生的種種不快，以及對業務員的不滿意，說了大約 20 分鐘後，他發現眼前這位業務員不但沒有落荒而逃，反而認真地聽他抱怨。

這讓那位客戶感到十分不好意思，況且這個業務員並不是之前賣車給他的那一位。於是有些抱歉地說道：「那你幫我介紹一下吧，我暫時還沒有發現好的車。」半個小時後，這位業務員笑著離開了，他的手上已經拿著這個顧客的訂單了。

所以，有的時候，多說不見得是一件好事，但是會聽卻在什麼時候都能派上用場。

其次，傾聽更有利於我們思考。

當我們為了推銷出自己的產品，不斷地重複相同的語句時，充其量只是熟練了自己的講解詞，並沒有從客戶那裡得到的我們有用的資訊。因為，我們的時間都用在說的這件事上面了，沒有時間再去思考。

在推銷中，我們更應該善於聽取顧客的需求、渴望、理想和困難。在聽的過程中，我們就要思考怎樣去解決他們所提出的問題，當我們想出對策時，成交的機率也會大幅增加。

最後，傾聽可以幫助我們瞭解到顧客的難言之隱。

當顧客對商品看了又看，卻始終對業務員態度冷淡，那麼這個客戶是怕一但說出自己的需求，會被業務員拒絕，或者是怕業務員借此遊說個不停。

遇到這種狀況，最好的辦法就是讓顧客說，透過我們的引導，讓顧客說出自己的核心想法，這樣我們才能「對症下藥」。

良好的傾聽技能是成功進行溝通及銷售的關鍵，有效的傾聽技巧與單純的專心傾聽是不同的。回饋或釋義能夠使具有強烈慾望的業務員發現自己是否完全瞭解了顧客的意思。傾聽的目的不僅僅在於知道真相，還在於能否從中獲得自己所需要的資訊，並且評估出這之間的相互聯繫。接下來，我們就要學習怎樣做一個善於傾聽的業務員。

1. 保持耳朵的暢通，眼神的接觸

我們只需要閉上自己的嘴巴，用自己的耳朵去聽，用眼睛去看。我們是否在聽顧客說話，顧客可以從我們的眼神中看出來，所以眼睛不要東張西望，否則哪怕我們確實在聽，在顧客看來也是沒有聽，至少聽的不認真。

2. 適時對顧客的話表示贊同

聽顧客說話時，要全神貫注，但這並不代表我們不需要說任何話，

在適當的時候，要對客戶的話表示贊同，這樣能更好地證明我們在聽。

3. 讓顧客把話說完

讓顧客把自己的意思完整地表達出來，這期間，我們不要急於發表自己的觀點，這是對顧客的尊重，同時也能讓我們更加全面得瞭解顧客的想法。

4. 保持十足的耐心。

有時候顧客所談論的話題並不是我們所感興趣的，我們也無法從客戶的話語中得到更多的有用資訊，這時，我們應該拿出自己的耐心，不能表現出厭煩的神色。

如果我們希望別人聽我們說，就應該先保持沉默，這是喬‧吉拉德推銷的最佳方式之一。它能夠幫助喬‧吉拉德成為世界第一的業務員，同樣也能幫助我們。

ψ 利用傾聽發覺顧客的需求

從表面上看，業務員把話語權給了顧客，就失去了主動權，其實不然，這是對業務員推銷最有力的做法，越是能說的顧客對我們而言越是好的，相反，總是沉默的顧客才讓業務員真正的頭疼。

在推銷活動中，首先發覺顧客的需要是很重要的。那麼業務員怎麼去發覺顧客的需求呢？觀察＋試探＋諮詢＋傾聽＝充分瞭解顧客需求，然而通常情況下，用看是很少能看出來的，只能夠透過詢問，而詢問只是做到了其中的一步，更重要的是詢問之後的傾聽。喬吉拉德曾經告誡業務員說：「不要過分的向顧客顯示你的才華，那樣會傷害他們的自尊心。成功推銷的一個祕訣就是 80%的使用耳朵，20%的使用嘴巴。」

假如作為業務員卻不能夠瞭解到顧客的需求，就好比在黑暗中走

路，白費力氣，還看不到結果。因此，傾聽在推銷活動中佔有極為重要的位置，在顧客或者客戶滔滔不絕的談話中發現他們的目的、矛盾、慾望、或者誤解、傾訴等，為進一步服務說明、說服、或者誘導打下基礎。就好像醫生要傾聽病人的談話，以瞭解病情對症下藥；企業主管須傾聽部屬的報告，以擬訂對策解決問題。

而業務員也需要用傾聽來發覺顧客的需要，瞭解了顧客的需求之後，我們就可以根據顧客的需求來介紹適合他們的產品給顧客。因此，在業務員與顧客交談的時候，業務員要儘量做到多問少說，儘量讓顧客去說，顧客說的越多，我們所能掌握的資訊也就越多。千萬不要一見到顧客就滔滔不絕地說個沒完，直到把顧客的耐性說沒了，然後交易也隨之失敗。優秀的業務員會讓顧客暢所欲言，不論顧客的稱讚、說明、抱怨、駁斥、或是警罵、責罵、侮辱，都要仔細傾聽，並適當做出反應，表示關心與重視，如此才能贏得顧客的好感與善意的回報。

為了能夠有效地引導顧客展開話題，以便我們從他們的話語中得到我們需要資訊，業務員在與顧客交流的時候，需要用到兩種有效詢問，即開放式的詢問和閉鎖式詢問。

大多數業務員都會有這樣的經歷：由於顧客語速過快、方言過重或是聲音較小時，導致業務員沒有聽清顧客在說什麼。然而，多數情況下，業務員為了證明自己一直在仔細聽，即便是沒有聽清楚，也不會問客戶。

首先，對於我們沒有聽懂的話，我們可以借機會弄清楚；更重要的一點是，有的時候顧客自己說，並不能準確地說出自己的需求，所以需要我們透過詢問，來引導顧客說出自己的需求。所以，在掌握傾聽方法的同時，我們也應該掌握詢問的方式。

第一，開放式的詢問。

讓客戶充分地闡述自己的意見、看法及對某件事情的狀況，就屬於開放式詢問。例如：「您對汽車有什麼要求呢？」這樣的詢問能夠在客戶表達他們看法或想法的時候，取得我們所需要的資訊。

如果我們想要知道顧客目前的狀況或是遇到的問題，可以這樣問：「這輛汽車性能怎麼樣？是否出現了問題，需要解決？」

如果我們想要知道顧客的需求，可以這樣問：「您希望買一輛什麼樣的車子？」；

如果我們想要知道顧客期望的目標，可以這樣問：「您希望您的汽車都具備哪些優勢？」；

如果我們想要知道顧客對同類競爭產品的看法，可以這樣問：「您認為ＸＸ品牌的汽車有什麼優勢？」

第二，閉鎖式詢問。

這種詢問方式，只需要顧客來回答「是」與「否」。例如：「您是為您自己買車子，還是為您的家人？」這樣詢問方式可以準確地掌握顧客的態度，在得到顧客的確認後，我們就能確定我們發揮的範圍，在範圍內進行介紹，在這期間要引導顧客進入到我們談論的主題上。

通常情況下，開放式的詢問和閉鎖式的詢問是同時、交錯使用的，根據顧客的話題，選擇合適的詢問方法。有效的詢問，可以幫助我們的傾聽更有目的性，更加直接的知道顧客的需求，而不是任由顧客漫無目的地談論，那樣既浪費我們的時間，也浪費顧客的時間，往往會造成我們不懂他們需要什麼，他們的需求又得不到滿足。

ψ 應付各種「刁鑽」的客戶

作為業務員必須具備應付各種客戶的技巧，否則我們就不能把產品推銷給每一個人，只能推銷給我們能能夠應付的客戶，這樣就使我

們的工作有了局限性。

不同的客戶對業務員的態度，對產品的接受程度都是不同的。因此，需要我們根據客戶的不同採取不同的策略。客戶大致可以分為以下幾種：

1. 自以為是型

這類型的客戶往往認為自己什麼都知道，所以對業務員的介紹不以為意，甚至常常會打斷業務員的介紹。但這類客戶的優點也是很明顯的，就是他們會把自己的想法說出來，不必業務員自己去琢磨。

應對策略：

一種是表現出自己的優勢。即和這類客戶做生意時，要儘量顯示出自己的專業知識，讓他們明白自己並不是瞭解得很全面，從而對我們產生敬佩之情；同時，這類客戶往往為了顯示自己，時常會在別人面前誇耀自己，甚至會吹牛，所以會有誇大其詞的情況出現，這時候，業務員不要立即否定他們，而是給他們一個臺階下，讓他們對我們產生感激之情。

另一種方法是利用他們這種自誇心理，抓住他們的話柄，然後設計一個「圈套」，讓他們自己走進來。最後，即使在心裡並不是很願意成交，但是為了顧全面子也會和我們成交。

還有一種方法是顯示出不在乎的樣子，即與他們是否能夠成交，我們並不是很關心，只是想要和他們認識一下，做一個朋友。同時要強調自己公司的實力強大和產品的優勢，這時，這類客戶為了自尊心，也會購買我們的產品。

當遇到這類型的顧客，很多業務員都會因為顧客表示自己什麼都知道時，就會膽怯，越是這樣，他們會看不起我們，從而也認為我們的產品沒有什麼大不了。其實大可不必如此，因為他們所知道的不見

得就比我們多。

2. 嚴肅精明類型

這類型的顧客通常都是文化知識水準比較高，思維縝密，對待問題能夠冷靜思考，同時，對產品也很挑剔。對於這樣的顧客業務員就要小心了，因為我們出現的一點錯誤，都會被他們察覺，導致他們對我們和產品的懷疑，影響他們的購買決定。

應對策略：

首先，在這類顧客面前，一定要表現出自己的盡職盡責。介紹產品時，要做到實事求是，詳細周全，語言有條有序，不可急躁，最好隨身準備筆記本，隨時記錄下他們的要求和需求；

其次，要表現出不卑不亢的熱心，透過交談，在某一方面和他們建立起共同點。

這類型的顧客都是內心自我保護比較強的人，看起來似乎不用接觸。其實，只要我們能夠對他們真誠以待，就會雖短他們和我們之間的距離。

3. 狡詐多疑型

也許是曾經被騙過，這類顧客的心理十分多疑，常常會對業務員和其所推銷的產品，產生懷疑。這樣的顧客在生活中也常常是不快樂的，煩惱很多。

應對策略：

對待這類顧客，業務員就要想方設法消除他們的疑慮。但不要一味地強調：「我說的是真的……我沒有騙你……」等類似的話語，因為在他們看來，我們可能是在欲蓋彌彰。正確的是對他們表現出親切，做出朋友的姿態與他們交談，他們會更容易接受。

一方面不能夠完全順從他們，要適當地施加一些壓力；另一方面，

也可以裝做自己知道地很少，使他們對我們放鬆警惕。

4. 沉默少言類型

這類型的顧客不喜歡說話，對業務員的所提出的問題，也會用最簡短的話語回答。特別是涉及到關於利益的問題，更是如此。他們往往都是很有心計的人，做事情十分仔細，有自己的主見，不會受到他人的干擾。

應對策略：

這類顧客，他們會自己看自己需要的產品，然後在心裡做出是否購買的決定。業務員只需要做一些介紹說明，小心為他們解決問題，抓住問題的關鍵所在，只要我們回答的問題能夠令他們信服，他們就會購買我們的產品；但要注意的一點就是，對這類顧客不能施加壓力，否則會讓他們很生氣；也不要盲目地誇讚我們的產品，因為他們往往不會相信。

他們外表看起來十分冷漠，但實際上他們屬於熱心腸的人。所以，只要業務員能夠點燃他們內心的熱情，就能夠順利交易。

5. 炫富類型

通常情況下，這類顧客分為真正有錢有錢和其實沒錢只是拜金兩種。真正有錢類型的顧客注重的是產品的品質、包裝和品牌；拜金的類型則希望得到業務員的崇拜。

應對策略：

對於真正富有的顧客，要誠實地把產品的優點介紹給他們，並且要表現出不管對方多麼富有，我們的產品是絕對地物有所值。這樣才能引起這類顧客的購買慾望；

對於拜金類型的顧客，不能夠揭穿他們。就要對他們進行奉承和恭維，讓他們感受到我們對他們的崇拜之情，最後為了讓他們購買的

165

我們的商品,可以讓他們先付訂金,既顧全了他們的虛榮心,又推銷出了我們的產品。

6. 怕生類型

通常情況下,這類型的顧客對陌生人都有一定的畏懼心理,尤其是對業務員,很怕業務員會問他們一些讓他們回答不出來的問題。不過這類的顧客一旦與業務員熟悉以後,就會把業務員當作朋友看。

應對策略:

這類顧客很容易被說服,只要業務員能夠在和他們的聊天中知道一些他們的基本情況,然後給他們留下一個好印象。在交談過程中,我們要主動一些,對他們說一些發生在自己身上的事情,可以很快的消除他們的戒備心理。只要我們能和他們成為朋友,交易八成都會成功。

這些是業務員在推銷過程中,最常見的、也是比較難解決的客戶類型。當我們能夠瞭解顧客的類型時,就能夠找出應對他們的方法,推銷出我們的產品。

ψ 適度沉默,適當恭維,適時強調

傾聽是銷售的好辦法之一,對於銷售而言,善於傾聽比善辯更重要。因此需要每一個業務員都掌握傾聽的技巧。

傾聽的技巧首先要求我們站在顧客的立場上,專心聽顧客的需求、目標,在適當時候要想顧客確認我們所瞭解的是不是就是他們所想要表達的,掌握高超的傾聽技巧能夠激起顧客講出更多他們內心的想法。在這裡,喬‧吉拉德把傾聽的技巧分為三個主要方面,即適度沉默,適當恭維,適時強調。

1. 適度沉默

大部分顧客對業務員的認知就是喋喋不休，能言善辯的，其實對於業務員來說，太能說了並不見得是件好事。最高明的沉默是在我們向顧客做完產品介紹後，這時候的沉默是留時間給顧客，讓顧客發表對產品的看法和見解，這個時候，或多或少地顧客都會談到關於產品的一些話題。

沉默最不適宜的時候，就是在業務員剛剛接觸到顧客的時候，這個時候應該是業務員說話的時候。如果業務員在這個時候保持了沉默，那麼就會是雙方的談話陷入僵局。因此，在剛接觸顧客的時候，要由業務員說話來打開局面，接著在介紹產品的時候，最好是多用事實來說話，業務員不要做大多的語言渲染，有時會引起顧客懷疑是否屬實的想法。同時，在介紹產品的過程中，可以引導顧客參與進來，這樣可以經過交流知道更多顧客的看法。當顧客發表看法時，我們要認真聽，等顧客說完了，我們再接著說。

同時，沉默還有另外一個優點就是，能夠讓我們有時間思考自己下面的話怎麼進行，也想一下之前所說的話有沒有什麼不妥之處，以便在下面的談話中進行補救。

2. 適當恭維

讓顧客高興能夠更有利於我們進行推銷活動，如果我們能夠在交談當中，適當地對顧客說一些恭維的話，顧客聽了會很高興。但值得注意的是，恭維的話要誠懇，不要刻意，否則顧客則會誤會我們的恭維不是誠心的。

恭維多用的手法有：對顧客所做的事情和周圍與他有關的事物；代表協力廠商，如公司、經理等對顧客進行恭維；在恭維過後要接著詢問，這時候的詢問是最有效的。

透過對顧客的恭維，讓他們認為我們是一個真誠可靠的人，這樣他們才願意和我們交朋友，這樣我們所做的推銷活動，他們比較容易接受。

3. 適時強調

在推銷過程中，要注意強調購買的最佳時機。如果在顧客的話語中，業務員捕捉到了顧客正在猶豫的意圖，那麼這個時候業務員就要強調一下現在是最好的購買時機，譬如，現在正在促銷期，可以打很低的折扣，過段時間促銷取消了，就買不到這麼便宜的了；或者說產品所剩已不多，再不買恐怕就買不到了等等，適時的強調可以促使顧客下定決心購買。

只要能夠靈活得運用這三項技巧，就能夠學會傾聽，為我們的推銷工作提供更多的方便。

ψ 要掌握的 12 項傾聽法則

有人曾做過這樣一項調查，如果將失去一種感官，你會選擇哪一種？視力？聽力？觸覺？嗅覺還是語言能力？最後的結果，大部分都會選擇失去聽力。

大部分人的選擇證明了，在人們的看來，聽覺並不重。而事實上，沒有了聽覺才是最悲慘的。忙人雖然眼睛看不到，但是可以透過別人的語言，還有自己的感受去領悟。也許他們看不到美麗的風景，但是在心裡可以想像出很美麗的風景。可是如果失去了聽力，只有眼睛看，是無法感覺到聲音的美妙的，因為眼睛看到是有限的，而且又聽不到別人的描述。這樣，就真正地生活在一個完全寂靜的世界了。

沒有親身去感受過，我們永遠不會明白聽不到是多麼的痛苦。喬‧吉拉德曾欣賞過一場音樂劇，男主角的聲音太美妙了，他的每唱一首

歌，都能夠打動台下的所有觀眾。正當喬‧吉拉德也沉醉在這美妙的歌聲中時，一個人指著前排的兩位老人說：「看，他們一定沉醉在兒子所得到的掌聲中了。」

音樂會結束後，喬‧吉拉德和他朋友與那場表演的導演聊天，當喬‧吉拉德說到：「那兩位老人一定很為自己的兒子驕傲。」導演聽後，露出不解的神情，說到：「喬，難道你還不知道嗎？男主角的雙親是聾子，他們從來沒有聽過兒子美妙的聲音。我第一次聽到這件事的時候，是哭著回家的。」

聽完導演的話，喬‧吉拉德深深地感覺到自己能夠聽見，是一件多麼榮幸的事情。是啊，能夠聽見，是一件多麼榮幸的事情。作為業務員，如果我們聽不到，我們就不會知道顧客的需要是什麼，那我們的工作將無法進行。所以利用好我們的聽力吧，向喬‧吉拉德學習一下，怎樣去做一個傾聽者。

1. 傾聽的時候，要把嘴巴閉起來。保持耳朵的清靜才能聽到顧客在說什麼，如果嘴巴不停地說話，耳朵能聽見的，只有自己說的話。

2. 不要打岔。如果對顧客的話有所質疑，要等顧客說完了再提問。不可打斷顧客說話，這樣會影響他的思考連貫性；同時，也招致顧客的不滿。

3. 避免分心。不要在傾聽顧客說話的時候聽收音機、隨身聽電視機等等，這會分散我們的注意力，使我們全神貫注地聽顧客說話；

4. 避免視覺上的分神。視線不要被辦公室、商店或工作地點內外的景象所吸引；

5. 用眼睛傾聽。在聽顧客說話的時候，要保持視線的接觸，證

明我們一直在聽，同時，這也是禮貌的表現；

6. 用身體傾聽。傾聽還要肢體語言的配合，彎腰駝背則表示聽得不認真，所以要保持端正的姿勢。要表示更專注時，可身體向前傾；

7. 用所有的感官來傾聽。把握顧客所說的每一個資訊，別只聽進去 50%；

8. 集中精神。在顧客說話的時候，不宜看表、摳指甲、抽煙等行為，這些行為都會影響我們的專注；

9. 避免外界的干擾。外界的干擾來自電話、或者是他人的突然造訪，應把這種狀況的發生率降到最低；

10. 當一面鏡子。當顧客微笑時，我們也要跟著微笑；顧客皺眉頭時，我們也要如此。

11. 別做光說不練的人。把傾聽顧客當作是行動之一，不要僅僅停留在嘴上，要賦予實際的行動；

12. 聽懂弦外之音。從顧客的一些小動作中「聽」出弦外之音，例如：語調、暗示、尷尬、咳嗽、手勢等。

這就是喬‧吉拉德總結傾聽顧客的 12 項原則，這些不但要記在心裡，更重要的是付諸在行動上。

第七章 保持誠信

—— 良好的信譽更容易贏得顧客的認同

ψ 誠實能夠贏得客戶的信任

對於業務員來說，取得客戶的信任並不難，業務員在推銷產品的同時，推銷的也是自己的人品。誠信是推銷之本，是體現業務員人品的最佳方式。

喬‧吉拉德總結出兩個誠實的理由，一個是可以讓我們自己舒服，另一個也是最重要的一個，就是能夠贏得顧客的信任。在喬‧吉拉德還是個孩子的時候，他們所在地區的蘇拉南神父就告訴他，要做一個誠實的人，我們可以愚弄別人，但永遠愚弄不了上帝。神父是這樣說的，同時也是這樣做的。他崇高的品質和高大的形象也是至今使喬‧吉拉德不能忘懷的。神父的話讓年少的喬‧吉拉德認識到了堅持誠信的重要性。

對業務員來說，70% 的顧客會購買我們的產品，都是出於對我們的信任，因為信任我們，所以他們信任我們的產品，每宗交易的成功，都是建立在相互信任的基礎上的，業務員和顧客之間也是合作關係，也需要以誠信作為合作的基礎。

在當今競爭日趨激烈的市場條件下，信譽已經成為競爭制勝的重要手段，唯有誠信才能為業務員贏得信譽。如果作為一名業務員，在與客戶的合作過程中失去了誠信，就丟掉了客戶對我們的信賴，這對我們推銷工作的進行是極為不利的。說實話不僅僅是良知的問題，也會涉及到法律。喬‧吉拉德曾例舉過這樣一個例子：約瑟夫‧麥卡錫

在金字塔頂端跳 Disco
金氏世界紀錄最強業務員喬‧吉拉德

是美國威斯康辛州的參議員，他本該擁有光明的政治前景，但是一件事情讓他前程毀於一旦。

一天他拿著一份名單，宣稱外交部有許多是共產黨員，這是一份他運用調查技巧得到的名單，其中的證據都是有可疑之處的，但是仍然有效的引發了公眾對名單上人士的控訴。使得許多無辜人士的生活及前途，其中包括政府人員、藝界人士以及許多其他行業的人，引發了美國有史以來最大的一樁政治迫害事件。

事後，經過調查，證明他是錯誤的，但是損失已經造成。最後，他遭到了同僚的非難，因為玩弄謊言政治前途一敗塗地。可見，無論在什麼情況下，沒有誠信的人，下場都是慘重的。作為業務員，背棄了誠信，就會讓客戶蒙受損失，從而讓顧客對我們失去信任。然而，我失去的不僅僅是這一個顧客的信任，顧客會把自己的損失告訴給他身邊的每一個人，這樣我們失去的就不再是一個信任。

這件事情給喬‧吉拉德留下了深刻的印象，所以，他比其他同行更加努力地說真話，為的就是改變汽車業務員在顧客眼中的形象。他總是很坦白的告訴顧客：「我不只是站在車子後面，我也能理直氣壯得站到每部我推銷的車子前面。」他從來不承諾自己的做不到事情，或是車子所沒有的功能，正是這個原則，喬‧吉拉德在自己的工作中，一直都是無怨無悔。

喬‧吉拉德始終堅信，如果我們在推銷工作中與客戶以誠相待，那麼我們成功的機會會容易得多，並且會經久不衰。因此，想要成為成功的業務員，就不要再急著把產品推銷給客戶，而是著重於想辦法取得客戶的信任。取得客戶的信任之後，再透過不斷地介紹向客戶傳遞有關產品的資訊，為顧客提供優質的服務等。這樣的做法，要比一開始就著急推銷，效果好很多。同時也避免了我們費力介紹之後，卻

沒有取得客戶的信任，最終不會購買我們產品情況的發生。

許多顧客在購買喬·吉拉德的汽車時，都會拿他和其他的汽車銷售人員做比較，但最終還是會選擇喬·吉拉德所推銷的汽車。顧客這樣的做法，並不是因為喬·吉拉德所推銷的汽車比其他業務員的價格更低，也不是因為他的品質會更好。相反，喬·吉拉德推銷的汽車有時候還會比其他的業務員貴 75 ～ 100 美元，但是顧客寧可多花出這一部分錢，也要買個放心。

這足以見得信任的力量，如果不是因為信任，沒有人會願意選擇一個同等品質但價格更貴的產品。以誠相待，是所有推銷學上最有效、最高明、最實際也是最長久的方法。

心理學專家研究顯示，人類都有一個共同的心理現象，就是如果有人能使自己感到開心，能夠讓自己信任，即使是事情與他們的心願稍有不符，也不會太在意；相反，對一個不信任的人，即使是一點小缺陷，也會成為他們拒絕的理由。因此，在推銷中，能夠取得成功的，不一定就是滿腹才學的業務員，但一定會是那些善於贏得顧客信任的業務員。所以，業務員要善於運用這一點，贏得顧客的信任。

當一名業務員在銷售過程中展示出了自己的良好的信譽，並始終注重誠信，就能贏得客戶的信任，在自己的銷售領域有所作為。

ψ 誠實是相對的

這個世界上，沒有絕對的事情。誠實，是業務員進行推銷的最佳策略，但是如果是絕對誠實就是愚蠢的了。

喬·吉拉德認為，在推銷中是可以允許謊言的存在的，但一定要是善意的。誠實，只是業務員用來追求最大利益的工具。因此，推銷中的誠實是相對的。當一位顧客帶著小孩兒出現在我們的店中時，即

使那個小孩兒長得很醜陋，我們也要說：「小孩子真可愛！」這是為了我們推銷所說的善意的謊言。

在推銷中，說實話是必要的，尤其是在顧客事後會查證的情況下，實話實說，顧客會更信任我們，繼而繼續和我們合作。因此，對於顧客能夠查證的事情，我們絕不能摻假。喬・吉拉德在賣給客戶一輛六缸的汽車時，他絕對不會說是 8 個汽缸的，因為客戶只要掀開車蓋，數一數配線數，就會明白業務員在說謊。這樣的後過就是顧客拂袖而去，以後再也不會來找喬・吉拉德買車了。對於這樣的低級錯誤，喬・吉拉德從來不會犯。

但如果是客戶無法求證的事情，喬・吉拉德就會使用一些善意的謊言促進交易的形成。可是他的一些同事往往就不會這樣做，他們的實話使得許多客戶不願意和他們做交易。例如：一個顧客開來一輛舊車，然後問道：「我的車可以折合多少錢？」他的同事就會很輕蔑地說：「這種破車，值不了多少錢的。」

同樣的事情，喬・吉拉德就不會這樣說，他會笑著對顧客說：「您的駕駛技術真不錯，一輛車開了 12 萬公里。」這樣的話聽在顧客的耳朵裡，就算他知道有可能不是真的，但他還是很願意聽到這種恭維的話。喬・吉拉德說的雖然不是實話，但是卻沒有傷害顧客的利益，而且還能給自己帶來收益。

說實話還是說善意的謊言，我們要根據實際的情況來確定。該說實話的時候，絕不說謊話，就算是自己不明白、不瞭解的問題，也不會為了讓顧客購買，而編造一些謊話。在喬・吉拉德剛進入推銷行業時，他所掌握的汽車方面的知識非常少。每當有顧客向他問及一些他不是很明白的問題時，他從來不會隨便就告訴顧客。譬如，顧客說到一個不需要回答的汽車問題時，而那正是喬・吉拉德所不知道的，這

時候他就會說：「您懂得真多！」從而避開這個話題。

但如果客戶提出的問題是需要回答的，這時候喬・吉拉德會在最快的時間內從資料中找到，如果資料上也沒有說明，他就會把顧客帶到汽車技師那裡，讓技師來回答，知道顧客滿意為止。

業務員的目的是把產品推銷給顧客，所以如果能夠讓客戶感覺到高興，同時也不損害客戶的利益，可以適當地說一些謊言；但如果僅僅是為了促成交易，而對產品誇大其詞，說一些不符實際的謊言，哄騙顧客購買，這樣的行為是不可取的，相當於自毀前程。

ψ 不要掩蓋產品的缺點

在推銷過程中，業務員總是想儘量向顧客隱瞞產品的缺點，因為他們怕一旦讓顧客知道產品的缺點，就會打消了他們購買的慾望。

事實上，如果業務員能夠以適當的方式向顧客坦白產品的缺點，往往都能夠得到顧客的理解，並且在顧客的眼中，我們就是一個誠實的業務員，他們會更加信任我們。就算我們在顧客面前把產品吹噓地獨一無二，顧客也會明白世界上沒有十全十美的產品，業務員之所以不停地說產品好，就算事實真如業務員所說，也不可能完全沒有缺點，只是業務員不願意告訴他們罷了。

因此，在顧客面前是沒有必要隱瞞產品的缺點的，對於我們的心中的打算，顧客心裡是心知肚明的，與其費盡心思地去隱瞞，倒不如實話實說。產品存在缺陷是正常的事情，但是業務員加以隱瞞和矇騙就是有為職業道德的事情了。再者，客戶不會苛求到非要我們的產品無一缺憾時才作出購買決定，只要讓對方感到推銷產品的優點壓倒缺點時，他就會欣然接受你的推銷建議。所以，業務員不必再為產品存在缺陷而苦惱，美國著名推銷專家約翰・溫克勒爾在他的《討價還價

在金字塔頂端跳 Disco
金氏世界紀錄最強業務員喬‧吉拉德

的技巧》一書中指出:「如果客戶在價格上要脅你,就和他們談品質;如果對方在品質上苛求你,就和他們談服務;如果對方在服務上提出挑剔,就和他們談條件;如果對方在條件上逼近你,就和他們談價格。」

約翰‧溫克勒爾的這席話無形中提醒了業務員。喬‧吉拉德也一再告誡業務員,不要在顧客面前說謊話,那將我們付出不可挽回的損失。他這樣說並不是毫無根據,而是他曾經得到過這樣的教訓。那是喬‧吉拉德剛剛進入推銷行業的時候,為了增強自己的競爭能力,在一次向一個銀行總經理推銷的時候,他誇大了汽車的性能,從而誤導了銀行總經理。事後,經過銀行總經理的證實,他發現喬‧吉拉德說了謊話,因此,喬‧吉拉德失去了這位銀行總經理以及他能夠帶給喬‧吉拉德的潛在顧客。

這件事情給喬‧吉拉德帶來的教訓讓他至今難忘,從那以後,他會誠實地告訴顧客關於汽車的一切真實情況。因為他明白了任何人都難以容忍他人欺騙自己,尤其是花錢來買產品的顧客,一旦自己的利益受到了損害,他們往往會進行予以反擊,不但這次的交易宣佈告終,而且今後也不會再與我們做交易。

一個叫馬克的年輕人,終於有了一間他夢寐以求的辦公室,而且這間辦公室還是在自己的家中。一切裝修妥當後,他認為在這間辦公室中,應該擺了上一張真皮的大沙發,在他工作累了之後,他還能有休息的地方。

於是馬克來到了傢俱店中,一個業務員把他帶到了一個十分漂亮的皮沙發前,這款沙發馬克簡直是太喜歡了,不管是款式還是坐上去的感覺,都是無可挑剔的,更重要的是它的價格,比馬克的預算要便宜一倍,這簡直讓馬克不敢相信。但是業務員對此的解釋是,這款沙發的價錢是拍賣價,馬克再一次向業務員求證這是否是真皮沙發時,

業務員向他保證絕對是真皮。

馬克在得到業務員的保證之後爽快的答應買下這款沙發，這時他又想到在他的辦公室中要是再有一張咖啡桌就好了，於是要求業務員帶他去看一看咖啡桌。在去看咖啡桌的途中，馬克又看到一款沙發，和剛剛自己看到的那款差不多，他試著坐上去感覺一下，要比那款更加舒服，但是這款的價格卻是那款的兩倍。同樣是真皮的，為什麼這款這麼貴？馬克把自己的疑問告訴了業務員，並且請他做個解釋。這時候，業務員沒有了剛才的慷慨陳詞，而是有些吞吞吐吐，最後馬克得知之前那個沙發只有在顧客接觸的到的地方才是真皮，而其餘的地方都是合成皮。

儘管業務員一再地強調那樣絕對不會影響馬克的使用，但是最終馬克還是拒絕了與業務員成交。這個業務員不但沒有賣出沙發，還丟掉了咖啡桌的生意。如果他能在一開始就告訴馬克，讓馬克自己做選擇，就不會出現這樣的狀況了。推銷中，顧客提出異議是難免的，而業務員在這個時候選擇矢口否認、設法抵賴等不誠實的做法，都是下策，一旦被顧客察覺，交易就會隨之失敗。

因此，當客戶指出產品的不足之處時，業務員要勇敢承認事實，不必躲躲閃閃，左右招架。因為產品不可能十全十美，也不可能完全符合客戶的要求，推銷宣傳總有疏忽或欠妥的地方。這些，都是顧客能夠理解的，但是如果是欺騙或可以隱瞞，則是顧客所不能理解的。我們應該在突出產品優點和特色的同時，坦誠地告訴顧客產品的缺陷，顧客自然會自己來對比我們所說的缺點和優點，通常情況下，他們都會發現優點是多於缺點的。

同時，我們的誠實的行為不但不會招致顧客的方案，還會贏得顧客的信賴，不但這一次與我們交易成功，以後他仍然會找我們，並且

介紹其他的顧客給我們認識。

ψ 塑造誠實的業務員形象

塑造一個真誠推銷、態度誠懇的業務員形象，對於業務員的銷售工作來說是至關重要的。因為在這樣的業務員面前，顧客通常都會覺得有責任作出購買決定。

如果顧客花了一個多小時的時間聆聽業務員的介紹，那就說明他對業務員的產品感興趣，只要顧客能夠感覺到業務員是真誠地想要和自己合作，他們就會作出購買決定，否則他會為自己耽誤了業務員一個多小時的時候而內疚。然而，如果業務員不能夠讓對方感覺到他的真誠，就算是業務員費了一個多小時的時間去做說服工作，也不能得到成交的結果。在大多數業務員和客戶看來，推銷就是一場戰鬥，一次交易就意味著一場征服。久而久之，業務員厚顏無恥、詭計多端的形象就在顧客心中形成了。

在大部分顧客心中，業務員給他們的印象首先是對手，而不是朋友，他們認為業務員正在想方設法地把自己口袋裡的錢騙到他們的手中，所以他們會用警惕的態度對待業務員，時刻想著怎樣拒絕購買，怎樣使自己的錢老實地待在自己的口袋中。儘管很多時候，顧客是需要業務員所推銷的產品的，他們之所以會有這樣的反應，是因為他們曾經跟業務員打過不愉快的交道，使得業務員在他們心中形象一落千丈。

喬‧吉拉德認為，沒有顧客願意說「不」，點頭說「是」要比說「不」容易得多。因此，首先業務員在面對顧客的時候，不要認為自己和顧客處於對抗而不是合作狀態，從而把自己搞得像顧客的死對頭。其實，我們和顧客是同一個立場中的，如果交易成功，那就是雙贏的

局面。這關鍵在於，業務員要在顧客的眼中塑造一個誠實的業務員形象。

也許不誠實的業務員能夠逞一時之快，但是從長遠角度來看，誠實才是一個業務員應該具備的形象，這樣才能促進我們與顧客之間的合作。為了能夠扭轉業務員在顧客心中的形象，喬‧吉拉德建議每一個業務員都要做到：

1. 不戴墨鏡。判斷一個人真誠與否，透過他的眼神就能夠看出來。如果在與顧客交談的過程中，業務員一直戴著墨鏡，會讓顧客懷疑我們的真誠程度，從而不信任我們；

2. 當我們和顧客說話的時候，要正視著對方的眼睛。如果顧客和我們說話，我們則應該看著對方的嘴唇。否則顧客就會認為我們心裡有鬼；

3. 不要流露出貪婪的神態，這會使我們的真誠形象毀於一旦。

塑造一個誠實的業務員形象，去贏得交易的主動權，用我們的真誠去打動顧客的心，從此顛覆業務員在顧客心目中的形象。

ψ 真心與顧客交朋友

業務員想要贏得顧客的信賴，其實也不難，只要真心地去與顧客交朋友，就能夠很好的建立起顧客對自己的信任。

每一個從喬‧吉拉德手中買走車的顧客都會被喬‧吉拉德的真誠和熱情所打動，因為他們深知，喬‧吉拉德對他們付出的感情是真摯的，他是真心在與他們做朋友。因為他們眼中的喬‧吉拉德會跪在地上和他們的孩子玩耍，這不是每一個業務員都能夠做到的事情，其他的業務員只會象徵性的對他們的孩子進行稱讚，而那只是為了拿到他

們的訂單。

喬‧吉拉德很好的運用了顧客這一心理，他知道沒有顧客會拒絕一位和他孩子趴在地上玩的人，他送給顧客這些人情，就是為了能夠和顧客成為好朋友。同時，喬‧吉拉德還指出除此之外，陪客戶聊天也是建立友情的一種辦法。推銷界另一推銷大師原一平就曾用這種方法，取得了顧客的信任。

一次，原一平偶然聽一位朋友提起他認識一個建築公司的老闆，這位老闆的經濟實力十分雄厚。於是原一平便托朋友介紹他們認識，朋友寫了一封介紹信後，原一平就拿著找到了朋友介紹的熟人那裡。

沒想到的是，這位建築公司的老闆為人很高傲，他並沒有把原一平放在眼裡，並告訴原一平他已經在另一家保險公司投了保。然而他的態度並沒有讓原一平退卻，原一平見他如此年輕就已經成為了建築公司的老闆，想必在他身上一定有著很精彩的故事。於是原一平問道：「先生，請允許我問一個問題，請問您是如何讓自己這麼成功的？」這位老闆顯然沒有料到原一平會提出這樣的問題，於是問道：「你想知道些什麼呢？」

原一平用很有誠意和求知若渴的語氣說道：「我想知道您當初是怎樣投身於建築行業的？」看到原一平如此認真的態度，這位老闆不禁被感染了，於是在接下來的三個小時裡，他把自己艱難的創業史，以及在這其中遇到的所有不幸和挫折，都講給了原一平，每當這位老闆回憶起過去的心酸時，原一平總是不失時機地拍拍他的肩膀，用寬慰的語氣對他說：「沒事了，一切都過去了。」

直到這位老闆的祕書走進來讓他簽字，他才意識到他已經對原一平說了太多的話。等到祕書走後，這位老闆對原一平說：「很奇怪，我怎麼會對你說這麼多，這些事情，我連我的妻子也沒有告訴過。」

接著，他又向原一平問道：「你需要我做些什麼呢？」

「我只想再問您幾個問題。」原一平回答到。這位老闆原以為原一平會直接談保險的事情，沒想到他只需要問幾個問題，「什麼問題？」這位老闆好奇地問道。接著，原一平就問了幾個關於建築方面的事情，包括這位老闆未來的目標和計畫。知道這些後，原一平就離開了。

兩個星期後，原一平再一次來到了這位老闆的辦公室內，並且還帶來了一份他精心做出來的計畫書。這一次，這位老闆對原一平的態度截然不同，熱情地接待了他，並認真地看完了他做的計畫書，看過之後，他深深被原一平的計畫書打動了，最後決定投 100 萬日元的人壽保險，之後副總經理也投了 100 萬日元的保險。這一次，原一平不僅僅收穫了業績，也得到了這個老闆的友情。

可見，只要用「心」就能夠讓顧客感覺到，繼而和我們成為朋友，因此，喬・吉拉德建議每一位業務員都要這樣去做，要和自己顧客真心地交朋友。首先，要向對待自己那樣去對待顧客。業務員和顧客之間的友情主要是建立的利益關係上的，這種友誼是一種合作，在這種關係中，銷售人員首先要建立一種理念，即你怎樣對待自己，也就怎樣對待自己的客戶。

其次，在和顧客的交談中，要使自己充滿熱情，要有感染力。和顧客說話不要冷冰冰，更不能一副高高在上的樣子，這樣就會無形中和顧客產生了距離感；同時，對待重要任務和普通顧客的態度要有所區分。即便是顧客說錯了話，也不要急於去糾正，這會讓顧客很沒有面子，要儘量使用平易近人的語氣去和顧客說話。

第三，距離產生美。業務員和顧客真心交朋友，但不是要和顧客成為親密的朋友，那樣將無法進行推銷活動，因此，在和顧客經常保

持聯繫的基礎上，和顧客保持適當的距離，這樣才不會在交易中散失原則。

第四，在顧客面前展示自己良好的人品。每個人都喜歡和人品好的人打交道，因此，一定要給顧客留下人品好的印象。首先不能怠慢他們，在講求自己原則的同時要考慮到顧客的感受；但是對於顧客的怠慢我們不要放在心上；最後，做事情要膽大心細，有自己獨到的見解，但絕不偏激。

第五，十足的耐心。不是所有的顧客都很容易接觸，尤其是文化水準較高的知識份子、年齡較大、性格比乖張的顧客，與他們接觸需要多花些心思，多一點耐心。在與知識份子接觸的時候，要把他們作為我們學習的對象，時刻表現出謙虛的樣子，不但可以增長我們的知識，也比較容易和他們接近，

第六，保持清醒的頭腦。在銷售活動中，業務員為了從顧客那裡得到利益，會對顧客進行一些誇讚，甚至是吹捧；同樣，有時候顧客為了從我們這裡得到他們想要的好處，也會對我們進行一番吹噓，這時候，就需要業務員保持清醒的頭腦，不要在顧客的吹拍中迷失了原則，丟掉了自己的利益。

第七，默默無聞地付出。如果顧客遇到了困難，業務員應伸出援助之手，但是最好不要當著顧客的面表現出來，這會是我們的好心大打折扣。如果客觀要求我們不得不當著顧客的面，我們要表現自然，不能讓自己的好心顯得刻意為之。

真心去與顧客交朋友，他們會感覺到我們對待工作的認真，從而在他們的心裡建立起一個極富責任感的形象，一個有責任感的業務員一定能夠得到來自顧客的好感和信任。

ψ 兌現你的承諾

真誠的人最主要的特質，就是他具有信守承諾的能力。業務員的誠實除了表現在不欺騙客戶上，同時也表現在兌現對顧客許下的承諾。

受到母親的影響，喬‧吉拉德從一開始就知道信守承諾的是一件美妙的事情。喬‧吉拉德年幼的時候，他的母親答應他，每次到了假期就給他做一種叫做比斯卡提的小餅乾，儘管年幼的喬‧吉拉德不會每個假期都記得這件事，但是他的母親卻從來沒有食言過。

離開母親後，喬‧吉拉德在妻子面前回憶起童年時的美味，表示自己十分懷念。他的妻子笑著說：「我來幫你做做看。」第二天，喬‧吉拉德就忘記了這件事，然而當他在假日走進家時，他嗅到了熟悉的味道。正是喬‧吉拉德身邊的人，一直對他信守承諾，所以在他成為業務員之後，他才能一直保持信守承諾的做法。

每一個幫喬‧吉拉德介紹生意的「生意介紹人」，都能夠得到喬‧吉拉德的感謝費，關於介紹人的介紹費，喬‧吉拉德有一個嚴格的規定，就是馬上付清，絕不會遲遲不付，他從來不會打這筆錢的主義，試圖找個理由把這筆錢省下來。

當有顧客拿著介紹人給他的名片來找喬‧吉拉德買車時，喬‧吉拉德發現名片的背面沒有簽介紹人的名字，而買車的人也沒有告訴是誰介紹他的來的。事後，介紹人打來電話問他為什麼沒有寄錢給自己，喬‧吉拉德就會回答說：「因為您沒有在名片的背面寫上您的名字，而買車的人也沒有告訴我。現在我知道您是誰了，請您下午就過來拿錢吧。下次記得寫上您的名字，這樣我才能早點付錢給你。」

當喬‧吉拉德向大家承諾每介紹一個人來買車，他就會付給介紹人 50 美元，就等於是想大家作出了承諾，如果最後他沒有履行承諾，那麼他就是一個說謊者，就不會再有人給他介紹買車的人。

在金字塔頂端跳 Disco
金氏世界紀錄最強業務員喬‧吉拉德

　　當然也會有人拿了傭金，卻沒有介紹人來買喬‧吉拉德的車，那麼喬‧吉拉德就會損失 50 美元。對此，喬‧吉拉德的解釋是，即使被騙去了 50 美金，但他還可以從別處賺取更多的傭金。至於這 50 美元，還可以替他贏得一個好人緣。他之所以這麼痛快地就把錢給別人，是因為他明白不付錢帶來的損失會更大。

　　因此，喬‧吉拉德告誡每一個業務員，如果我們想要成功地向別人銷售自己，就永遠不能違背自己的諾言。信守承諾的人對自己說出口的事情絕對當真，這種人是大家絕不會質疑，並且 100% 相信的人。每一個成功者在事業上的成功，在人際交往上的成功，都離不開信守承諾這以原則。

　　喬‧吉拉德認識一個名叫艾力克斯的年輕人，他在一家汽車經銷商的服務部門工作，他的職責是在客戶把車開來保養時，填寫維修訂單。這項看似十分簡單的事情，艾力克斯卻做不好。原因在於他是一個隨便誇口的人。

　　譬如，梅森先生把車開來維修，他會說：「您的車子在 4 點鐘以前就可以修好。」或是「如果有什麼問題我會打電話給您。」然而，他僅僅是說說罷了。現實的情況是，梅森先生來取車了，才發現車子還沒有修好。更嚴重的問題是，明知道車子沒有修好，艾力克斯卻沒有及時得通知顧客。

　　這樣的情況出現的次數多了，他的真誠遭到了顧客的質疑，繼而對他服務的部門也失去了信心。懊惱的艾力克斯遇見喬‧吉拉德後，沮喪地告訴喬‧吉拉德，他就要失業了，為此他很苦惱。好心的喬‧吉拉德便告訴他應該怎樣去工作。

　　首先，對於自己許下的承諾，不論如何，不管付出任何代價都要準時履行；

其次，在許下承諾之前，要先想一想，「我是否能夠做到」。

這之後的一個月中，艾力克斯就按照喬‧吉拉德的方法去做了。結果令他很滿意，他不再面臨失業的危險，每一個顧客都叫他「真誠仔」。這是喬‧吉拉德的經驗，假如顧客要的車子要在三個月之後才能到，他絕對不會為了拿到訂單而和顧客說只需要一個月的時間。他寧可說成是 4 個月，這樣當顧客知道自己的車子可以提前拿到時，他們會很高興，在這同時，喬‧吉拉德還是一個兌現承諾的人。

喬‧吉拉德告訴艾力克斯的方法。也是在告訴我們，應該怎樣去許諾，許諾之後應該去怎樣做。如果你還沒有達到喬‧吉拉德要求，那麼就按照這兩點來做吧。這之後，我們會發現，我們避免了不能履行承諾的尷尬，不必再為沒有信守承諾而道歉或是找藉口了，我們在顧客的眼中是一個絕對真誠的業務員。

對於業務員來說，承諾就是契約，而所有的契約都是我們的義務。假如我們無法履行承諾時，必須要及時向顧客解釋，讓顧客明白不能履行的真正原因，並請求顧客的原諒。這樣的我們不會沒有履行承諾而遭到顧客的非議，我們還是一個真誠的人。最糟糕的就是，我們既不能夠履行諾言，又沒有給客戶合理的解釋，那樣就會使我們的誠信度大打折扣。

信守承諾，有時候比等一座高山還困難，但是只要我們做到了，就會贏得信賴與讚譽。因此，答應客戶的事情就一定要兌現，這不僅是促成交易的有效方法，也是一名優秀的業務員所必須具備的基本素質和職業道德。

ψ 展示公司的良好信譽

公司是每一個業務員的發展平臺，業務員的發展是離不開公司的

支持的。沒有一個強有力的公司在業務員的背後做「後臺」，業務員是很難得到顧客的認可的。

在推銷活動中，推銷自己是首要重要的，但是喬·吉拉德還提醒我們，不要忘記推銷自己的公司。從辯證關係上看，公司和業務員之間的關係是相輔相成的，公司的信譽離不開業務員的維護；業務員的信譽也需要公司的信譽的支撐。如果只有業務員講信譽，而沒有公司的信譽做支撐，就無法取得顧客 100% 的信任；同樣，如果業務員沒有信譽可言，公司的信譽也會因為業務員而備受損失。

因此，在推銷過程中，業務員在推銷自己，展示自己信譽的同時，也要推銷公司，展示公司的信譽，這樣才能夠充分得到顧客的信任。首先，業務員每做一筆生意都是一個廣告，代表著公司的整體信譽。因此，業務員是否在顧客面前信守信用，關係到的不僅僅是個人的聲譽，更大的會影響到公司的信譽。

因為業務員是公司中最早與顧客接觸的，也是和顧客相處時間最長的，因此，業務員的一言一行都會影響著顧客對公司的印象。尤其是在顧客對公司並不是十分瞭解的時候，若是業務員在顧客面丟失了信譽，那麼即便是公司的信譽再好，也很難再向顧客證明了。

因此，業務員一定要明白自己所肩負的責任，透過自己為公司塑造良好的形象，一個優秀的業務員，往往能夠透過自己的能力讓公司的業務持續上升。

另一方面，公司的良好信譽可以助業務員一臂之力。如果業務員所在的公司在顧客心中已經建立了良好的信譽，那麼業務員幾乎不用怎麼費力就能博得顧客的信任。對於一些名氣比較大的公司，顧客也許並不熟悉業務員這個小角色，但是對於他所在公司的赫赫大名卻早有耳聞。因此，即便是業務員本人的得不到顧客的信任，但是因為有

公司做支撐，顧客也會考慮購買我們的產品。

可見，公司良好的信譽對顧客消除對業務員的懷疑，具有很大的推動能力，一旦顧客因為信任我們的公司轉而信任我們時，那對我們的推銷活動來說，就等於掃清了一大障礙。裡通常在顧客的認知裡，名聲顯赫的大公司為了維護自身的信譽，都會聘用高素質的業務員，如國際商用機器公司、美林集團、通用電力公司、通用汽車公司等等。因此，當我們在展示公司的良好信譽時，其實也是在為我們自己做推銷。

然而，有的業務員就職的公司只是名不見經傳的小公司，當他們說出自己的公司名字時，顧客的反應通常都是表示自己沒有聽說過。這時候，不管是公司的信譽，還是自己的信譽，都要依靠業務員自己來塑造，也許我們還能依靠自己的技巧和絕招，使我們的公司名聲大震。這也是喬‧吉拉德經常做的事情。

在許許多多的顧客中，總有也一些顧客在接觸我們之前，是沒有和公司中的任何人打過交道的。這時候，展示公司的信譽就需要靠我們一個人來完成。有不少的顧客曾向喬‧吉拉德打聽他們公司的情況，這時候，喬‧吉拉德總是不遺餘力的將顧客的種種優點講給顧客聽。

喬‧吉拉德認為不設法向顧客展示你所在公司的優勢和信譽，是一個銷售策略上的錯誤。很多員工都會在不同程度上對自己的公司有所抱怨，這樣的心態導致了他們在對公司的信任上的大打折扣，因此，在介紹自己的公司的時候，就會有所猶豫，心裡沒有底。事實上，只要我們嚴守職業操守，不做對產品、對公司不正確的描述，並且對顧客的提問處理得當，顧客就願意配合我們的銷售活動。

總之，為了使我們能夠得到顧客的信任，要推銷公司，為了能夠使我們的公司發展地越來越好，我們就要在顧客的心中為公司樹立起

良好信譽的形象。這將為我們今後的工作鋪平道路，是一種雙贏的局面。

第八章突破異議

——牢牢駕馭銷售的主動權

ψ 銷售，當從被拒絕時開始

對於業務員來說，被顧客拒絕意味著什麼呢？有些業務員說：「被拒絕就意味著失敗了。」也有的說：「意味著我的服務不夠好。」

在任何推銷中，業務員都會遇到客戶的不同意見，尤其是反對的意見更是不計其數。喬‧吉拉德作為世界頂尖的業務員，他也會遭遇到客戶的拒絕。被顧客拒絕了，銷售就結束了嗎？喬‧吉拉德對此的回答是：「不是的，真正的推銷才剛剛開始。」

一般情況下，業務員在向顧客推銷產品時，一旦遭到了顧客的拒絕，業務員就放棄了。然而，能夠成功的人，往往都和他們的堅持不懈是離不開的，在推銷界也是如此。喬‧吉拉德認為，堅持是成功的最大祕訣，成功的業務員沒有永遠的失敗，只有永遠的放棄。就好像拳擊比賽中一樣，沒有哪個選手能夠第一拳就把對手打倒的，都要經過不斷地重擊，才能打倒對方。同樣，在銷售中，一項較大的選購活動，往往要業務拜訪 5 次以上才能成交。

如果，因為一次的失敗就放棄，那麼用我們永遠都不可能走向成功。喬‧吉拉德曾應為一次的失敗，錯過了成功的機會。事情主要發生在喬‧吉拉德伯父的身上。那時，美國掀起了一場淘金熱，喬‧吉拉德的伯父隻身前往南部去淘金，在那裡他買下一塊地，然後就開始挖，結果真的挖到了黃金，而且是最豐富的礦藏之一。於是他的伯父又把黃金埋了起來，然後回到家鄉，向親戚借錢買了挖金礦的機器，

並叫上喬‧吉拉德隨他一起去挖金礦。

當他們所挖的金礦馬上就夠填補債務的時候，發現黃金沒有了，就好像這塊地裡從來沒有過金礦一樣。他們不停地挖，還是沒有找到金礦的影子，最終他們只好放棄了，把新買來的機器低價賣給了舊貨商。舊貨商買到機器後，找來專家鑒定，發現不是沒有金礦，而是喬‧吉拉德和他的伯父遇到了「斷層線」。在這斷層線下的 3 英尺，就是大量的金礦，因為喬‧吉拉德和他的伯父放棄了，最終他們和這筆財富無緣了。

這件事，給了喬‧吉拉德很大的教訓，從那時起，他明白了堅持才是最重要的。進入保險行業以後，當別的業務員遇到顧客的拒絕就放棄時，喬‧吉拉德鑒於之前的教訓，從來沒有想過放棄，即使是被拒絕，他也會繼續堅持。

所以，業務員不要再害怕被顧客拒絕，因為這是在正常不過的事情。只要我們能夠明白顧客拒絕我們的原因，就能找到說服顧客的切入點。喬‧吉拉德在每次拜訪客戶之前，都會想像一下被客戶拒絕的場景，然後獨自演練說服他們的話語。在推銷中，我們不妨像喬‧吉拉德一樣，閉上眼睛，然後想像我們正在和客戶通話的情景，想著我們會向客戶所說的話，想著客戶聽後，會以什麼樣的理由來決絕我們，然後根據我們相出的客戶可能會拒絕我們的理由，找出解決的方法。

到真正和客戶見面的時候，因為我們實現已經想像過，所以客戶所提出的拒絕理由，可能就在我們的掌握當中，這時我們就可以不必考慮得繼續我們的順服工作。如果事先沒有經過想像，我們很可能對客戶的拒絕感到措手不及，從而導致自己的詞窮。

當我們做好了被客戶拒絕的準備時，就能夠坦然地面對客戶的拒絕，而不會有挫敗感，反而會透過客戶的拒絕，瞭解到他不願意購買

我們產品的原因，在下一次的推銷中，我們就能夠很好的避免這種情況的發生。由此可見，被拒絕並不是一件壞事，因此，每個業務員都擺正自己的心態，善於透過各種方法來克服拒絕而造成的退縮情緒。

首先，我們要堅信我們的產品是物超所值的。很多業務員在被客戶拒絕以後，就會懷疑自己產品的價值，再向別人介紹時，就會底氣不足；甚至有的業務員在推銷之前，就對自己的產品信心不足，這樣在推銷的時候，怎麼能信心十足地去說服顧客呢？

其次，認為自己是在說明客戶解決問題。我們推銷產品給顧客，是因為他們有所需要，會在某個方面給予他們幫助，而不僅僅是為了賺顧客的錢。這樣的心態能夠幫助我們，在面對顧客的時候會更加從容和自信。

最後，不去在意顧客的拒絕。許多業務員在被顧客拒絕之後，都會情緒低落，認為顧客拒絕我們之後，就會不想再次見到我們。然而事實卻不是這樣的，顧客對我們的拒絕，他們自己並沒有放在心上，也許不到五分鐘的時間，他們就會忘記地一乾二淨。所以，我們也不必去在意顧客的拒絕，勇敢地去敲第二次門吧。

在推銷中，業務員一定會遭到多次的拒絕，然而重要的是，不是我們聽到多少個「不」，而是我們聽到了多少個「是」。同樣，失敗多少次也是不重要的，重要的是我們是否採取行動去說服那個「不」字。根據調查顯示，60% 的顧客在成交之前，會拒絕 4 次，但是仍然有 8% 的業務員不放棄，繼續去嘗試第 5 次，這才有了獨享 60% 顧客生意的頂級業務員。

不管在什麼情況下，被拒絕都是難免的，所以如果我們不打算離開推銷這個行業，就一定要告訴自己：「沒有不被決絕的推銷尖兵，只有不畏拒絕的銷售冠軍。」然後就去馬不停蹄地面對每一位顧客，

同時做好被拒絕的準備。

ψ 「考慮考慮」不等於拒絕

很多時候，業務員會把顧客說的「考慮考慮」當作是顧客的變相拒絕，事實上卻不是這樣的。顧客所說的「考慮考慮」很大程度上是一種拖延，而不是真正的拒絕。

當顧客說道：「我會考慮的」、「我們不會立刻做決定」、「我們想要慢慢看」、「讓我再好好想一想」這樣不確定的回答時，他們心裡多半都會希望業務員儘快離開他們身邊，不要打擾他們自己選購商品。事實上，很多業務員也是這樣做的，他們把顧客的「考慮考慮」當作是一種拒絕，但是「考慮考慮」有一半情況下包含以下的意思：

我現在沒有足夠的錢。

我想去別的地方看看有沒有更好的。

對你的介紹並不是很放心。

我說了不算，得問問我老公（老婆）的意見。

這個產品我現在還用不到。

並不是很喜歡這個產品。

你們公司的信譽不可靠。

我不喜歡你這個人。

另一半的意思就是同意購買，但是還沒有下定決心。無論是哪一種情況，都不能視作顧客不同意購買，只要業務員使用了正確的方法，就能夠促成交易的成功。當喬・吉拉德遇到顧客說「考慮考慮」時，他會這樣做：

1. 贊同顧客的說法

首先贊同顧客的說法「那很好，ＸＸ先生／女士，看來你是真的

有了興趣，不然你是不會花時間去考慮的，對吧？」同時，要伴隨微笑，這樣對我們的銷售是很有幫助的。

2. 認為顧客真的會考慮

例如：「我相信您一定會認真考慮的，對嗎？」強調出自己的疑問，顧客一定會答應認真考慮的。

3. 讓顧客哇哇叫

「ＸＸ先生／小姐，您這樣說不是要趕我走吧。」同時，要表現出明白顧客在耍花招的樣子。這時，顧客為了表示自己的清白，一定會說：「不是的，我很贊同你的建議。」

4. 確定問題真的是錢

如果顧客真的想買，那麼價錢就不在他的考慮範圍內了。但如果顧客表示要「考慮」，就說明，有可能是因為金錢的原因，這時候，不急著在金錢的問題上去成交交易，先把錢的問題解決了，就能促成交易的形成。

5. 弄清楚與更用力地推一把

問一些問題讓顧客直接告訴我們，產品或是服務有多好，這是說服他們產品有什麼優點的最好方法。這樣的方法會讓顧客一步一步地說出他們的問題，我就能把他們考慮的原因到最後一個問題上，然後集中精力去解決這一個問題。

下面透過具體的事例來介紹一下應該怎樣做。假如我們向一位女士推銷冷氣機時，對我們所提的建議，她也表示了接受，但是卻遲遲不肯作出購買的決定，始終說自己想要再考慮一下。這時候，如果作為業務員的我們說道：「這個真的很適合您，還考慮什麼呢？」這樣會給顧客一種強勢的感覺，容易導致顧客的排斥心理。畢竟購買冷氣機並不是一件小的支出，顧客的考慮是很正常的事情。

　　如果換成「這真的很適合，您就不用再考慮了」樣的說法也不合適，而且這樣的語言也沒有任何說服力。或者說：「那好吧，歡迎你們商量好了再來」這樣的回應給人以沒有做任何努力，並且還有驅逐客戶離開和感覺，因為只要業務這句話一出口，顧客為了避免留在原地的尷尬，就只有順著臺階離開。

　　面對這樣的情況時，以上三種回應顯然是不合適的。業務員應該站在顧客的立場上，去解決他們需要考慮的原因。例如：「您可以考慮一下，畢竟一台冷氣機並不是一項小的支出，考慮一下是可以理解的。再者回去和老公商量一下，也能避免買回去後後悔。這樣吧，您看了半天也累了，您先坐會兒，我再給您介紹幾種款式，好讓您多一些選擇。」這這樣的說法首先認同顧客這種說法的合理性，爭取顧客的心理支持，然後把此為理由順理成章地為顧客介紹其他幾款貨品，達到了延長顧客的留店時間、瞭解客的真實情況的目的，並為建立雙方的信任打下了基礎。

　　另一種說法是透過詢問顧客不滿意的地方，幫助她解決考慮的原因。例如：「小姐，這冷氣機無論款式及功能等等方面都與您的房間非常吻合，並且我感覺得出來您也挺喜歡。可您說想再考慮一下，當然您有這種想法我可以理解，只是我擔心自己有解釋不到位的地方，所以想向代您請教一下，您現在主要考慮的是什麼呢？」說這些話的時候，業務員要微笑目視顧客並停頓以引導對方說出顧慮。當顧客說出一部分原因後，業務員可繼續詢問：「小姐，除了這個問題以外，還有其他的原因導致您不能現在做出決定嗎？」如果顧客表示仍然有疑問，那麼業務員就繼續解決，如顧客表示沒有疑問了。業務員可以說：「小姐，對您關心的這個問題我是否解釋清楚？」只要此時，顧客表示自己十分清楚了，業務員就可以借機誘導顧客購買：「那好，

您的送貨地址是哪裡？我們將在兩小時之內給您送到。」

還有一種應對方式就是當業務員可以明確看出來顧客十分喜歡這款冷氣機，但是又不知道是什麼原因導致對方不願意購買。這時業務員就可以給顧客施加一點壓力：「如果您實在要考慮一下，我也能理解。不過我想告訴您的是，這款冷氣機現在只有兩台了，一台已經被預定了，就等著他在家的時候我們去安裝了。剩下的這一台，如果你喜歡我可以給你留著，你可以再到其他地方看看，不過我想您還是會回來買這台的，因為這台真的非常適合您。」這樣的說法，首先用稍帶壓力的方式引導顧客說出自己拒絕的真正原因，然後處理其拒絕點後立即引導顧客成交，最後如果顧客確實想出去比較一下，就適當後退一步，但一定要為顧客回頭埋下伏筆。事實證明，適度施壓可提高店鋪業績 70% 的回頭顧客會產生購買行為。

ψ 聽懂顧客異議背後的潛臺詞

業務員對於顧客的異議都存在著一定程度上的誤解，認為客戶的異議就等於是在拒絕。但事實上卻是完全相反的，喬‧吉拉德認為，當客戶表示不想買我們的產品的原因時，他事實上是在表示一種意願，希望我們知道他為什麼要買的理由。

大多數業務員都希望在向顧客做推銷時，客戶不會提出異議，而喬‧吉拉德則更喜歡能夠提出異議的顧客，因為他喜歡那些認真對待問題的人。如果一位顧客只是聆聽而一言不發，在這種場合下，推銷似乎對他們絲毫不起作用，因為他們對產品一點都不關注，所以也不需要業務員的任何解釋。相反，如果顧客對客戶的品質和價值比較感興趣的話，就會提出異議，表示對於產品或是對於業務員的介紹，還有不滿之處。

在金字塔頂端跳 Disco
金氏世界紀錄最強業務員喬・吉拉德

當顧客拿不定主意到底是否要購買我們的產品時，他們就會提出一些異議來，而這些異議並不是拒絕購買的訊號，而是肯定會購買的訊號，如果業務員處理得當，成交的希望就很大。大多數情況下，顧客會對我們的產品提出異議，是出於自身各種不同的考慮。所以，顧客的異議不一定都是真的，有時候確實是拒絕的理由，有時候只是自己的藉口罷了。如果業務員不能夠掌握顧客異議背後的潛臺詞，就會失去很多成交的機會。

比如，顧客常常會說：「我並不覺得這個東西值這麼多錢。」顧客這樣說的潛臺詞就是，如果我們能夠證明我們的產品是物有所值的，甚至是物超所值，顧客就會購買。

當顧客提出「我覺得尺寸好像有點不太合適。」這樣的異議時，潛臺詞就是，如果我們能夠令顧客相信他們穿上這個尺寸正合適，他們就會購買。

當顧客提出「我只是隨便看看。」這樣的異議時，其潛臺詞就是，只要我們能夠說服他們購買，他們就會購買。

當顧客提出「我從來沒有聽說過這個牌子。」這樣的異議時，潛臺詞就是我們的產品很合他們的心意，但是他們不知道我們產品的信譽是否值得信賴，如果我們能夠讓顧客信賴我們的產品，就一定能夠成交。

很多時候，顧客會提出異議是因為他們有所顧忌，或是害怕麻煩，所以他們所提出的異議，並不是他們真正的意圖，因此，我們必須學會去辨別顧客異議背後的真正想法。喬・吉拉德指出，當我們面對顧客的異議找不出真正的原因時，可以用一種愉快的、真誠的、非對抗性的方式來提出我們的問題，以使我們能夠確定客戶的思想脈絡和真是想法。當我們掌握了顧客的真實想法，就能夠透過事實來讓顧客認

清自己的需求。

很多業務員在客戶提出異議時，就會不敢繼續詢問，怕招致顧客的反感。但如果喬·吉拉德遭遇了顧客的異議，他就會一直追問下去。比如，一位男士在看過喬·吉拉德介紹的汽車後，說道：「我想再考慮考慮。」喬·吉拉德聽到這樣異議後，問道：「先生，我相信這輛車對您而言非常合適。您這樣說的原因是什麼？可以告訴我嗎？」

那位先生接著說：「喬，我是想再考慮考慮。」「您再考慮什麼問題呢？也許我能夠幫助您解決。」喬·吉拉德繼續追問到。「沒有什麼，我只是需要時間再想想。」那位先生回答到。「一定是有什麼地方讓您覺得不舒服了，請您一定要告訴我，是我嗎？」「哦，不是的，請不要誤會……嗯，那好吧，我說實話，我覺得在價格方面超出了我的承受能力。」

就這樣，在喬·吉拉德不斷地追問下，那位先生終於說出了實情。一旦知道了顧客的異議的原因是什麼，我們就能夠找出相應的辦法去解決，從而促成交易的成功。

最好的情況就是，客戶能夠在異議中能夠明確地解釋出他為什麼不願意購買我們的產品。例如：「我還是覺得ＸＸ公司的產品更好一點，如果產品出現問題，只需要一個電話，就能夠立刻得到解決。」這樣的異議中，就明確指出了顧客對產品的要求。這時候，業務員就可以就可以集中精力在如何讓顧客相信，我們的產品在售後服務方面的優點，例如，回答說：「我們公司除了設置了 24 小時售後熱線，我們還能夠三個小時之內說明您解決產品的問題。」

同時，一般的顧客都習慣於使用自己現在已有品牌的產品，那麼業務員要怎麼說服顧客更換成我們的產品呢？這個時候，就需要我們十分耐心地一直和客戶保持聯繫，一旦出來新的產品，就打電話通知

顧客，並說：「我相信您現在使用的產品確實很好，但是我也相信您還沒有碰到更好的，現在我們公司推出一種新產品，很適合您，您下午就過來看看吧。」

　　除了透過客戶的異議來判斷顧客異議的真正想法，還可以透過顧客的肢體動作來瞭解顧客的想法。有的時候，顧客即便是對產品不滿意，也不會說出來，但是會透過一些肢體上的動作，表示出無聲的抗議。

　　當客戶對業務員的推銷不理不睬，表現出忙碌的樣子，這就表示顧客並不想和業務員進一步交談，但是出於禮貌他們不會直接對業務員說：「你的介紹就到此為止吧，你所推銷的東西我不需要。」

　　遇到這樣的情況，大多數業務員就選擇離開了。這樣的行為不能夠為我們帶來任何好處，如果顧客對我們不理不睬，我們也可以適當的沉默一下。以引起顧客的注意，當他們為了緩和氣氛，而主動和我們說話時，我們可以借此再次提到我們的產品，但是時間不宜過長。

　　如果顧客沒有再與我們交談的傾向，我們可以說：「打擾您了，等您什麼時候有時間我們在談。」這時候一定要和顧客約定好下去見面的時間與地點，這樣就能為下次見面留下餘地。如果我們直接走掉，就失去了再一次拜訪的機會，要知道能有機會和顧客預約下一次見面的機會，並不是一件容易的事情。

　　當顧客在與我們交談時，忽然身體向後傾，雙手抱胸，不再願意和我們交談時，就表示我們所說的話題，已經引不起顧客的興趣了。所以，我們應當說一些顧客感興趣的話題，引導他們與我們繼續交談，而此時，我們最好把話語權交給顧客。

　　當顧客頻繁地看錶，這是很明顯在表示拒絕的姿勢，這個時候，我們就可以問顧客：「您有約會嗎？定在幾點鐘？」當顧客明確表示

確實有事時，我們就應該立刻告辭，並且不要忘記預定下一次面談的機會；如果顧客說沒有約會，我們就應該想一想，是不是自己的語言讓顧客感到不耐煩了。這時候，就需要我們去講一些顧客感興趣的話題，或是調整一下我們的推銷策略。

當顧客表示出東張西望，心不在焉的狀態時，意味著顧客已經厭倦了和我們的談話，希望儘快結束，這時，我們不妨稍作暫停，和顧客約定下一次見面的時間，不要讓顧客一次就對我們厭煩了，這樣我們就很難再與顧客建立友好的關係了。

當顧客對我們地上的資料看都不看時，表示顧客對我們的產品不感興趣，但是這並不表示顧客同樣不願意聽我們的介紹，只要我們能在介紹的時候提起顧客的興趣，就能引起他們購買的慾望。

不管是語言上的異議，還是透過肢體動作表示出的異議，只要業務員能夠看出隱藏在身後的潛臺詞，就能夠根據實際情況找出解決的策略，促成交易的成功。

ψ 不要與客戶爭辯

真正的推銷精神不是爭論，人的心意不會因為爭論而改變的。爭辯永遠都不是說服顧客的好方法，因為沒有顧客喜歡被逼著買東西，也不喜歡在賣東西時，像一隻鬥敗了的公雞。

喬·吉拉德說過：「雖然你希望把握銷售的主動權，但是絕不能表現得太明顯，以至於讓顧客感覺到不舒服，甚至是反感、厭惡。要是顧客提出一種我沒有想到的選擇，我絕不會責怪和貶低他的意見，如果要是和他們發生爭執的話，顧客會認為我在侮辱他，批評他的判斷力和品味，他們會失控，本來小事一樁，卻可能弄得彼此人仰馬翻。」因此，作為業務員我們應該清醒地認識到，與顧客爭辯，失敗

的永遠是銷售人員。

不管顧客如何批評我們，我們永遠都不要和顧客爭辯，甚至有時面對顧客的無理取鬧也要保持「客戶至上」的心態。一位顧客曾經說道：「不要和我爭辯，即使我粗了，我也不需要一個自作聰明的銷售人員來告訴我。他或許能夠辯論贏了，但是卻輸掉了這場交易，並且是永遠的。」喬‧吉拉德深知顧客這一心理，所以面對推銷過程中，顧客的重重異議，他都不會與顧客爭辯。例如，一位顧客在看了許多汽車以後，說道：「我只是隨便看看，並不打算買汽車。」

如果是喬‧吉拉德的一些同事，就會說道：「不買車？那你在這裡瞎逛什麼？」這樣的言語就會讓顧客陷入困境，常常會激怒顧客而迫使他們採取行動保護自己。喬‧吉拉德面對這樣的情況，他不會理會顧客的異議，反而會一直繼續自己的介紹，他相信等他介紹完後，顧客就會產生不同的感覺，即使暫時不會買也不要緊，等到他們想買的時候，會第一個想到喬‧吉拉德。

這正如睿智的班傑明‧佛蘭克林所說的那樣：「如果你老是抬槓、反駁，也許能獲勝：但那是空洞的勝利，因為你永遠得不到對方的好感。」所以再次強調，不要和你的顧客爭辯，這樣的結果往往是讓對方更加之前的自己是正確的。若是爭論的結果輸了，就是輸了，若是贏了，其實還是輸了，因為我們讓顧客丟掉了面子，他們不會再向我們賣任何東西了。當我們順從顧客的意思，不與他們爭執時，我們輸掉的僅僅是這場爭論，而贏得的卻是一個顧客，當我們拿著簽好的訂單或是顧客的錢時，輸掉爭論的不快就會會一掃而光了。

況且，顧客所提出的一些異議，是不值得我們去爭論的。例如，以為顧客去賣相機，在專櫃看好以後，已經準備付帳了。這時 在與業務員聊天的時候，顧客說道：「你們的產品為什麼讓ＸＸＸ來做宣傳？

長相不怎麼樣，聲音也不夠動人！在我看來，應該讓ＸＸ來代言你們的產品。」業務員在聽到顧客這樣說後，立即反駁道：「您所說的ＸＸ只是在國內比較有知名度，我們的產品是要打開國際市場的，所以我們挑選的代言人是在國際上比較有知名度的。」顧客聽到這樣的回答，十分不滿，最後兩個人因為誰更適合當代言而爭執起來，最後本該做成的交易就在最後的時候失敗了。

很顯然，顧客提出的那位明星，是他所喜歡的，沒有人願意聽到自己的偶像遭到別人的貶低，就算這位顧客並不是十分喜歡他所提出的明星，但是同樣也無法容忍自己的建議遭到業務員的反駁。這就是喬·吉拉德所說的：「顧客提出的一些異議有時根本不值得討論，而且一旦你確信顧客的異議已經得到滿意的答覆後，你就應該大膽向前邁進，沒有必要停下來問一些這樣的問題。例如：『您現在怎麼想？』或者『您對這個市長滿意嗎？』這樣的問題，無疑是在引導顧客說出異議。」

這些都是我們不必要去證實的，相反，我們應該設想顧客已經接受了我們的答案。說太多的話，就可能會因為一句不恰當的、倉促而不假思索的話，給自己惹來麻煩，是自己陷入無可挽回的境地。作為業務員，我們不應該去想顧客證明我們有多麼聰明，尤其不能讓顧客感覺到自卑。而是應該讓顧客感到我們是在真心實意得為顧客提供服務，甚至有時需要我們去稱讚他們的觀察力和見解，哪怕有時候顧客的觀點是錯誤的，都不要與其爭辯。我們的目的是，讓顧客自我感覺良好，這樣當所有的障礙解決以後，我們就可以直奔成交的出題了。

因此，每一個業務員在推銷中遭到顧客的異議時，都不要直接指出顧客的拒絕是錯誤的選擇，也不要和顧客爭論輸贏，更不能對顧客的異議表示出輕蔑的樣子。正確的處理顧客異議的方法是：

（1）放鬆情緒，不要緊張

顧客的異議是必然會存在的，因此當聽到顧客的異議時，要保持冷靜，不可動怒，也不能採取敵對的行為。應該繼續以笑臉相迎，並瞭解反對意見的人內容和重點，通常可以使用這幾種語句作為開場白：「很高興您能為我們提出建議」、「您的意見非常合理，我們一定會考慮」等等。

（2）異議也要認真聽

業務員常常會對顧客所提出的異議表示出不滿或厭煩的情緒，這是錯誤的做法。就算是顧客提出了異議，業務員也要認真傾聽，同時要表現出對顧客的意見真誠的歡迎，對顧客提出的意見表示尊重，這樣只有在業務員對顧客提出反對的意見時，顧客才更容易接受。

（3）重複問題，證明瞭解

必要的時候，業務員了可以重述一下顧客的反對意見，並且要詢問顧客時候正確，並選擇反對意見中的若干部分加以贊同。

總之，業務員應該向喬‧吉拉德一樣，對顧客的提出的意見加以認同，不要與顧客爭論，牢記這一經驗，讓顧客在瑣碎的爭論上贏過我們，我們將收穫的是更好的業績。

ψ 讓客戶無法拒絕

在銷售過程中，頂尖的業務員總是善於用一些獨特的辦法去對待顧客的拒絕，或者使顧客的拒絕說不出口，從而達到成交的目的。

有的時候，儘管我們對產品已經做了不要的、詳細的推銷，但是顧客仍然不肯做決定，他們想盡辦法來拒絕成交，因為他們怕做出了錯誤的決定，因此寧可選擇無動於衷。喬‧吉拉德認為顧客的推脫主要是源於他們認為不安全、不保險，否則的話沒有人會會在明知道購

買絕對正確的情況下拖延、推脫。如果顧客藉口明天才能做決定，僅僅是因為他們今天缺乏決策的信心。

造成顧客這樣心理的原因有很多種，喬‧吉拉德認為最主要的原因還是顧客受到了業務員的影響。如果說熱情會傳染，那麼遲疑的態度依然會傳染。尤其是在一些缺乏自信的業務員之中，因為對自己、對產品都不能做到絕對的信任，因此，害怕遭到顧客的拒絕，導致他們在與顧客即將成交的時候，變的吞吞吐吐。然而，這種疑慮一旦在業務員的眼神裡、表情裡以及體態語言中暴露無遺，就會立刻引起顧客的懷疑。

雖然有時候業務員會極力的掩飾，但是還是會被細心的顧客捕捉到，因為他們要對自己的金錢負責任，雖然顧客也不一定清楚到底發生了什麼事，但是在潛意識裡卻捕捉到了這些動搖的訊號，於是他們也猶豫起來，甚至滿腹疑慮地說：「我需要再考慮考慮，有了結果，我會通知你。」當然，也有與之相反的情況，當業務員表現出自信、果斷時，也同樣能夠感染到顧客的決定。我們也當過顧客的角色，也會遇到這樣的狀況，雖然是買相同的東西，買哪一個業務員的產品都一樣，但是往往自信、果斷的業務員更能夠說服我們。喬‧吉拉德在這方面深有體會，那是他準備去拉斯維加斯度週末的時候，一位推銷小姐給他留下的深刻印象。

那天，他走進一家旅行社，隨手拿起桌子上一本介紹夏威夷的宣傳冊看著，事實上他是想去拉斯維加斯的。這時，一位推銷小姐走了過來，問喬‧吉拉德：「您去過夏威夷嗎？」喬‧吉拉德開玩笑道：「嗯，夢裡的時候去過。」那位小姐聽後，便拿了一些圖冊給喬‧吉拉德看。並且對他說：「我想您一定會喜歡的。」說完她還描繪一些夏威夷的美麗風景，喬‧吉拉德深切地感受到了這位小姐的熱情，最後她還畫

在金字塔頂端跳 Disco
金氏世界紀錄最強業務員喬‧吉拉德

了一幅畫送給喬‧吉拉德，上面是喬‧吉拉德和他的太太躺在海邊的愜意的情景，並且這位小姐還自信地表示，喬‧吉拉德一定會和他太太度過一生中最快樂的時光。

顯然，推銷小姐的態度影響到了喬‧吉拉德，他已經忘記了自己想要去的地方是拉斯維加斯，已經開始算自己去夏威夷的費用了，當他發現去夏威夷的費用已經超出了他的預算時，他有些為難起來。而這一切都沒有逃出推銷小姐的眼睛，她問道：「先生，您有多久沒有旅遊過了。」喬‧吉拉德不好意思地說道：「已經是幾年前了。」「哦，那您簡直欠您太太太多了。」推銷小姐笑著說，並且還告訴喬‧吉拉德人生短暫，不應該只用來工作，比起今後的工作，這點旅遊費用並不算什麼。

推銷小姐的一番話，徹底說服了喬‧吉拉德，最後他選擇了去夏威夷。出了旅行社，他還在奇怪，自己在進去之前從來沒有想過要去夏威夷，為什麼出來之後，就改變了行程。回憶之前發生的一切，他終於明白了，是那位推銷小姐自信而果斷的說辭，使他改變了自己的主意。

可見，業務員的態度堅決與否是多麼重要，想要讓顧客無法拒絕，首先業務員就要從態度上糾正自己，鑒定自己的態度，讓顧客受到我們自信果斷的影響。與此同時，喬‧吉拉德還指出，想要顧客無法拒絕，還要給予顧客幫助。沒有顧客希望自己在轉了許久之後空手而歸，他們空手而歸的原因通常是因為業務員沒能給他們想要的幫助。這些幫助包括首先，你必須為顧客提供他們能夠從你的產品中受益的各種資訊、證據。其次，你必須幫助他們做出恰當的購買決定。最後，你還必須為他們提供良好的服務

當我們在這些問題上對顧客給予了幫助，就等於幫助顧客掃清了

他們購買的障礙，因此，他們就沒有理由來拒絕我們的產品了。最後，想要顧客無法拒絕，業務員還需要創造一些條件來避免業務員拒絕。在喬·吉拉德做推銷之前，他會先和顧客簡短地聊兩句，所聊的內容就是為了讓顧客明白，我希望顧客能自己做決定、拿主意。一旦顧客點頭同意他的話，喬·吉拉德就已經將顧客逼到決策的位置上了，這樣就避免了在快要成交的時候，顧客說自己是一個做不了主，這樣對顧客來說，那將是一件對誰來說都難堪之極的事。

最後，喬·吉拉德高明之處，就是為了讓顧客無法拒絕，業務員最好在第一時間就能夠完善處理銷售過程中所產生的異議，從而儘量加快銷售的進程。這就需要業務員在處理顧客的異議之前，要有一定的準備。首先要對顧客可能提出的各種拒絕理由做到心裡有數，並且作出相應的解決策略。這樣可以避免顧客提出異議後，業務員因為不知道怎樣應對而慌張，無法給顧客一個滿意的答覆，就無法讓顧客無法拒絕。

為此，業務員應該在平常的推銷活動中，留心顧客提出異議的理由，然後記錄下來，找出最佳的應對方案。除此之外，業務員還要掌握處理顧客異議的最佳時機。能夠讓顧客無法拒絕的業務員除了能夠應對顧客提出的各種理由，還能夠選擇在適當的時機回答顧客異議。那麼什麼時機是最佳時機呢？

第一，要在顧客的異議還沒有提出來的時候，給與顧客答案。這就相當於防患於未然，在業務員覺察到顧客將要提出異議前，就主動提出來並給與解釋，這樣顧客就沒有了提出異議的機會。如果沒能在顧客的異議之前給出答覆，那麼就要在顧客提出異議後，業務員立即給予答覆。

第二，當顧客的態度不明確時，業務員需要過一會兒在回答顧客

的異議，因為這樣的異議不是三言兩語就能化解的了的，與其這樣，不如先等等，當自己考慮成熟了，再回答顧客。

第三，乾脆不回答。有些異議是業務員完全不必在意的，比如顧客在推銷搞活動初期提出來，但後來就沒有再提及過的，業務員就可以忽略掉。

如果業務員能夠做到讓顧客無法拒絕，那麼就能大大地提高我們的工作效率，因此業務員要不斷鍛煉自己處理異議的技巧，讓我們每一個顧客都對我們無法拒絕。

ψ 化解顧客的價格異議

業務員在推銷的過程中，最常見的問題，也是最難解決的問題就是價格的問題。價格，是推銷活動的中心問題，是顧客利益能否另顧客滿意的最佳體現。

通常情況下，顧客在聽過業務員的報價後，都會提出一定程度的異議，這時，業務員應該認真地加以分析，並探尋隱藏在顧客心底的真正的動機。「價錢太貴了」在推銷中是一句經典的拒絕，業務員就必須弄清客戶的真正意義。據心理專家研究證明，顧客在購買產品時提出價格的異議，通常都是因為以下幾種原因：

(1)　顧客想在談判中擊敗業務員，以證明自己的談判能力；

(2)　想賣到更便宜的同類商品；

(3)　顧客怕會吃虧；

(4)　顧客想利用價格來達到其他目的；

(5)　顧客知道別人以更低的價格購買了產品；

(6)　不瞭解產品的真正價值，懷疑價格和價值之間不符；

(7)　顧客想從另外一家購買更便宜的產品，他設法講價是為了給

協力廠商壓力；

(8) 根據以往的經驗，知道能夠從討價還價中得到好處，並且清楚業務員會作出讓步；

(9) 顧客把業務員的讓步看作是他高自己的身份；

(10) 顧客想向周圍的人證明他有才能；

(11) 想透過議價來瞭解產品的真正價格，測試業務員是否在說謊；

(12) 顧客還有其它的同樣重要的異議，這些異議與價格無關，他只是把價格作為一種掩飾。

總結這些原因，我們就會發現，客戶透過價錢拒絕我們，其中50%的情況，我們無法與客戶繼續交易，而剩下的50%，就是我們可以把握的，只要我們能夠掌握爭取的方法，就能夠化解顧客在價格上的異議。例如：當顧客提出價格太貴時，我們可以說：「如果價錢低一點的話，您會從我這裡購買嗎？」或者「如果我們能夠想辦法把價格降低一點，你會立刻訂貨嗎？」

如果顧客的答案是肯定的，我們就必須立刻相處辦法來改變交易的條件，給出折扣或是分期付款計畫，把價格和成本進行比較以說明價格實際很低，或者乾脆開出一個更低的新價格。如果顧客是真心想要購買產品，他總能找出辦法來付款的。

因此，就算顧客說出「價錢太貴了」，也並不意味著顧客不會購買。關鍵就在於業務員怎樣去應對。不管是什麼樣的產品，顧客都會習慣性的提出價格的異議，這時，忌諱業務員說一些「一分價錢一分貨」「你不識貨」這樣的話語。喬‧吉拉德建議業務員在遇到這樣的問題，應遵循這樣幾個原則：

1. 先談價值，再談價格。

業務員在銷售洽談的過程中，要記住的原則是：一定要避免過早地提出價格問題。不論產品的價格多麼公平合理，只要顧客購買這種產品，他就必須付出一定的經濟犧牲。因此，一定要在顧客對產品的價值有所認同後，才能和他談論價格的問題。

因為，價格的本身並不能引起顧客的購買慾望，顧客感興趣的是產品的價值，通常，顧客對產品的價值越瞭解，購買的慾望就會越強烈。對價格的考慮也就越少，所以在時間順序上，要先談價值，後談價格。

2. 多談價值，少談價格。

這一原則強調的是，談話內容的重要性，即要求業務員多談及產品價值方面的話題。在交易中，價格是涉及雙方利益的關鍵，是最為敏感的內容，一旦談失敗，就會造成僵局。而化解這一僵局的最好辦法就是多談產品的價值，少談產品的價格。這樣能夠強調出產品對顧客的實惠，滿足顧客的需求。

推銷理論研究標明，價格是具有相對性的，往往顧客越急於買哪種產品，就越不會計較價錢；產品能夠給顧客帶來的利益越大，也就越能讓顧客忽略價格的因素。

3. 用不同的產品的價格做比較。

把顧客認為價格較高的產品跟另外的產品做比較，使自己的產品的價格顯得更低一些。因此，需要業務員掌握其他同類產品的價格資料，便於在說服顧客時用來最比較；

4. 以「小」藏「大」談價錢。

條件允許的情況下，要儘量用較小的單位報價，及把報價的單位縮至最小，從而隱藏價格的「昂貴」感，讓顧客更容易接受。例如日本東京不動產的銷售標語：出售從東京車站乘直達公共汽車，只需 75

分鐘就能到家的公寓。如果把 75 分鐘換成了 1 小時零 15 分鐘，顧客就會覺得公寓的距離東京太遠了，購買的人也會大大的減少。

如果把商品價格分攤到使用時間活使用數量上，常常能夠使產品的價格看起來微不足道，也就能夠達到便於客戶接受的目的。

5. 以防為主，先發制人。

這種方法是透過事先多顧客經濟情況的掌握，以及在交談過程中獲得的資訊，對顧客提出的價格異議，進行分析並作出全面的判斷，然後趕在顧客開口之前，把一系列顧客要提出的異議化解掉。

6. 引導顧客正確看待價格差異。

當顧客提出我們的產品和競爭產品存在的價格差異時，我們應從產品優勢方面下手，如：品質、功能、信譽和服務等方面，引導顧客正確看待價格之間所存在的差異，讓顧客明白購買產品後所得到的利益遠遠大於價格上帶來的損失。

7. 幫助顧客談價錢。

如果我們交易的對象是經常討價還價的顧客，那麼如果我們先報價，就會失去了掌握價格的主動權，當產品賣出後，常常是低於我們最初的報價，或者是交易的失敗。因此，在顧客詢問價錢時，我們可以先不提價錢，而是先問顧客幾個問題，然後根據顧客的回答說明顧客作出合理的報價。業務員所問的問題應該包括顧客所掌握的同類產品的價格，瞭解顧客的背景和購買經歷等等。

8. 使用示範方法。

對於價格讓顧客難以接受的昂貴產品，業務員可以把一些劣質的競爭產品和這些產品放在一起做比較，並教顧客怎樣辨別真偽。透過比較，讓顧客打消對價格的異議。

9. 掌握討論價格的時機。

因為價格的問題常常會讓談話進入僵局，所以業務員要掌握合適的時機談論價格。首先，不要主動談論價錢；當顧客提出價錢問題時，要儘量向後拖延；顧客堅持要得到回復時，要講清價格相對論的道理。總之，業務員一定要把握好談論價錢的先機，避免過早的讓談論陷入僵局。

知道了正確的方法，我們就能很順利地化解顧客對價格提出的異議，也完全不必再因為顧客的議價而感到害怕和膽怯了。

ψ 善於處理客戶的各種藉口

在銷售的過程中，顧客總是會找出各種各樣的藉口來拒絕業務員的推銷。訓練有素的業務員，不僅能夠對自己已經聽過的藉口應對自如，當他們聽的自己沒有遇到過的藉口時，同樣能夠應對自如，這就是他們為什麼能夠一直保持很好的銷售業績的原因之一。

在學習如何處理顧客藉口之前，要先明白在處理顧客的藉口時，業務員需要遵守哪些原則：

（1） 不要和顧客爭辯；

（2） 調整好自己的態度，不得動搖；

（3） 明確重要的反對理由；

（4） 答覆顧客藉口的回答中，要有可以表示贊同的地方；

（5） 重複一遍顧客的藉口，然後再答覆對方；

（6） 不要對顧客的藉口表示出輕蔑；

（7） 不要用「為什麼」來回答顧客的藉口；

（8） 為某些常見的藉口事先想相處應對的答案；

（9） 答覆要簡單。

在遵守這些原則的基礎上，處理顧客各種藉口的時候，有五種方法可供業務員使用：

第一種情況，客戶藉口說產品太貴了，買不起。

對於顧客的這種藉口，業務員有必要做一些試探，深入得瞭解一下，因為並不排除顧客是真的買不起。如果顧客說的是真的，我們就可以介紹一些價格低一點的產品給他們。通常情況下，顧客真的是囊中羞澀，那麼任憑我們再怎麼誇耀產品的優點，也不能令顧客有購買的決定。換一種可能，如果顧客很需要我們的產品，並且他們認為是貨真價實的話，這樣說只是希望我們能夠作出價格上的讓步。

針對這種情況我們可以使用分解費用的方法，就是把費用分解，讓費用看起來比較少，比如把一輛車的車的價格分解到每個月中，那麼一輛 15000 美元，月付款的話，只需 300 美元，按天計價的話，只付 10 美元！當你說每天只需付 10 美元時，價格聽起來就便宜多了，而客戶也就會感到買得起了。

第二種情況：當顧客藉口說自己要和家人商量一下，或者是跟身邊的同伴商量一些。

這是考驗業務員觀察力的時候，這時候，業務員要找出真正的購買決策者，或者顧客自己做主。例如：我們可以對顧客說「我們所剩的存貨已經不多了，我建議您給您的家人（顧客要與之商量的人）打個電話徵求一下的他的意見，畢竟好東西早點買回家，就能夠早點使用。」如果顧客回答說：「不用了。」那麼我們就可以說：「太好了，那您可以自己做決定買回自己喜歡的東西了。」如果顧客真的打了電話給家人，那麼我們就需要想辦法和對方通話，並且極力說服對方購買。

第三種情況：當顧客以「我只是隨便看看」作為藉口。

業務員常常會遇到這種情況，當我們費了很多口舌來介紹產品，結果再報價之後，顧客卻對我們說：「對不起，我不想買任何東西，我只是隨便看看。」這樣的藉口實在不怎麼高明，很少有人會在不買東西的情況下到處亂轉，除非他是一個無業遊民。

喬‧吉拉德也遇到過這樣的情況，當顧客說「只是隨便轉轉」時，喬‧吉拉德就會問他喜歡什麼牌子或是什麼型號的車，如果顧客說出他喜歡的車，假如是豐田汽車，這時候喬‧吉拉德就會拿出一份豐田汽車的資料給他看，然後就藉口出去一趟，然後讓顧客自己坐在那裡看。當然那些資料絕對不會是替豐田做廣告的，而是一些關於顧客對豐田汽車抱怨的資料。這些資料都是喬‧吉拉德事先搜集的，而且絕對是屬實，當然，他的手中不僅僅只有豐田的資料，大多數顧客喜歡牌子的車，喬‧吉拉德都掌握了他們的資料。

當喬‧吉拉德再次出現在顧客面前的時候，會問問顧客還要不要繼續看看豐田汽車的資料，這時八成的顧客都會表示不願意再看了，接著喬‧吉拉德就會拿出一份訂單，告訴顧客這才是他們最正確的選擇。

喬‧吉拉德的這種做法在很多人看來有點有悖職業道德，但是他個人認為這就像是律師在為自己的案子辯護一樣。而且他並沒有詆毀自己的競爭對手，他所提供的資料是絕對屬實的，況且他並沒有承認自己的車是毫無缺陷的。因此，對於這樣的方法，業務員要在一定的尺度內運用。

第四種情況：顧客以「考慮考慮」作為藉口。

但當顧客以「考慮」為藉口時，一種情況是他站在照顧業務員感情的角度上，不願意直接拒絕，只好委婉地說需要考慮一下。對於這種情況，業務員應該努力爭取到下一次的訪問，如果顧客答應了，那

麼就需要業務員在下一次的拜訪中調整自己的推銷策略。

　　另一種情況就是顧客本人比較優柔寡斷。這時候我們就要讓顧客感覺到我們是站在他們的立場上考慮問題，首先要肯定他們的說法，然後在找到突破口促使他們購買。

　　第五種情況，顧客藉口自己太忙了，沒有時間聽業務員的介紹。

　　這個時候，不管客戶是真的很忙還是假的很忙，我們都要儘量去爭取時間，請求他們給我們 5 分鐘的時間，然後我們利用這 5 分鐘儘量引起他們的興趣。當 5 分鐘過去後，我們可以留意顧客的反映，如果顧客仍然表示沒有時間，但是卻對產品十分感興趣的話，他會主動要求進行第二次洽談；如果 5 分鐘過後，顧客不再強調他很忙，我們就可以安心地介紹我們的產品了。

　　第六種情況：當顧客要求先看一下資料，然後再做回覆。

　　顧客這樣做的理由可能是希望從資料中找到產品的缺陷，從而找藉口推脫掉這場交易。通常情況下，當顧客向喬‧吉拉德提出這樣的要求時，喬‧吉拉德都會告訴顧客：「如果有人問您這麼漂亮的車子是從哪裡買的，您可以拿這些小冊子給他們看。」如果顧客對這句話無動於衷，甚至表示想要拿回家看時，喬‧吉拉德就會告訴對方，小冊子上的內容絕對不會有他介紹得詳細，如果顧客有什麼問題儘管問，他隨時準備回答。接著，喬‧吉拉德就會根據自己的判斷，針對顧客的不同做不同的說服工作。

　　第七種情況：當顧客表示很想買，但是有些地方我們不能滿足他們的要求。

　　這是一種很高明的藉口，既拒絕業務員，又使自己顯得比較無辜，「不是我不想買，我十分想買，可是你們的產品沒有這個功能，哎！」一邊說著這樣的話，一邊表示惋惜。遇到這樣的藉口，業務員不妨就

當作是真的，然後想方設法找到能夠滿足他們需求的產品。

比如，當有顧客對喬·吉拉德說：「我想要一輛四門的車，可是你們不是已經沒有了，不是嗎？」喬·吉拉德聽到這樣的藉口，就會問顧客：「如果我們有這樣的汽車，您確定您會買嗎？」這時候，顧客為了自己之前的話，就會說：「那是當然。」一旦顧客這樣回答，就中了喬·吉拉德的圈套了，這時候喬·吉拉德就會打電話給自己的同行，然後告訴顧客他們和市裡的另一家店是聯盟的關係，那家店中有顧客需要的車，現在只需要顧客等 5 分鐘，就能得到自己想要的車了。

把顧客藉口作為順服顧客購買的切入點，不失為接近顧客，取得最後成交的好辦法。因此，每一個業務員都需要在推銷的過程中，不斷鍛煉自己應對客戶各種藉口的本領。

ψ 喬式處理拒絕 14 法則

每一個業務員在開始推銷工作之前，都要最好一個心理準備，就是被顧客拒絕的心理準備。不管我們對產品介紹得多麼詳細，總會遭到顧客的決絕。

當然，在做好這個最壞的心理準備時，同樣也要明白一件事情，就是如果顧客沒有拒絕，而是毫無表情地聽著我們的介紹，沒有任何意見，這標明顧客沒有興趣。但是，如果顧客表示出了拒絕，就說明他們感興趣了。他們會拒絕，是因為他們對產品還不瞭解，他們還在猶豫不決。因此，當顧客向我們提出異議時，我們應該感到慶幸，因為我們能夠找到機會使交易成功了。這關鍵就在於，我們怎樣去看待顧客對我們的拒絕，正確的看待拒絕，才能使我們在下一次的交易中成功。喬·吉拉德根據自己的經驗，總結出了 14 條關於拒絕的態度和

方法，以便業務員學習。

（1）被拒絕很正常

被顧客拒絕也是推銷工作的一部分，所以要以正常的心態來看待。

（2）對我們所遇到的痛苦有所覺悟

在這之前，需要我們記住三件事：

第一件是，現在許多人，有些還是我們的親人，也和我們一樣，有不幸的事情，甚至比我們更淒慘；

第二件是，工作和生活是分開的，而推銷只是我們的工作，而不是生活；

第三件是，所有的不幸都會成為過去。

（3）眼睛往遠處看

即便今天被拒絕了，明天又是嶄新的一天，而明天我們就會被接受。今天被拒絕不過是生命中的一件小事罷了。

（4）有一種教訓叫做拒絕

被顧客拒絕並不是因為顧客不喜歡我們的產品，而是我們的推銷工作做的不到位。要以每一次的拒絕作為自己的教訓，下一次絕不犯同樣的錯誤。

（5）拒絕不過是我們的互動行為而已

拒絕是一種行為，而不是對業務員本人的否定，所以不必為此感到沮喪。

（6）曾經的成就

被拒絕說明不了什麼，看看我們曾經取得的成就知道了，我們是多麼優秀，而這一次的拒絕簡直就算不了什麼。

（7）瞭解行業的發展規律

有時候，拒絕並不是我們做的不夠好，而是整個行業都進入了不景氣的時期，越是小公司，受到的影響就越大。

（8）和家人談心

不要把所有的想法都放在心裡，我們的家人、朋友是我們生活和工作的一部分，所以要把我們的想法及時和他們交流。

（9）瞭解顧客態度惡劣的原因

凡是心理健康的人，都會對別人表現出和藹可親的樣子，只有性格有問題、人格不完整的人，才會對別人惡言相向，這樣想，當我們被拒絕時，心裡會舒服一點。

（10）角色不是我們本身

工作的時候，我們所做到那個人，只是我們在扮演的角色，這和我們個人是不能化等號的，因此，在工作中得到的任何評價都和我們個人沒有多大關係。

（11）讓自己的身心放鬆一下

如果進入銷售低潮，我們不妨讓自己的身心放個假。去健身房做做運動、遊游泳、陪家人到郊外走走、在家看一看剛剛獲獎的電影等等。

（12）找專家說明自己走出心裡陰影

如果被拒絕的沮喪感一直伴隨著我們，我們就要找一個專家來幫助我們走出來了，不要讓自己一直處於情緒的低潮中，這對我們沒有任何好處。

（13）成功不是 100%

推銷這種職業是沒有預測性的，不是每一次付出都會收穫成功，

沒有人知道打幾通電話才能成交一次生意，所以不必對此灰心喪氣。

（14）成功就在不久以後

當我們陷入情緒的低潮時，應該比以往更加努力地工作，這樣才能迎來下一個成功。

對於決絕我們要一直保持這種態度，讓自己面帶微笑地去面對它，不管顧客對我們提出什麼意見，我們就當作是顧客對我們產品和服務認真觀察的結果，能夠讓我們在今後的工作中表現更加出色。這樣，我們就能坦然地面對拒絕了。

在金字塔頂端跳 Disco
金氏世界紀錄最強業務員喬·吉拉德

第九章 心理博弈

——啟動客戶的購買慾望

瞭解顧客所需,設定顧客期望值

如果業務員想要提供讓顧客滿意的產品,僅僅是知道顧客具有購買動機是不夠的,還需要知道顧客對產品的期望值,這樣有利於業務員把顧客的期望值定在自己產品所能滿足的範圍內,為成交打下堅實的基礎。

業務員對於顧客的期望值目的就是為了讓顧客明白,哪些是他們可以得到的,哪些是他們無法得到的,而我們的最終目的就儘快成交。我們都有做顧客的經驗,在買東西之前,常常都會現在自己心裡設定一下我們要購買的東西,大約要個什麼樣子的,都具備什麼性能的,或是價格在多少以內,這些就是我們對產品的期望值。通常情況下顧客在制定產品期望值的時候,都會從以下幾個方面去考慮:

1. 安全性。產品的安全性是顧客最關心的一個問題,沒有人願意購買會給自己帶來危險的產品,不管多麼美觀,多麼廉價,都不可能。

2. 實用性。這是顧客的普遍購買原則。

3. 經濟向。大多數顧客在做購買決定之前,經濟是他們主要的考慮因素。

4. 健康性。現在的消費者越來越重視產品的健康性,因此,是否有損健康也在他們的考慮範圍之內。

5. 美觀性。愛美之心人皆有之,對於產品的外觀要求也是如此,人多少都一點虛榮心,希望自己買的東西能夠得到大家的讚

美。

6. 娛樂性。這屬於精神上的需求，大多數顧客都願意選擇能夠給自己帶來放鬆的產品。

7. 差異性。與眾不同的產品最能引起顧客的興趣，因為這能顯示出他們的個性。

客戶期望值越高，產品的提供者要盡可能地滿足客戶的需求，則所要付出的成本，也將會相應地增大。但是滿意度並不一定隨著產品成本的增高而增大。那麼，透過引導客戶期望值，而不是一味增加企業成本達到客戶滿意就成為了一個實際有效的做法了。有時候，我們為顧客提供的產品和顧客的期望值多少都會有一點差異。當我們無法滿足顧客的期望值時，我們就要主動引導顧客去降低他們的期望值。這就需要業務員首先要掌握顧客最在意的期望值是在哪方面。我們可以問顧客一些大量的問題，從而準確地掌握顧客的期望之中，哪一個是他最在意的，這個期望值往往是他決定自己是否購買的重要因素。例如，透過詢問，業務員知道了顧客最在意的期望值就是價格合理，而我們的產品卻偏偏高於顧客的期望值。這時候，業務員就可以以從品質和功能至方面去說服顧客，讓顧客認為是物有所值的。

其次，有時候顧客自己也不知道自己究竟比較在乎哪一方面。這時候，就需要業務員對顧客的期望值進行合理的排序，排在最前面的就是顧客最在意的，也就是我們的著手點。對顧客注重的進行重點說服，顧客不在意的就不需要業務員去理會了。

這都是需要業務員靈活去掌握的，我們可以引導顧客發現他們所期望的方面其實是他們並不需要的，而我們產品所具備的功能是正好符合他們使用的，只要業務員能夠說的合情合理，就能夠說服顧客放棄他們的期望值。有的時候，業務員會抱住一個期望值不放，而遲遲

不肯做購買決定，這就需要業務員首先要承認顧客期望值的合理性，並告訴他們為什麼他們的期望值得不到滿足，同時，要提供給顧客大量的資訊，以便顧客繼續作出選擇，重新制定自己的期望值。

最後，業務員可以使用一些心理暗示，心理暗示對降低顧客的期望值是一種很有效的方法。有時候直接讓顧客降低自己的期望值會引起他們的反感，這就需要業務員對顧客進行心理暗示，讓顧客隱約認為自己的期望值並不是那麼重要，從而自覺降低期望值。

業務員降低了顧客的期望值，顧客就不會對產品反覆挑剔，這可以說是促進成交的有效辦法，每個業務員都應該熟練掌握。但是必須要強調的一點是，在推銷活動中，為了促使顧客購買，而引導顧客降低自己的期望值並不是一個長久之計，一次兩次顧客還可以接受，如果顧客多次不能在業務員這裡得到另自己滿意的產品，業務員就面臨著失去顧客的危險。因此，我們可以透過這種方式來促進成交，但是於此同時我們更應該去努力創造出顧客滿意的產品。

僅僅是為了滿足顧客期望顯然是不夠的，必須超越顧客期望才能留住客戶。因此我們要努力做到「提供的比承諾的更好」，讓客戶收穫意外之喜，從而成為我們的忠實顧客。

ψ　積極營造客戶的需求氛圍

在歐洲流傳著這樣一個故事：兩個鞋子經銷商來到了一座島上，發現這裡的人都不穿鞋子。其中一個經銷商說：「太糟糕了。」而另外一個經銷商卻說：「太好了。」

為什麼同一件事情卻又兩種不同的回答，這就是我們在推銷中經常會遇到的事情。面對一個似乎不需要我們產品的顧客，我們會怎樣想呢？有的可能會想：「太糟糕了，我的產品推銷不出去了。」而有

在金字塔頂端跳 Disco
金氏世界紀錄最強業務員喬‧吉拉德

的會想：「太好了，我有機會向他們推銷了。」其實，業務員並無法真正地掌握顧客是否需要的我們的產品，有時候顧客的購買行為只不過是一種習慣，他們不需要的我們的產品並不是他們真的不需要，而是他們已經習慣於購買別的產品，或是他們還沒有習慣使用我們所推銷的產品。

這就意味著如果業務員能夠改變顧客的購買習慣，或是培養顧客的購買習慣，就能夠發掘出更多的顧客。而這並不是不可行的，顧客的習慣不是一成不變的，不然在星巴克也不可能入住飲茶歷史悠久的亞洲市場；也不會有顧客因為洗髮精廣告而天天洗頭髮……這些都很好的說明了顧客的購買習慣是可以改變的。因此，只要業務員能夠找到突破口，積極地營造顧客的需求氛圍，就能夠做到把顧客本不需要的產品銷售給他們。

喬‧吉拉德為了說明這以觀點，曾經舉過這樣一個例子：多年前在美國的一家商學院中，院長設計了一個推銷天才獎。題目就是把一把舊式砍木頭的斧子，推銷給美國的總統。這無疑是一個天大的難題，因為幾乎沒有人見過總統本人，就算見過，堂堂的總統會需要一把舊式的砍樹斧頭嗎？推銷對象是總統，並不是伐木工人。

很多學生都對這個題目望而卻步了，主動放棄了拿獎的權利，但是有一個學生並沒有放棄。那時正值布希總統剛剛上任期間，這個學生經過精心的策劃，寫了一封信給總統，在信上他先表達了自己對總統上任的祝賀，接著表達了對總統的熱愛，然後筆鋒一轉，轉到了布希的家鄉，說他曾經到過總統的家鄉，看到了布希總統的莊園，並且給他留下了深刻的印象，同時還有莊園樹上一些粗大的枯樹枝，他認為這些枯樹枝大大減少了莊園風景的優美。現在市場的斧頭恐怕都無法幫助總統砍掉那些粗大的樹枝，然而他這裡有一把超大的斧頭，一

定是總統需要的，並且價格合理。

布希總統在收到這封信後，立刻就想到了自己的家鄉，同時他認為身為總統，在任何方面都要給市民留下美好的印象。於是他立刻向這位學生購買了那把斧頭。這家商學院空置了很久的天才推銷獎終於有了得主。

當普通的業務員只把眼睛放在斧頭和總統兩者上時，這個同學找到了第三樣可以促使銷售成功的因素，那就是顧客的需求，這可以說是他透過自己的努力發現的，也可以說是他為總統創造的需求氛圍。這樣做的首要條件就是業務員要站在顧客的角度上去考慮，這樣才能發現他們的需求在哪裡。除此之外，業務員還可以讓顧客明白購買的好處，也能夠營造出顧客的需求氛圍。

假設我們要說服一個顧客來參加我們的培訓課程，顧客可能會以沒有時間，或者價格太高等藉口來推託，原因就是他們只看到了不足之處，沒有找到可以令他們信服的好處。這時候，業務員就可以告訴顧客：「如果參加了我們的培訓課程，是需要您拿出一點時間和金錢，但是這些可以換來您更加美好的前程。試想，如果您沒有參加我們的課程，而您的競爭對手參加了，那麼在能力上他就能超過您，您就無法與他抗衡，失去了競爭的優勢。這樣算下來，您的損失會更大。」

這樣，顧客就不得不為自己的前程考慮了，而這也許是之前他不曾考慮到的。這正如喬‧吉拉德所說，在解除客戶的抗拒時，一面要強調購買產品會得到哪些好處，還要強調不購買會帶來哪些損失，引起顧客的考慮，這樣就能夠營造出顧客的需求氛圍了。

相對於迎合顧客的購買習慣，改變和培養顧客的購買習慣更難，也更具風險，很有可能我們付出了努力，卻沒有得到相應的結果。因此，需要業務員付出更多的耐心，在潛移默化中讓顧客慢慢接受我們

的產品。

ψ　做顧客感興趣的事情

　　釣魚的時候，人們都會在魚鉤上裝上魚餌，目的是為了引誘魚兒上鉤。在推銷中，業務員為了引起顧客的興趣，也可以使用「魚餌」，這個「魚餌」就是顧客感興趣的事情。

　　不管是我們看電視，還是聽收音機，如果不是我們喜歡的頻道，就無法引起我們的興趣。同樣的道理，如果我們在和顧客接觸的時候，不能夠成為他們喜歡的「頻道」，就不能夠引起他們的興趣。所以想要和顧客之間拉近距離，就儘量去做他們感興趣的事情吧。說一些他們喜歡聽的話，就算那並不是我們想說的。在說之前要瞭解顧客的需要，根據他們的需要說他們想聽的話，而不是生硬地向他們銷售我們的產品。

　　業務員和顧客之間是一種社交關係，如果沒有共同語言，就很難進行交流，更不要說推銷產品了。一般而言，相類似的人之間有著共同的興趣愛好，願意參加類似的活動，在共同的活動中既能彼此接近又能相悅，從而使人際間的吸引力增強。在看待問題上，態度會比較一致，在一起交往能夠正確反映自己的能力、感情和信仰，並能夠得到支持和鼓勵，所以，比較能夠和睦相處。對相似的人來說，相互溝通比較容易，因此彼此之間有共同話題，誤會和衝突比較少，行出會比較融洽。即使本來並不太熟悉，也會比較容易消除陌生感，從而形成較強的人際吸引力。

　　這一理論可以用在任何地方，只要相讓對方順著你的意思，就要引起對方的興趣。愛默生是美國的大思想家，即便是大思想家，也有他想不到的事情。一天，他和自己的兒子想要將牛牽回牛欄，兩個人

一前一後，用盡了力氣拉牛，也沒能將牛牽進牛圈。這時，他的女兒看見了這一幕，便走過來幫忙，只見她拿著一點點牧草，一遍餵牛，一遍向前走，就這樣一路將牛引到了牛圈中。想把牛引進牛圈，只要迎合他的興趣就可以了。其實，做推銷也是這樣。顧客的興趣就拿在女兒手中的草，而顧客就是我們要牽到牛圈的牛。

如果業務員能夠主動迎合顧客的需要，談論一些顧客喜歡的人或事，就能夠引起顧客對我們的好感。對大多數人而言，最感興趣的話題就是自己，或是自己喜歡的事情，對別人，尤其是自己並不瞭解的人，並不十分感興趣。因此，業務員在和顧客推銷的過程中，就必須談論對方感興趣的話題。這時候，知道顧客的興趣愛好就顯得尤為重要。每一個見過羅斯福的人，都為他的博學而驚訝，無論是面對什麼樣的人，不管對方的職業是什麼，他都能夠和對方自如地談話，而且讓每一個和他交流過的人都感到十分開心。事實上，羅斯福能做到這樣的原因是，當他知道有人要來拜訪他的時候，他就會連夜收集那個人的資料，弄明白對方最感興趣的事情。跟多有傑出的領導人一樣，他善於用最高明的打動人心的方法，就是和對方談論他最感興趣的事情。

通常情況下，業務員可以根據顧客家中的擺設、掛畫等觀察出顧客的一些愛好。有的顧客喜歡把一些照片擺在客廳裡或是辦公桌上，那這無疑也是一個重要的線索。如果在這些方面都無法發現顧客的興趣愛好時，業務員不妨多準備一些話題，當顧客在哪個話題上發言比較多，或是情緒比較高昂時，就說明他對這個感興趣，我們就可以接著說下去。我們所做的就是盡可能多的向顧客提出問題，讓他們滔滔不絕地說，當他們說得過癮了，我們的目的就達到了。

當然，業務員接觸的人形形色色，每個人都有不同的興趣愛好，

我們不可能做到精通所有人的興趣愛好。但是為了我們的事業，我們要努力做到這一點，利用一切時間、一切機會去學習，去瞭解我們不知道事情，爭取成為一部「百科全書」，顧客知道的我們都知道，顧客不知道的我們也知道，這樣博學多聞的我們，相信一定可以和顧客建立起身後的感情基礎。

就如喬・吉拉德所說：「當你同顧客談起他最感興趣的事情時，馬上就會激起對方的興奮，而滔滔不絕地打開話匣子與你攀談起來。在他感興趣的問題上強化了共同感受，甚至有了知遇之感時，那麼推銷就水到渠成了。」

ψ 說明顧客找到潛在需要

一個普通的業務員只會把東西賣給顧客，而頂尖的業務員卻可以發現顧客的潛在需要，在顧客還沒有開口之前，就已經知道顧客需要什麼了。

想要成為頂尖的業務員，還要向醫生學習，為什麼要向醫生學習呢？假設我們推銷的是藥品，當人們生病的時候，會主動找醫生去買藥，而當顧客有了需求時，卻不會主動來找業務員。賣同樣的東西，卻有著不同的結果。原因就在於，醫生能夠根據顧客的病情賣給顧客藥，而業務員卻不會。一般的業務員在銷售產品時，基本上都是這樣的程式：

第一步，見到顧客就滔滔不絕地介紹產品的用途、功能和特點；

第二步，介紹完後，就開始聽取顧客的反應和意見，與此同時，業務員還會繼續說自己產品的不同之處，全然不顧剛剛顧客提出的反對意見；

第三步，見顧客不為所動，就繼續補充自己所推銷產品的實用性。

　　這樣的推銷，總會給顧客一種被黏上的感覺，是讓感覺到壓迫和不舒服的推銷方式。這樣的情況，怎麼能指望顧客主動來找業務員買東西呢？所以，在推銷的程式上，業務員更應該借鑒一下醫生的工作程式。

　　首先，當病人來到醫生面前時，醫生會問一下病人那裡不舒服，此時病人會把自己的情況一五一十地告訴醫生；接著，醫生根據病人的訴說，借助醫療器械幫助病人做檢查；最後，醫生得出結論，然後給病人開藥方，病人就會照著醫生的囑咐去抓藥。由此看出，醫生和業務員的不同之處就在於，業務員是不管顧客的需求是什麼，就想先把產品賣給顧客；而醫生則是先知道顧客需要什麼，然後再把顧客需要的東西賣給他們。

　　因此，要成為頂尖的業務員，就要做一個像醫生一樣的業務員，先要弄明白顧客需要的是什麼。然而，業務員也會遇到這樣的情況，就是顧客事實上是需要這件產品，但是他們自己還沒有覺察到。這時候，就需要業務員去說明顧客發現他們的潛在需求，喚起他們對產品或是服務的需要。

　　利用產品來說明顧客發現自己的潛在需求，業務員如果能夠做到這一點，就能夠像病人主動去找醫生一樣，顧客也會主動來找我們。然而，一位賣領帶的業務員在發現了顧客的潛在需要時，卻沒能把領帶成功推銷給顧客，原因是什麼呢？看過他推銷的過程就知道了。

　　在一家旅館的櫃檯旁，業務員看見以為打著領帶的先生，可是他的領帶看起來和他的西裝是那樣地不協調。於是，業務員開口對那位先生說道：「打擾一下，先生……」「你是？」還沒等他說完，那位先生就問道。

　　「我是班‧多弗。」

「你是跟什麼的？有什麼問題嗎？」

「哦，沒有問題。我是愛美領帶公司的。」業務員說到，說完從箱子裡面拿出一條領帶來，然後接著說：「您沒有注意到您的領帶嗎？」

那位男士聽後，回答道：「沒有，我不喜歡這東西。」

然而業務員卻似乎沒有聽出顧客語言中的拒絕，繼續說道：「我這裡有一條領帶十分配您的衣服。」

男士看了一眼業務員手中的領帶，說：「也許吧，但是我不需要。我的家裡大概有 50 條了，我這次來是因為公司派我過來，我在利用週末的時間找房子，我認為找房子用不到領帶。」

得知顧客不是本地人，業務員高興地說：「很榮幸成為這個城市中第一個歡迎您的人。那您是從哪裡來的呢？」

「喬治亞州阿森斯。」男士回答到。

「噢，我知道那裡，道格斯棒球隊的故鄉，還是世界上最好的社交城市。」業務員說。

此時，男子顯然已經忘記了領帶的事情，他正在為自己能夠在這裡認識了第一個人而感到高興。於是說道：「我一下班就換上牛仔褲和 T 恤，先去打上幾個小時的棒球，晚上再出去玩……」

此時的業務員已經迫不及待想要趕快把領帶賣出去，於是在顧客沉浸在自己想像的愉快中時，就打斷了顧客，說道：「聽起來很有趣，可是說到領帶。我可以給您打個折，10 美元賣給您怎麼樣？」

男士想了想，說：「不，我今天不需要。謝謝，跟你談話很有意思，不過我得回房間了，今天很累，晚上我想輕鬆輕鬆，在房間裡喝上十幾罐啤酒，放鬆一下。」說完就上樓去了。

這位男士真的不需要一條新的領帶嗎？不是的，只是業務員沒有

讓顧客意識到自己需要。所以這是一次失敗的推銷，首先，業務員只知道顧客需要領帶，但是太過於心急，只想著把領帶賣給顧客，卻沒有留心顧客的話中包含的一些資訊。比如：顧客說到自己會在屋子裡喝啤酒，一個人喝啤酒，是很沒有意思的消遣。業務員就可以借助這個話題，向顧客介紹一下本地人們經常去放鬆的場所，但是要強調，當對方感興趣時，要強調這些人社交不會穿牛仔T恤衫，而是會穿著西裝打著領帶。如果顧客想要引起別人的注意，就需要一條領帶來裝飾自己。

當然，在知道了顧客是什麼職業後，可以根據他的職業為他選擇他會想要去的場所，同時，不要忘了強調戴上領帶會讓他更出色。

在推銷過程中，能夠知道顧客的潛在需求，就要找出能夠讓他們發覺自己需求的因素，這樣他們才會主動購買。如果醫生知道病人得的是什麼病，卻不能夠讓病人清楚地認識到確實是這樣，醫生又怎麼能夠得到病人的信任呢？

做推銷工作也是同樣的道理，說明顧客找到潛在的需要，然後讓他們知道，自己必須要購買我們的產品。

ψ 一次演示勝過一千句話

業務員通常都是經過語言的表達，來向顧客介紹產品的某種特性，或者是透過產品的外形，在顧客的心中留下一個抽象的印象，事實是否真的如業務員介紹的那般，顧客也不知道。

如果業務員推銷的是摔不碎的玻璃杯，就算我們說地多麼富有感染力，多麼生動，顧客也會相信。原因就是，任何人都知道，只要是玻璃製品就是易碎品，所以不可能有摔不碎的玻璃杯。這時候，業務員用什麼來說服顧客呢？那就是演示，在顧客面前，把玻璃杯扔在地

上，讓顧客親眼看見玻璃杯沒有碎，這時，即使業務員什麼都不說，顧客都會相信我們了。

正如喬·吉拉德認為：在顧客面前，進一步證實的方法通常是向顧客演示產品。對於業務員來說，演示產品，讓顧客瞭解我們的產品，使我們拜訪顧客的最直接目的；而在顧客瞭解了我們的產品後在，最終決定購買的行為，則是我們的終極目標。因此，產品演示是我們和顧客交流的很重要的環節。

在美國奧勒岡州的波特蘭，一個牙刷業務員為了讓顧客購買新牙刷，他會隨身攜帶一個放大鏡，每當顧客表示自己的牙刷還可以繼續使用時，他就會把放大鏡放到顧客的手中，然後讓顧客自己觀察新舊牙刷的不同。

還有紐約的一個西裝店的老闆，在他店裡的櫥窗中，放著一部放映機，每一個路過服裝店的人都會看到這樣一則短片：一個衣衫襤褸的人在找工作的時候處處碰壁，然後當給他一身西裝穿上以後，立刻就找到了工作。這則短片，讓店裡的銷售量一直居高不下。

隨著社會的發展，業務員在演示產品時所用到的方法也越來越多了，最常用的有以下 3 種：

1. 體驗演示法

這種體驗防範，需要顧客的配合，讓顧客親身接觸產品，直接體會到商品的好處，從而激發顧客的購買慾望。

2. 寫畫演示法

這種方法需要業務員隨身準備著筆和本，這主要用在推銷證券、股票等無形產品時，因為產品是無形的，很難讓顧客產生那個感官的印象。如果業務員可以把一些資料透過畫圖的方法陳列出來，則會讓顧客清晰地看到產品的突出優點。

3. 表演演示法

這種方法主要的做法就是做動作，有時連色彩、音響、氣味等都可以作為表演的輔助工具。比如，業務員推銷的是一種高級領帶，他就可以把領帶用力揉成一團，然後在輕易地把它拉平，這樣的表演就會給顧客留下深刻的印象。

有時，還需要業務員的表演戲劇化一些，以增加顧客觀看的興趣；同時，業務員在表演的時候應注意言行與動作的優美性。

演示可以迎合顧客追求新穎的心理，是否能夠引起顧客購買的慾望，就要看業務員的演示水準是否高超。因此在演示產品的時候，還需要業務員注意一些演示的技巧。

1. 演示的方法要有創意

使自己的演示有創意，是為了增加示範表演的表現能力和感染能力。例如：假如我們推銷的是洗衣粉，如果我們只是拿著一件髒衣服當著顧客的面洗乾淨，不會給顧客帶來特別深刻的印象。但如果我們拿著墨汁，假裝不小心潑到自己身上，然後在顧客的驚叫聲中，用洗衣粉把身上的污漬洗乾淨，相信給顧客留下的印象一定不一般。

2. 演示要熟練

在示範過程中，業務員的動作一定要熟練、自然，否自就會給顧客造成我們很緊張的錯覺，從而就會對我們產品產生懷疑。

3. 讓顧客參與其中

如果能在示範的時，讓顧客參與其中，效果會更好，給顧客留下的印象也會格外深刻。例如：在我們做示範時，邀請顧客幫我們一個忙、或者借用一下顧客的東西，總是就是讓他們參與進來，而不是讓他們成為局外人。

4. 演示重點

業務員在演示的時候，要明確顧客的興趣在什麼地方，然後重點示範給顧客看，讓顧客儘快明白我們的產品能夠解決他們的需要。

5. 做好準備

為了避免在演示時，出現意外，所以需要業務員在演示之前要做好充分的準備，要保證萬無一失了，才能在顧客面前進行演示。

在推銷中，一次成功的演示勝過業務員說一千句話，產品的特點再突出，功能再齊全，如果不能讓顧客實實在在地看到，也不能100% 得到他們的信任。眼見為實，在推銷中，不要忘了「演示」這個重要的工具。

ψ 引導顧客作出決定

喬・吉拉德認為，成功的業務員都會隨身攜帶一種「催熟劑」，這種「催熟劑」只要在陌生人面前一噴，陌生人就會變成熟人；再一噴，就會立刻下業務員推銷的產品；再一噴，熟人就變成了好朋友，不斷地介紹人來購買業務員的產品。

真的有這樣的「催熟劑」嗎？是的，這種「催熟劑」就是「引導顧客成交的技巧」。這種催熟劑速度的快慢是由業務員來決定的，業務員的技巧越好，客戶的購買決定就下的越快；業務員的技巧越差，客戶購買決定就下的越慢，有時甚至會導致交易的失敗。業務員在學習「引導顧客成交技巧」時，應該首先學會抓住有意購買的時機。

當業務員向顧客介紹產品是，顧客表現出了極大的興趣。這時候，業務員就可以以親切的口吻問道：「您要不要先試試看？」然後就等待顧客的回答，如果顧客仍然存在異議，就要設法打消顧客的疑慮。這點很重要，這是促成顧客購買的關鍵因素。

　　在聽完業務員的介紹時，顧客仍然表示出猶豫不決的樣子，這時候顧客可能會徵求其他人的意見，此時業務員應把話題轉移到顧客的同伴身上，如果同伴表示讓顧客自己拿主意，這時候業務員就可以開玩笑似得說：「既然您的同伴都這樣說了，您就恭敬不如從命了把。」這種說話技巧會讓顧客和他的同伴很開心，是促成成交的好時機。

　　業務員在取得客戶的初步認同後，就要進一步的接近顧客，比如：拿著產品走上前去，讓顧客親自試驗一下，獲得顧客的「認同感」，在顧客決定購買時，這種「認同感」可以作為參考依據，有這種「認同感」相助，交易的好時機就到了。

　　在顧客進行思考的時候，也是促成交易的好時機。在業務員介紹完產品後，顧客常常會先進行思考，這時候，業務員不要讓沉默繼續，而是應該立刻說：「請試用一下吧。」顧客在思考的時候，往往是在想到底要不要購買，這時候不要給顧客太多時間讓他去想放棄購買的理由。

　　在業務員介紹的過程中，如果顧客提出了問題，此時顧客表現出了對產品的想去，也就意味著顧客準備購買了，此時業務員在回答問題的同時，不要忘了立即讓顧客試用。

　　在顧客對產品表現出興趣時，尤其是眼睛表現出有神、明亮的樣子，如果再露出孩子看見玩具時的眼神，業務員絕對不能錯過這樣的好機會。

　　在顧客表示自己「不瞭解」時，也是銷售的好機會。

　　當顧客積極地參與到關於產品的討論當中時，或者是十分鎮靜、專心傾聽時，就表示顧客已經對產品表現出了濃厚的興趣，準備購買了。

　　能夠掌握住顧客準備購買的時機，就能夠在正確的時間去刺激顧

233

客購買,在刺激顧客購買的時候,還需要用到一些心理戰術。心理戰術是推銷人員面對顧客時所產生的一種敏銳反應,但是先決條件是,業務員一定要先控制自己的感情,判斷出顧客的類型以及個性、喜好等個人因素,然後再選擇最適當的推銷戰術。

(1) 業務員可以先談談自己的事情

業務員在和顧客交談的過程中,可以先談談自己的事情,讓顧客首先瞭解了我們,這樣可以有效地減輕他們的心理防備。為了能夠讓顧客信任我們,業務員可以聊一些自己的私事,這是最好的辦法之一,一旦對方也開始談及他的私事,就預示著接下來的工作會十分順利。

(2) 不要主動去問及顧客的私事,要讓顧客自願說出來

業務員可以問及一些關於顧客工作、家庭成員等方面的資訊,一定要表現出自己的真誠,這樣才能取得顧客的好感,當顧客對業務員心存好感之後,就會願意告訴業務員一些關於自己的私事。

(3) 讓顧客對商品介紹說明產生興趣

業務員對產品的介紹要明確而直接,不要一副懶洋洋的樣子,這會大大降低顧客對產品的關心程度。因此,業務員需要透過自己的介紹方式去引起顧客的注意。

(4) 尋找共同話題

在交談的過程中,要儘量選擇和顧客有共同語言的話題,比如:孩子、球賽、個人愛好等等。

(5) 不給客戶考慮的時間

在關鍵的時候,千萬不要給顧客留下考慮要不要購買的時間,同時也不要讓顧客聽到任何催促他購買的話語,這樣會增加的他的心理負擔,最好的方法就是說:「如果您願意購買更好,如果您不願意購

買……」這樣讓顧客有選擇性的話題，可以有效地刺激顧客的購買心理。

（6）適度掌握

當顧客是兩個人同行的時候，不要忽略了顧客身邊的人，尤其是一對夫婦的時候，要適時地和太太談論幾句，但是不要過多。

（7）利用顧客的感情

情緒通常是掌握顧客是否購買的關鍵因素，所以業務員可以利用顧客的感情，和顧客談論一下悲傷的事情，讓顧客感同身受，顧客就會被業務員的坦誠所感動。但是避免使用虛情假意，一旦被顧客識破，後果不堪設想。

這是透過心理上的戰術引導顧客產生購買的慾望，除此之外，還需要業務員在行為和語言上的配合，增加顧客購買決定的堅定性。

（1）業務員可以假定顧客已購買

在顧客猶豫不決的時候，業務員不要催促顧客作出選擇，而是假定顧客已經準備購買了，但是還不知道購買哪種產品，此時業務員就可以讓顧客「二選一」，這樣的問話方式，會說明顧客拿主意，從而引導顧客下定決心購買。

（2）利用顧客「害怕買不到」的心理

對於自己喜歡的東西，很多顧客都希望能夠擁有，所以業務員就可以利用顧客的這種心理，對顧客說：「現在這款產品已經為數不多，您要是真的喜歡就得趕快下訂單了。」

（3）幫助顧客分析正反兩方面的意見

首先，業務員要準備一張紙，然後在上面分別列出購買的原因和不購買的原因，當然，在業務員的設計下，購買的原因一定要比不購

買的原因多，這樣可以讓顧客一目了然，瞭解到購買的好處。

（4）要求顧客買一點試用

當顧客對我們的產品還沒有非常信任，還不能決定是否購買時，業務員可以建議顧客少買一點試用。

（5）向顧客請教

當業務員費盡了口舌，顧客仍然不為所動時，業務員就不要繼續介紹下去了，而是轉而問顧客自己有什麼地方做得不好。這樣可以滿足顧客的虛榮心理，消除他的對抗心理。

（6）不斷獲得顧客的肯定

業務員在提出一系列的問題時，都讓顧客以「是」來回答，這就說明業務員解決了交易中的所有問題，所以在顧客做購買決定時，也就自然而然的同意了。

（7）欲擒故縱

有一類顧客是屬於優柔寡斷的，十分想要購買，卻下不了決心，這時候，業務員就可以作出有事先走的樣子，這種假裝告辭的行為，可以有效地刺激這類顧客購買產品。

有時候，在交易的最後時刻，顧客會放棄購買，就是因為業務員沒有做好引導工作，如果能夠做好引導顧客購買的工作，那麼我們的交易十之八九都會成功。

ψ 用產品的味道吸引顧客

喬‧吉拉德總是說：「每一種產品都有他的氣味。」因此，他總是會逼每一個顧客去聞聞新車的氣味，是「逼」而不是「讓」。因為他相信，每一個接觸到汽車氣味的顧客心裡都會產生與之前完全不一樣的感覺。

　　就好比開創了「滋滋俱樂部」的艾默・惠勒，他的「滋滋俱樂部」銷售的不是牛排，而是煎牛排時發出的「滋滋」聲。也許當時顧客並不打算購買牛排，但是當他聽見煎牛排發出的「滋滋」聲時，他會感覺自己的口水都要留下來了，那麼不管這牛排是不是好吃，他都會買上一份來品嘗。

　　當然，食物都是有氣味的，可以成功的吸引客戶，那麼其他的東西呢？，事實上，任何新的產品都有屬於它的味道。喬・吉拉德說他絕對不會忘記他一生中第一次讓他激動的事情。那是在一年的耶誕節，喬・吉拉德在一個夥伴的家中，當時夥伴當著喬・吉拉德的面拆耶誕節禮物的包裝，那是一個嶄新的電鑽，通上電源，就可以不停地到處鑽洞。當喬・吉拉德把這個新的電鑽拿到手中的時候，儘管那不是他的，他還是感覺到了無比的興奮。還有他第一次坐進新車的感覺，在此之前，他坐的都是有酸臭味的車。那是鄰居買的新車，在開回來的第一天，他就坐了進去，那輛新車的味道，直到現在他也沒有忘記。

　　當喬・吉拉德成為一名汽車業務員後，他仍沒有忘記自己接觸新東西時，所記住的味道，他相信他的顧客也會喜歡甚至的迷戀上這樣的味道。喬・吉拉德在銷售汽車的時候，會想方設法讓顧客自己坐到汽車上去感受一下，如果顧客的家附近，他會讓顧客把汽車開回家去，讓顧客的太太和孩子或是領導面前炫耀一番，這樣，顧客很快就被汽車的「氣味」吸引住了。根據喬・吉拉德的經驗，凡是坐進汽車的顧客，沒有不買他的車的。

　　利用味道來吸引顧客，是因為新車最撩人的就是它的味道。所以讓顧客進去試坐一下，就會使顧客產生擁有這輛車的慾望，即使當時沒有成交，新車的味道也會一直縈繞在顧客的腦海裡，當他想買時，喬・吉拉德就會繼續藉此說服他。有專家認為在顧客坐進汽車時，是

最佳的介紹機會,而喬・吉拉德卻不這樣認為,他會讓顧客坐在汽車中盡情地摸摸這裡,摸摸那裡,顧客聞的味道越多,摸到的地方越多,就會開口說話,喬・吉拉德的目的就達到了。他正希望如此,讓顧客自己開口說話,這樣喬・吉拉德就能知道顧客喜歡什麼、討厭什麼,是從事什麼職業或是家庭狀況等,然後喬・吉拉德就根據這些資訊來分析顧客的經濟狀況,從而得出向顧客銷售和為他申請貸款所需的資料。

當然,也有一些顧客是不願意進行試用的,原因就在於一旦試用了,就表示他已經對產品有了責任感。而這正是喬・吉拉德想要達到的目的,所以他會逼每一個顧客都去試駕一下他的車。一次,一位顧客試駕以後仍然沒有下定決心購買,眼看著交易就要以失敗結束,此時喬吉拉德說道:「如果您真的想要購買,就先付給我100美元的訂金,然後把車子開走吧。」如果在顧客沒有要買的意思,他就會說出理由;如果想要購買,他就會掏出訂金,然後開著這輛新車回家。接著,他的家人、鄰居就都知道他買了新車,當他駕駛著新車一兩天後,仍然沒有辦理最後的付款及相關手續時,他就會意識到自己對喬・吉拉德應該負有的責任。

也許有的業務員對喬・吉拉德這樣的行為感到擔心,萬一這個顧客開著車走了,不再回來,或者是最後還是決定不購買怎麼辦?喬・吉拉德對此完全不擔心,因為他相信不會有人開著不屬於的自己的新車,然後去尋找更便宜的車,如果他真的這樣做的話,那麼很容易就惹上官司。如果在顧客的心裡認定這就是屬於自己的車子時,喬・吉拉德的推銷就成功了。

當然,有的顧客已經不止一次地購買過新車,因此可能對新車的味道已經習以為常了。但是對於大多數人來說,即使是買一件新衣服

也會感到興奮，更不要說是買一輛新的汽車了。這一切都包含在喬‧吉拉德的所說的氣味之中，因此一名真正的業務員都不要忽略到產品的味道，因為味道真的很重要。

那是在二戰剛剛結束的時候，沒有那麼多的新車，大多數人都買的是二手的新款車。為了能夠讓二手車散發出新車的味道，二手車經銷商都會購買一種液體，這種液體噴在二手車的行李箱和車內地板年上，就可以使二手車散發出新車的味道，噴過這種液體的二手車都十分受消費者的歡迎。於是，這種液體在當時十分搶手。

這足以可見味道的作用，所以在我們銷售產品的時候，絕對不要忘記它，要讓產品的味道為我們工作，讓顧客聞到這種味道，讓他們感覺到激動。然而這都是有形商品才具有的，如果你推銷的是股票、基金或是保險，就無法讓顧客聞道它的味道了。

ψ 抓住顧客的「從眾」心理

「從眾」是一種十分常見的社會心理和行為現象，這種「從眾」在消費中，也是非常常見的，大部分人都是喜歡湊熱鬧的，看見大家都在買的東西，自己也會去買，不管那是不是自己需要的東西。

喬‧吉拉德認為，許多顧客在業務員進行介紹之後提出異議，是因為他們害怕自己買錯東西。然而，當業務員說已經有很多人買過了，並且再列舉幾個眾所周知的名人，那麼這個顧客就會毫不猶豫地買下來。這樣的心理給業務員帶來了可乘之機，業務員就可以根據顧客這種心理來推銷自己的產品。

當我們看見街上有發傳單的人時，不妨仔細觀察一下，你就會發現，如果第一個人走過去接過了傳單，而且看得很仔細，那麼跟隨在他身後的人也會接過傳單來看；如果前面的人接過之後，看了一眼就

在金字塔頂端跳 Disco
金氏世界紀錄最強業務員喬‧吉拉德

扔在了地上，那麼之後的人也會這樣做，有的甚至都不會接過傳單，儘管傳單上的內容會對他有用，但是他看到別人都不拿，他就已經認定這是一張毫無用處的傳單。這樣的現象在百貨商場的櫃檯前也可以看到，如果一個櫃檯前擠滿了人，那這個櫃檯前的人只會越來越多，就算是不買，顧客也會想要看看到底是什麼產品能夠吸引這麼多人的目光。

因此，許多業務員就根據顧客這種「從眾」的心理，來設計自己的推銷方案。我們聽說過世界著名的鋼琴家，聽說過世界著名的「鋼鐵大王」，在這裡還有一個世界著名的「尿布大王」，不要覺得這個名號很滑稽，事實上，不是誰都可以當得起這個名字，這個人就是多川博，他能夠使自己的公司的嬰兒專用尿布的年銷售額高達 70 億日元，並以 20% 速度遞增。

起初多川博創業時，是經營多種日用橡膠製品的綜合性企業。在一次偶然的機會，他發現日本每年出生約 250 萬嬰兒，如果每個嬰兒使用兩條尿布，那一年就需要 500 萬條，這是很大一個商機，於是多川博放棄了生產其他的用品，專門開始生產尿布。

然而當尿布生產出來卻完全沒有銷量，儘管他使用的是新科技、新材料，而且品質上乘；儘管公司花了大量的時間和金錢去做宣傳，依然未見成效。直到有一天，他走到街上，看見大家都在排著隊買東西，並且源源不斷得有新的人加入，看到此景他也忍不住加入到「瘋搶」的行列中去。在人群中被擠來擠去的瞬間，他想到了一個賣出自己尿布的方法。

第二天，他就讓自己公司的員工假扮成顧客，然後在公司的門面前排起了長長的隊伍。這個方法果然引起了路人的好奇，大家都紛紛詢問這裡在賣什麼。於是員工就借此向顧客介紹自己公司的尿布，當

然是站在顧客的角度上來介紹。沒過多久，就吸引來了很多真正的顧客。透過這一次的銷售，很多顧客開始逐步認可多川博的尿布，漸漸地，多川博的尿布在世界各地開始暢銷。

多川博就是運用的顧客的「從眾」心理，為自己的尿布打開了銷路。而這種「從眾」心理除了以上的表現，還有很多種表現形式，比如說許多公司利用明星來做代言、做廣告等，都屬於利用顧客的「從眾」心理，當一個人自己的判斷力不強時，就很容易依附他人的意見，譬如大眾的、朋友的、明星的、名人的。

百事可樂公司就經常請世界級明星做品牌的代言人，這樣，至少這位明星的追隨者都會購買百事可樂，當顧客手裡拿著瓶子上印有自己喜歡明星的肖像時，他們會感覺這是一種身份的象徵。就如同許多女士喜歡購買帶有設計師姓名的襯衫，男士喜歡購買皮帶上帶有鱷魚或是球星形象的心理，他們購買這些，都是因為這是明星穿過的品牌，是有保證的。

這樣的現象不管是在顧客的家中還是辦公室中，都會體現出來，業務員就可以根據這樣的現象看出顧客容易受到別人思維的影響。顧客之所以願意購買大家都買的東西，或是明星或名人使用的產品，完全是因為他們認為，大眾也好，還是明星、名人也好，他們都是聰明、敏銳而且有影響力的人，要是他們都願意購買的話，那麼顧客就會相信是物有所值的。因此，當業務員遭遇到了顧客冷淡的待遇，或是顧客對我們的公司並不瞭解時，利用「從眾」心理向他們推銷，是很有效的方法。

利用顧客的「從眾」心理能夠在很大程度上提高推銷的成功率，但是業務員絕對不能夠用來哄騙顧客購買，使用「從眾」心理的前提條件就是自己產品的品質絕對經得起顧客的考驗。

ψ 讓顧客「二選一」

當進行的交易的尾部時，業務員就應該提供出多種的選擇來讓顧客選擇。這種多種選擇的客觀效果就是把顧客的注意力從考慮該不該購買上，轉移到買甲還是買乙的思路上。

這種方法在推銷中很常見，是在假定顧客已經購買的基礎上，讓顧客在兩種方案中選擇一種。使用這種方法時，業務員通常會提出這樣的問題：

不知道您喜歡什麼顏色的呢？是粉色的還是藍色的？

我明天去拜訪您，您上午有時間還是下午有時間？

您想購買哪一款呢？A 款還是 B 款？

這樣，無論顧客選擇哪一種，都是對業務員有利的結果。但如果換成別的問法，就有可能讓自己的推銷在最後關頭失敗。比如：

您現在要購買這類產品嗎？

您現在能夠作出購買的決定嗎？

您對這種商品感興趣嗎？

類似這樣的問法，都是對業務員極為不利的，也許當時顧客已經有購買的傾向了，聽到這樣的問話，也會將降低他的購買欲，反而從想要購買轉換成「考慮考慮」。因此，要想要顧客沒有「考慮」地購買我們的產品，業務員就要在引導顧客購買時使用「二選一」的方法。這也是喬・吉拉德在推銷汽車的時候常用的方法。

一位男士始終在兩輛汽車之間猶豫，到底選擇哪一輛呢？要不還是等明天再做決定吧。他心裡這樣想著。喬・吉拉德站在一旁，看到顧客遲遲沒有做決定，於是問道：「先生，您是喜歡綠色的呢？還是喜歡藍色？」「嗯，我比較喜歡藍色。」顧客回答到。「那好，我們是今天把車給您送去呢？還是明天？」喬・吉拉德繼續問道。「既然

都決定了，那就明天給我送來吧！」就這樣，喬‧吉拉德又賣出了一輛汽車。

類似的問法還有很多，這種二選一的方法看似是把成交的主動權交給了顧客，實際上只是把成交的選擇權交給了顧客，而成交的主動權則掌握在業務員的手中。但是如果二選一的方案選擇不當，就會給顧客的心理造成壓力，使顧客喪失成交的信心。形成這樣局面的原因可能是業務員沒有掌握好詢問的時機，或是提出的方案是顧客不願意接受的。

一位打扮時尚的女士來到一個羊絨大衣的專賣店，準備挑選一件羊絨大衣參加一個聚會。這時，櫃姐走上前去，手裡還拿著兩件大衣，一件是紫色的，一件是綠色的，然後對那位女士說道：「小姐，您看這兩件怎麼樣？紫色是今年的流行色，而綠色則看上去會讓您很年輕。」這位女士看了看業務員說：「這兩件的顏色我都不喜歡，而且我看起來很老嗎？」說完，就走了。其實這位小姐一進門就喜歡上了那件紅色的，只是她也覺得紫色的很好看。正當他猶豫之際，業務員說出了讓她很惱火的話。

可見，在使用二選一這種方法的時候，要看準時機，並且要在瞭解顧客想法的情況下才可以使用，而不是生搬硬套地使用這種方法，這樣很容易引起顧客的不愉快。再或者，有的業務員提供的方案比較多，就會影響顧客的選擇，更加拿不定主意，這樣業務員就失去了成交的主動權，浪費了推銷時間，錯過了成交的時機。因此，在使用二選一的方法時，應該先進行一些假設，當這些假設成立時，才可以使用讓顧客二選一的方法。

1. 假設顧客已經具備了購買某種產品的信心；
2. 假設顧客已經接受的了推銷建議；

3. 假設顧客已經決定購買，只是在關於產品的其他方面有所考慮。

當顧客不能作出明確的選擇時，他是需要時間考慮的，這時候，業務員適時地提出二選一的問題，會讓顧客儘快作出選擇。

ψ 讓顧客親身參與

如果你認為推銷活動只是業務員的一個人的事情，那就錯了，如果只需要業務員一個人，那充其量只是一場「獨角戲」，而缺少了推銷活動的主角，那就是顧客。

這是很多業務員都忽略的一點，造成了在許多顧客眼中，業務員就是口沫橫飛、誇誇其談的形象，顧客似乎已經習慣了只聽業務員不停地介紹，而忘記了自己才是推銷活動的主角。如果業務員不在顧客面前賣力的推銷，而是把主動權交給顧客，讓他們親身體驗，顧客一定會感到經驗，而我們要做的，就是讓顧客感到驚訝，這樣才能在他們心中留下深刻的印象。

當業務員再次在顧客面前做推銷活動時，不妨把顧客也邀請進來，或許他們開始的時候會感覺到羞澀，但是在顧客內心來講，他們還是很願意加入到這樣的活動中，正如著名的電影以及電視喜劇演員吉米‧杜蘭所說的那樣「每個人都想湊一腳。」確實是這樣，尤其是對於我們感興趣的事情，我們更願意親自去試一試。

而且，讓顧客親身參與對業務員來說是一件好事，因為顧客參與操作示範的時間越長，在他下決定之前，對產品的擁有感便會越濃厚。通常情況下，顧客一經學會一定的使用操作技巧後，使用越熟練，就越想永久地使用，也就越可能達成交易。在推銷中，業務員僅僅靠著向顧客介紹產品的外觀、功能等是不行的，如果能讓顧客一邊操作一

遍講解產品的功能，那所達到的效果一定不同。譬如買房，僅僅是聽業務員講解房子的構造多麼實用，周邊的環境多麼優美，是不能促使顧客作出購買決定的，只有讓顧客站在房子中，一邊讓他親眼看到，一邊講解，若是再讓他坐在大陽臺上曬曬太陽，看看四周的美景，相信不用業務員多麼費勁兒地介紹，他都會從心裡想成為這所房子的主人。

每一個優秀的業務員都善於運用各種感覺來刺激顧客，不但要讓顧客「看到」，還要讓顧客「聽到」、「聞到」、「嘗到」、「感覺到」，喬‧吉拉德就很擅長用產品的味道來吸引顧客，他一再地強調，一定要讓顧客親身嘗試，喬‧吉拉德這樣力薦的方法，一定是對我們的推銷搞活動十分有利的。因此，在今後的推銷活動中，業務員就要把「主角」的位置讓給顧客，而自己就站在顧客的身邊加以指導和說明就可以了。

譬如，當顧客選購汽車的時候，讓顧客自己打開車門坐進車裡，讓他按一按喇叭，聽一聽引擎的聲音，總之是設身處地地讓顧客感覺到汽車的性能。只有讓顧客親自動手，他們才會有最真實的感受，才會掌握第一手資料，這樣要比業務員自己表演而讓顧客當觀眾效果好得多。為了說明這一觀點，喬‧吉拉德還舉過這樣一個例子，在一個傢俱銷售店裡，業務員對前來購買傢俱的女士說：「太太，您可以把這張沙發床打開，就像是它現在擺在您的家裡。」女士照著做之後，卻沒有任何反應，於是業務員繼續問道：「怎麼樣？太太，有什麼感覺？」「很簡單，不費任何力氣，下次家裡再來客人的時候我就不必擔心了。」顧客作出這樣的回答，很顯然這個沙發在她的意識裡已經是她的了，那麼業務員還需要說什麼呢？直接簽下訂單就可以了。這可以說是顧客自己把沙發推銷給自己，而達到這種效果的原因就是，

整個過程是顧客自己來操作的。

　　除了讓顧客自己親身參與，業務員還可以利用讓顧客跟著自己動，比如大聲的朗讀、或者扮演一個示範的角色、或者是做一些測試等，只要能夠讓顧客有所參與，就能夠引起他們對產品的關注，也就能夠引領著他們向購買的方向前進。

　　然而有些產品是顧客不能親身參與的，比如一些旅行社所做的旅展，不可能讓顧客親自去繞行一圈回來後，在決定要不要參加旅行社的旅行團。這時候，業務員就可以透過自己的語言描述，挑起顧客的想像力，讓他們即便是坐在旅行社的辦公室中，也能夠感覺到我們的所說的美景。這就需要業務員的敘述能力特別強，才能夠讓顧客的「思想」參與進來。

　　讓顧客參與到業務員的推銷活動中，讓他們真真切切地看到、觸摸到，讓他們產生質感，他們才會有真實的感覺，從而信任我們的產品，信任我們的推銷。

第十章 促進交易

——快速成交背後 N 個祕密

ψ 緊緊抓住有決定權的人

在推銷活動中，業務員要善於「找對人，辦對事」，為什麼這樣說呢？因為如果不能到具有決策權的關鍵人物，那麼我們的努力起不到任何作用。

業務員常常有這樣的經歷：一對夫妻來買東西，妻子對產品表現出極大的興趣，而一旁的丈夫始終沉默不語。在業務員看來，妻子應該是做決定的人，因為她對產品比較關心，於是業務員把所有的功夫都用在了說服妻子上，結果在即將要成交的時候，丈夫的一句「不買」，使整個交易宣告失敗。出現這樣情況的原因，就在於業務員沒有找到具有決策權的人。

在銷售中，業務員往往會遇到一家人一起出來買東西的情況，這時候，就需要業務員找出誰是真正當家作主的人，誰更有決策權，只要能夠說服他，那麼其他的人就不會存在異議。因此，業務員要善於從顧客的言談舉止中，判斷出誰是具有決策權的關鍵人物。每一個成功成交的案例中，都是業務員在最初能夠十分準確地判斷出最終決定購買的人，才最終取得了成功。但是擁有決策權的人並不是很容易就看出來的，就算是喬‧吉拉德也在這方面犯過錯誤。

那次，喬‧吉拉德去拜訪一位客戶，據喬‧吉拉德的瞭解，這個客戶沒有固定的女朋友，所以他認為這個客戶本身就是唯一的決策者，沒有人能夠左右他的選擇。但是最後的結果卻是，這位客戶向另外一

個汽車業務員購買了汽車。原因就在於，喬・吉拉德找錯了推銷的對象，雖然這個客戶沒有固定的女朋友，但是仍然有一位女性可以左右他的選擇，這個女性就是他的母親，這個客戶都是透過他的母親來打點一切的，通常他穿什麼顏色的衣服都會詢問他的母親。

透過這次教訓，在今後的推銷中，喬・吉拉德更加認為找對推銷對象是一件重要的事情，根據他的分析，他發現一般情況下，具有決策權的人其觀點都是比較明確的，對要選購的產品有著積極的態度，會率先發表意見，並提出要求；而另一方則多是附和、順從，很少發表意見。當然這只是最常見的情況，還有的情況是兩個人一起商量，這時候就需要業務員二者兼顧了。在業務員判斷誰是最終決策者的時候，可以從以下兩個角度出發。

1. 直接和業務員說：「我說了不算。」

如果業務員聽到顧客這樣說，就認為這個不是最終的決策者，這就錯了。不見得顧客自己說他不是決策者，他就真的不是，在顧客直言自己不是決策者的情況下，通常可以分為兩種狀況：一種就是他的真的不是，那麼，我們就可以把重點轉移到他的同伴身上；另外一種就是，為了避免業務員的糾纏，他謊稱自己不是。這兩種情況不是立刻就可以分辨出來的，這就需要業務員仔細留意顧客之間的談話，從而判斷出到底是屬於哪種狀況。

如果這種情況發生在業務員拜訪客戶的時候，就需要業務員詢問一些問題來尋找誰是真正的決策者了。一般情況下，真正沒有決策權的人都會說出負責人的名字或是頭銜；如果被詢問者說不出具體的名字或是頭銜，則表明他們很有可能就是真正的決策者。

2. 態度不明確的顧客

有的顧客不會直接說出自己是不是決策者，他們的態度是模棱兩

可的，這就需要業務員在推銷的過程中認真的觀察了。

通常情況下，對問題的核心問題比較關注，會問一些比較細節的問題，如：送貨方式、付款細則等等問題的顧客，很可能就是購買的決策者，就算他們不是真正的決策者，至少他們的意見可以在相當程度上影響決策者。

同時，他們態度的不確定，也說明他們還有疑慮的地方，業務員若能知道問題的所在，並且把問題解決了，就能夠促成交易的成功。

找對人遠比找一堆人要重要得多，對於業務員來說，推銷的時間是很有限的，所以沒有時間讓我們浪費在沒有決策權的人的身上，想要成為專業的業務員就要善於從一堆人中，找到具有決策權的人，就如羅伯特·馬格南所說：「如果你想把東西賣出去，就得去和那些有購買決策權的人進行談判，否則，你就會徒勞無功。」

ψ 克服成交的心理障礙

阻止業務員與客戶成交的原因有很多，其中最直接的就是業務員自身的心理障礙，這些障礙往往阻礙了業務員的推銷熱情，甚至沒有勇氣提出成交。

成交是推銷活動中最重要的環節，可以說是勝敗在此一搏了，因此，許多業務員都對成交有一種恐懼感，既想要促成交易的成功，又害怕在即將要成交的那一刻功虧一簣。在這種不自信的心理作用下，他們會密切觀察顧客的一舉一動，但就是不敢主動提出成交，唯恐因此而引起顧客的不滿，從而丟掉訂單。通常情況下，影響業務員成交心理的因素有以下幾點：

1. 懷疑自己

失敗的業務員和成功的業務員的區別在於，對待同一個問題，失

敗的業務員會問自己：「我做錯了什麼？」而成功的業務員卻會問：「我做對了什麼？」雖然只有兩個字之差，卻在心理上相差幾萬里。前者是一種消極的心態，自卑的表現，而後者是積極的心態，自信的表現。在推銷中，要自信，就能夠促成交易的成功，要自卑，成功在我們面前就會繞道而行。

每個人都會或多或少的犯一些錯誤，錯誤是說明我們認識到自己不足之處，進而努力去改進自己的，而不是讓我們對自己的能力有所懷疑的。因此，我們要克服自我懷疑，每當我們開始懷疑自己的時候，就要去做和所懷疑的相反的事情，比如我們懷疑自己做不到，因此就不願意去做，但是我們要克服自我懷疑，就要去做，以此來證明我們可以做到，這樣對自己的懷疑，也就不攻自破了。

2. 害怕拒絕

因為害怕來自顧客的拒絕，所以就不去嘗試嘗試，這是許多業務員都具備的成交心理障礙。在推銷活動中，勇氣和信心是成交的首要心理條件，沒有必勝的成交信心和成交勇氣，就無法促成交易。在推銷中，也許談判過 10 次，才能換來一次的交易，因此，沒有面對拒絕的勇氣，就沒法成為成功的業務員。我們應該認識到，即使是被拒絕了，我們還是有無數次機會來促成成交的，努力去面對我們害怕的事情，只要成功一次，那種恐懼就會煙消雲散。

3. 業務員具有職業自卑感

這種原因的產生主要來源與社會的成見，其實，推銷是一個值得我們驕傲的職業，因為我們不但透過自己的努力給公司增加了收入，還說明顧客買到他們需要的產品，這樣的職業，是沒有任何自卑可言的。

人壽保險學會經過深入調查之後得出，許多業務員成交失敗的原

因是因為他們認為自己的工作是低微的，業務員之所以會這樣認為，完全是因為他們沒有真正認識到自己工作的實質，如果我們看到我們的產品給顧客帶來的方便時，我們就不會再對我們的工作感到自卑了。

為了能夠克服這種自卑感，業務員應該認真學習現代推銷學基本理論和基本技術，提高職業思想認識水準，加強職業修養，培養職業自豪感和自信心，這些都能很好的克服職業自卑感。

4. 總是等待顧客先開口

業務員通常習慣等待顧客先開口說成交，認為只要顧客想要購買，就會主動提出成交，其實這是一種十分錯誤的認識，也是業務員一種嚴重的成交心理障礙。事實上，大部分的顧客在購買產品的時候都是採取被動的態度的，因此，業務員應該化被動為主動，主動提出成交，積極促成交易。

5. 對成交期望過高

這種心理障礙和害怕拒絕的心理障礙是兩種相反的障礙，這種是因為太過相信自己能夠成交而導致了心理壓力過大，從而對交易的過程造成影響，破壞良好的成交氣氛，引起顧客的反感。

6. 害怕沉默

在業務員做完介紹工作後，最怕的就是顧客的沉默，這會讓業務員不知所措，不知道自己應該繼續說點什麼，還是靜靜等待顧客「判決」，在他們的心裡，早已經認定顧客的沉默是正在為自己不想購買產品而找理由。這樣的推斷未免有點太主觀了，其實在推銷過程中，適當的沉默是正常的，因為顧客也需要時間來思考，這個時候業務員能做的就是懷著積極的心態等待顧客的結果，或是在一段之後，詢問顧客還有什麼地方是他想要瞭解的。因此，不要再害怕沉默，那不見得是「暴風雨來臨之前的平靜」。

7. 對產品的不自信

在業務員的心裡，自己推銷的產品是存在缺陷的，並且他們認為競爭對手的產品要比自己的好，害怕顧客發現產品的不足之處，因此遲遲不敢提出成交。其實，在顧客看來，沒有十全十美的產品，只要是適合自己的，就是完美的產品，因此業務員要始終堅信自己的產品，就是最適合顧客的產品。

透過對這些心理障礙的分析，業務員就應該在推銷過程中努力的克服。如果在成交的時候遇到了問題，喬・吉拉德在這裡提供了 4 種解決的方法，可以幫助我們解決那些問題，這樣我們就不必在對成交懷有心理障礙了：

1 將反對的意見當成是顧客在徵詢更多的訊息；

2 就算是反對的意見，也要去讚美一番；

3 傾聽顧客說話，這將為我們帶來顧客的信任；

4. 問顧客反對的原因。

克服了心理障礙，就搬走了我們成交路上的絆腳石，使我們能夠更順利地促成交易的成功。

ψ 促成成交的其他辦法

促成成交的方法是多種多樣的，只要業務員能夠掌握並熟練的運用，就能夠攻克許多成交過程中出現的堡壘。

下面提供幾種常見的促成成交的方法：

一，設想成交法

設想成交法就是業務員只管設想推銷成功，顧客除了購買我們的產品，沒有別的選擇。這種技巧只要我們運用的恰到好處，交易的成功應該不成問題。

喬·吉拉德說：「在美國，業務員在設想成功的時候，都會說這樣一句話『您想付現金、支票還是信用卡？』」而說這話的時候，顧客並沒有表示自己將要購買，然後說這句話的結果卻是顧客在不知不覺中就簽下了訂單，這不得不說是一種極為神奇成交方法。

首先，業務員根本就沒有想過顧客會不接受的產品，因而他們就沒有必要去請求顧客作出決定，他們只會想顧客正在購買。在這樣的心理影響下，顧客通常都會在最後作出購買的決定。但有點需要注意的就是，提問的時候要忽略不買的可能性，而且不能冒犯、激怒顧客。問題既簡單又直接，它的作用就是讓顧客只能提供同意購買的答案。

二，請求成交法

當顧客已經作出購買決定，但是卻沒有表達出來時，業務員就可以使用請求成交法，這是促成成交的方法中最常用的方法。

使用請求成交法能夠直接快速促成交易，在節省推銷時間的同時，還提高了業務員的工作效率。但是這個方法有一定局限性，如果運用的時機不正確就會造成相反的結果，因此，在使用請求成交法時，要注意以下兩點：一是抓準時機，積極提示，主動出擊；另一種是請求成交不是乞求成交，切忌業務員強行要求顧客成交，業務員要保持坦誠的態度，同時不要失去自己的尊嚴。

在使用這種方法的時候，要力求自己請求表達自然，時機適宜。

三，「因小失大」推理式成交法

這種方法是利用顧客害怕犯錯誤的心理，強調如果顧客不做購買決定，是一個很大的錯誤，雖然有時候只是一個小錯誤，或者是根本沒有錯誤，但是業務員需要用這種方法來刺激顧客的購買慾望。同時，在運用這種方法的同時，要是自己所說的「錯誤」是合情合理的，能夠引起顧客的信任。這種成交技巧在推銷保險或屋頂維修、設備維修

等服務專案時尤其有效果。

利用這種方法通常都會讓顧客面臨著兩種選擇，一種可以得到潛在的利益，而另一種是如果不夠買的話，就暗示著會承擔很大的風險。通常情況下，顧客為了避免風險的形成，都會爽快地同意成交。

四，保證成交法

當顧客所購買的產品單價過高，需要繳納的金額比較大，所承擔的風險也比較高時，就會引起顧客對產品的一些擔憂，這些往往都會影響顧客做購買決定。因此，在這個時候，就需要業務員儘快對自己的服務作出保證。譬如，顧客購買的是一輛汽車，業務員就可以保證說：「您請放心，無論您的車什麼時候出現問題都可以來找我，我一定讓您得到最周到的服務。換言之，我們汽車的品質絕對信得過，如果您正常使用，就不會出現任何問題。」

五，妥協式成交法

在推銷活動中，成交的失敗往往都是因為交易雙方誰也不肯作出讓步。當除價格外所有別的異議都已經被排除了，而顧客仍然不肯購買的話，喬‧吉拉德建議業務員可以做一些妥協讓步以促成成交。喬‧吉拉德認為運用這種技巧需要業務員懂得「有一點總比沒有好」的道理，更重要的是如果我們贏得了第一次的交易成功，就可能迎來以後的多次成功。

六，法蘭克林式成交法

班傑明‧法蘭克林是喬‧吉拉德最欣賞的業務員，他有一個經典的促成成交的方法就是：拿出一張白紙，在正中間畫一條直線，將白紙一分為二，每當顧客說出一個理由，如果是贊成購買的理由，就寫在左邊，如果是反對購買的理由，就寫在右邊，然後幫助顧客做對比，對比的結果往往都是贊成購買的理由多過反對購買的理由。

運用這種技巧的需要的是「贊成」這一欄中的內容在數量上就能超過「反對」那一欄的反對意見。當然，沒有何一個稍具常識的業務員會主動說出一些規勸顧客停止購買的反面理由。

七，局部成交法

這種成交法是透過減輕顧客的心理壓力來促成成交的方法，當顧客在面臨重大的購買決策時，都會產生比較大的心理壓力，而面對小的成交問題時，則不會存在心理壓力。因此，業務員就可以可利用顧客的這種心理，在面對成交的時候，直接提一些較小的成交問題，先局部成交，繼而整體成交，最後達成協議。

八，激將法

通常顧客都是比較好面子的，他們會找各種理由來拒絕成交，都是為了維護自己的面子，而這也恰恰為業務員提供了一個可乘之機。

顧客雖然怕花錢，但是他們更愛自己面子，對於一些十分注重面子的顧客而言，就也可以使用激將法促成成交。譬如，面對顧客提出異議時，業務員就可以說：「您所說的那款車早已經過時了，現在的人們都喜歡這款的，既時尚又實用，真心喜歡的顧客是不會在乎它的價格的。相信您也覺得這部車不錯，看樣子您也不像買不起的人。」為了維護自己的面子，通常顧客都會作出購買決定。

但是這種辦法不是對誰都可以使用，業務員在使用的時候，要慎重考慮，否則可能會激怒顧客。

九，來之不易式成交法

人們往往對不容易得到的東西格外的珍惜，每個人都希望能夠擁有其他人所沒有的東西，喬・吉拉德稱此為人類的自私和貪婪。

業務員在運用這種技巧時，不會問顧客：「您想買嗎？」他們會直接問對方有沒有條件，夠不夠資格買。這樣的問法會讓顧客的腦子

裡塞滿了能否買得起，是否有資格買的問題！一旦處理得當，顧客就會忘記自己在做出一個本可不做的購買決定。

業務員若能夠靈活地使用這些辦法，就能夠在成交的重要關頭，博得最後的勝利。

ψ 時刻提醒自己不要急於求成

在推銷中，業務員都恨不得顧客一進門就與自己交易成功，而這基本上是不可能的，不管什麼商品，顧客都擁有考慮的權利。而業務員如果表現出過於急切的樣子，就可能會導致自己的交易失敗。

推銷是一項需要耐心的工作，而急於求成則無法促使自己成功。每一個人的時間都很寶貴，但這並不能成為業務員急於求成的理由，如果因為急於成交而造成了交易的失敗，那樣才是對時間的浪費。有經驗的業務員都知道，促使一場交易失敗最簡單有效的方法，就是在成交的時候表現出急切。與其在相同的時間內和幾個顧客達到熟悉的程度，還不如在同樣的時間內，認真對待每一位顧客，最終達成交易的形成。對此，喬‧吉拉德深有體會。

當顧客的話語開始逐漸變少時，就說明顧客對產品的興趣也正在減少。通常在這種情況下，業務員會認為，如果自己再不說些什麼的話，顧客就會對產品完全失去興趣了。其實大可不必如此，在此之前的介紹相信顧客已經認真聽過了，如果這些不能引起他的興趣，那麼再做再多的補充介紹，也無法達到我們希望的效果。

每當喬‧吉拉德遇到這樣的情況，他就不會再繼續介紹下去，而是會向後退一點，轉而問顧客一些和產品看似無關的問題。例如，如果顧客的年齡看起來和他差不多，他就會拿起一邊的嬰兒椅問顧客：「孩子多大了？」一般情況下，孩子都是顧客的軟肋，這時候，顧客

就會拿出孩子的照片給喬‧吉拉德看，喬‧吉拉德會一邊仔細端詳照片裡面並不可愛的小孩兒，甚至看起來還不如自己的孩子一半可愛，一邊對發出對孩子的稱讚，「多麼可愛的寶寶，您真是太有福氣了。」這樣的恭維通常都會讓顧客感到很高興，之前的防備心理就會放鬆下來。而這正是喬‧吉拉德再次「進攻」的好時機。

當然，在這個時候，喬‧吉拉德絕對不會和對方談起自己的家庭，除非顧客有所要求，否則他絕對不會蠢到在顧客的面前誇耀自己的孩子有多麼可愛，這樣會讓顧客認為他是在企圖凌駕於自己之上，對放鬆顧客的防備心理是沒有任何好處的。

我們可以根據喬‧吉拉德的經驗，在顧客作出沉默的時候，試著去做一些能夠引起顧客興趣的事情，這樣的事情是很多的，只要業務員能夠細心的觀察到。每一個來買車的顧客基本上都是開著現有汽車的，這就是我們獲得資訊的主要的地方，在顧客的車子裡我們常常能夠看出的他的興趣愛好等一些基本情況。譬如顧客的車子裡面有魚竿，那就說明顧客也許喜歡釣魚，因此我們就可以談論一些釣魚上的話題，然後再轉到我們車子上面。當然，除了車子以外，就算銷售其它的產品，也是能夠在顧客身上發現其他資訊的，只要我們能夠用心去觀察，萬不可因為急於成交而嚇跑了顧客。

這裡，喬‧吉拉德為業務員總結了一些在成交過程中應該注意的事項，來避免業務員的急於求成：

1. 與顧客的溝通要有耐心

最初與顧客接觸時，可以說一些比較廣泛的話題，目的是為了引起顧客的注意。而當談判進入成交的階段時，就要全力製造氣氛迫使對方購買，這時候就需要業務員有足夠的耐心。

通常造成業務員對成交沒有耐心的原因有：主動放棄，在沒有成

交之前，業務員在心裡就認定顧客不會購買，因此不等顧客拒絕，他們就已經自動放棄爭取成交的權利了，顧客買與不買，就聽天由命了；本身缺乏耐心，有的業務員自身就缺少耐心，因此面臨成交的時候，若顧客遲遲不做決定，就會讓他們失去耐心；為了節省時間，每個業務員都應該意識到，顧客的思考階段並不是再浪費我們的時間，而是在為我們的說服工作提供機會。

2. 不要慌張

業務員表現出慌張、性急等都會使即將到手的買賣功虧一簣。

3. 小心樂極生悲

當顧客決定購買後，業務員一定很高興，但是這種情緒不應該表現在臉上，以免顧客會對此產生懷疑。

4. 不要急於降價

業務員往往會為了儘快促成交易，而急於降價，甚至在顧客還沒有提出價格異議的時候自己就主動提出了。這樣的行為顧客不但不會因此而感激我們，反而還可能認為我們之前為產品塑造的價值是假的，產品的價格依然存在著下降空間。因此，在成交的緊要關頭，不要主動提出降價。

5. 成交後，不要急於離開

成交過後並不意味著我們可以儘快離開了，也不是說我們可以坐下來和顧客促膝長談了，只是成交之後，我們還需要和顧客承諾一些售後服務的事情，或者祝福顧客一些使用的方法等等，一定要讓顧客達到十分滿意的時候，才能離開。這不是一項多餘的舉動，而是為再一交易留下好印象。

缺乏耐心、急於銷售的業務員，往往都是銷售業績不好的業務員，尤其是在成交的緊要關頭，更加不能急於求成，讓顧客享受一個完美

的服務，相信下一次他還會光顧我們。

ψ 學會識別成交訊號

在推銷中，要促成交易的成功，首先應捕捉住成交的時機。成交的時機是非常難把握的，太早了會引起顧客的反感，造成交易的失敗；太晚了則導致顧客失去了購買的慾望。

很多人都認為喬·吉拉德有什麼魔法能夠保證成交，而事實上，他和普通的業務員沒有什麼區別，在鑑別成交訊號上，他也沒有特別的過人之處，並不像許多業務員所想的那樣，他具有與生俱來的推銷天賦，可以讀懂顧客的成交訊號。有很多天賦是可以與生俱來的，比如音樂、繪畫等，但是喬·吉拉德認為沒有人生下來就具備讀懂購買訊號的天賦，就像沒有人註定是一名牙醫、律師或者是政治家一樣。識別購買訊號完全是一種後天培養的技能，在培養這種技能時，喬·吉拉德提醒每一位業務員首先就要做到，不存有任何偏見。

業務員常常會根據一個人的裝扮、工作、信仰等來判斷顧客，而這樣往往都會造成一些誤會，就如喬·吉拉德所說：「當一位顧客既有錢又有購買意願的時候，他的祖先是誰，他的膚色是黑是白，他的宗教信仰是什麼都無關緊要」不要單純地認為會計師就是性格多疑而保守，只對產品貴賤感興趣；醫生就是自以為是，喜歡受人崇敬，善於思考，不喜歡在自身領域之外做決定。這樣的判斷都會在交易中使我們對顧客存在偏見，導致我們作出錯誤的判斷。

當一個衣著華麗、珠光寶氣的顧客走進汽車展銷大廳時，喬·吉拉德就會想這個顧客可能喜歡買那種刺激、新潮的車；如果在顧客的辦公桌上看見一些小玩意兒的話，他就會想這個顧客可能喜歡一輛掛有藝術品的車；不管是什麼，顧客身邊的一些事物總會向我們傳達一

些資訊，而這些資訊僅僅是只能放在心底隱約的預想，而不是我們先入為主的觀念，不能夠影響我們的推銷活動。這些資訊只能在我們和顧客充分交流了以後，對顧客有一些瞭解之後，在來判斷我們的這些資訊是否正確，是否能夠用來判斷購買資訊。

同時，喬・吉拉德再次提醒每一位業務員，顧客的每一種表情和動作都有一種潛在的含義，一定要密切觀察那些明顯的生理變化，業務員一定能夠從人們的購買習慣中發現一些有價值的訊號。譬如，當我們推銷食品的時候，看到顧客不住地咽口水，這就很好的說明了顧客對我們的產品感興趣。這屬於比較明顯的訊號，但通常情況下，購買的訊號都是卻是微妙的、不可言傳只可意會的。

大多數情況下，購買訊號的外表都罩著一層假像，很容易給人以誤導。如果這時業務員依舊不願意放棄自己的成見，則可能最終誤解更多的人，可能發現自己老是出錯。畢竟，我們只是業務員，而不是心理研究師。一個業務員在邀請喬・吉拉德觀看他推銷的過程，喬・吉拉德發現，那個業務員就犯了這樣的錯誤。

在他推銷的整個過程，喬・吉拉德一直站在一邊，靜靜地觀察著。當顧客開始詢問價錢時，業務員如實說出了價錢，顧客聽後就拿出了一個筆記本和一個計算機，然後就開始在紙上進行計算。看到這種情形，那位業務員變得有些緊張而猶豫，說起話來也是拐彎抹角。等到顧客離開後，他向喬・吉拉德抱怨道：「你看他做了什麼？我一看就知道他不是誠心來買東西的，他只是隨便看看，我打賭他會逛遍這裡的每一個車行，然後找出最便宜的在做決定。」

而喬・吉拉德卻不是這樣認為，至於顧客為什麼要拿出計算機，這不必要去研究。但至少有一點是可以肯定的，就是顧客拿出計算機來計算，說明了這輛車在他的考慮範圍之內，不然他不會費神記下所

有的資料。因此，喬‧吉拉德告訴那位業務員，在判斷購買訊號的時候，要保持克制和謹慎，不要自以為是地去判斷。在此，喬‧吉拉德將顧客成交的訊號分為語言訊號、行為訊號和表情訊號三種：

第一種，表情訊號。

顧客的表情是很微妙的成交訊號，常常稍縱即逝，因此需要業務員仔細地辨別。在所有的表情訊號中，眼神是最能夠直接透露購買資訊的。若是商品非常具有吸引力，顧客的眼中就會顯現出渴望的光彩。除了眼神之外，還有一些表情能夠體現出成交的訊號，例如：

嘴唇開始抿緊，好像在品味什麼或者嘴角微翹；

神色活躍起來；

態度更加友好；

之前造作的微笑變成自然的笑容；

眉頭不再緊鎖，眉毛上揚。

第二種，語言訊號。

大多數情況下，顧客在商談的過程中，是透過語言來表現成交訊號，這也是購買訊號中最直接、最明確的表現形式，也比較便於業務員觀察。

當顧客為了一些細節問題不斷地詢問業務員時，這種刨根問底的心態，其實就是一種購買訊號；或者問一些送貨時間、現金折扣等等，都可以看作是成交的訊號；當顧客的由堅定的口吻轉為商量的口吻時，就是購買的訊號；或者是由懷疑的語氣轉換成驚歎的語氣，也是購買的訊號。歸納起來，可以分為以下幾種情況：

請教產品的使用方法；

提出一個更直接的異議；

打聽關於產品的詳細情況；

說一些參與意見；

給予一定程度的肯定或是贊同；

提出一個新的購買問題。

以上情況的發生，就說明顧客已經不在考慮是否購買的範圍內了，而是已經準備購買了，所以業務員不能錯過這個機會。應當注意的是，在語言訊號中，顧客很可能會提出一些反對的意見，但是反對的意見也有兩面性，一些是成交的訊號，一些就不是，這需要業務員根據自己的經驗加以判斷。

第三種，行為訊號

當顧客表現出一些積極的動作時，比如很快地接過宣傳手冊，並認真地看，就是準備購買的訊號；反之，表現出防備的動作時，比如雙手抱胸，離業務員距離較遠等，就是無效的銷售反應。具體的可以分為以下幾類；

顧客點頭表示贊許；

用手接觸訂單；

再次查看樣品、說明說、廣告等；

身體比較放鬆；

身體向前傾，靠近業務員。

這些動作都能體現出顧客「基本接受」的態度，可以視為準備購買的訊號。

最後，喬‧吉拉德提醒每一位業務員，這些只能作為參考資料，業務員還是要根據具體的情況加以靈活的運用，這樣才能成為優秀的業務員。

ψ 製造緊迫感促使顧客成交

如果一個救生艇的業務員在一艘輪船就要沉默之際，向他們船長推銷救生艇，那麼船長一定會毫不猶豫地買下所有的救生艇。然而，業務員能夠在生死關頭向顧客推銷產品的機會簡直是太少了，但是業務員卻可以利用顧客緊張的心理來促成交易的形成。

有的時候，顧客明明很喜歡我們的產品，但就是遲遲不肯下定決心購買，而我們又不知道顧客的顧慮到底在什麼地方，也許是因為他們還想到別的地方看看還有沒有更便宜的，也許是怕上當而猶豫不決。這個時候，就需要業務員做點什麼來為他們提供購買的理由了。譬如，我們可以說存貨不多，要抓緊購買，這樣的話語往往可以引起顧客購買的決心。

也許有的業務員會認為在推銷中給顧客施加壓力，是一種不受顧客歡迎的方法，但是面對顧客的猶豫，如果不讓他們儘快購買的話，交易很可能就在顧客的考慮中失敗，而我們又錯過一個可以成交的機會。適當的給顧客一點緊迫感，只是利用人們「機不可失，失不再來」的心態，來說服他們，並不是在強迫顧客購買。事實上，從顧客內心而言，他們也希望業務員能夠在他們拿不定注意的時候幫助他們下決心。

如果業務員在這個時候，不能作出一些舉動來幫助他們下決心購買，他們可能永遠也無法說服自己購買。尤其是像保險之類的產品，業務員一定要在事故事發生之前推銷給顧客，如果僅僅是因為顧客的猶豫，業務員就放棄了推銷，那麼在事故來臨之後，即便是顧客知道了購買的好處，也無濟於事了。因此，只要我們能夠讓顧客產生強烈的購買慾望，我們的也就會越來越好。喬．吉拉德在製造緊迫感，促使顧客的購買的時候，常常會用到以下方法：

1. 限時報價

我們經常可以在超市看到這樣的情景：新鮮水果限時低價搶購，在這標有這樣廣告的櫃檯前，顧客總是特別多；或者在一些節假日，有的商店會搞一些促銷活動，在節日期間打折銷售；還有的商店會打出「最後三天跳樓大拍賣」之類廣告……在這樣的櫃檯前或是商店裡，總是擠滿顧客；還有現在比較流行的網站購物，經常會舉行一些限時搶購的活動，在限時搶購的時段中，伺服器都會特別繁忙。這樣的限時報價，不但不會給顧客造成心理上的壓抑感，反而還會促使顧客儘快地購買。

這種推銷方法一直被譽為推銷絕招，在推銷界被很廣泛的應用。氣流公司的董事會主席韋德‧湯普森和總裁萊里‧哈托曾做過這樣一個廣告，凡是在他們公司購買最新款汽車的消費者將得到 1.5 萬美元的儲蓄公債，但是領取公債的時間有一定的限制。此廣告一經播出，立刻引來了大批的顧客，儘管最後大家知道這筆公債要在十年後才能兌付，但是絲毫沒有影響顧客購買的熱潮，很多人都想趕在報價結束之前購買汽車。

2. 競價出售

對於業務員來說，競價銷售是一種製造緊迫感的理想方式，業務員基本不必費什麼口舌，只要報出最低價，然後任由顧客之間去競爭，然後業務員選出報價最高的顧客來成交。但這種辦法有一定的局限性，不是所有的商品都能透過競價來出售的。尤其是一些市場上比較常見的產品，無論在什麼地方都能夠找到同類的競爭產品，在這種情況下使用競價銷售，最後的結果往往是把顧客「送」給了競爭對手。

如果是銷售限量版的轎車、地段非常好的樓盤或者是古董之類的產品，可以利用這種方法。

3. 在漲價之前購買

在許多生意中，產品的價格並不是一成不變的，很多產品都會隨著市場的變化在價格上有一定浮動。比如樓市，近幾年一直呈上升的趨勢，業務員在推銷的時候就可以利用這一點來製造緊迫感，如果現在不購買，恐怕過段時間就要漲價了。當然，在利用這一點時，業務員一定要明確自己的產品是有升值空間的，否則就成了欺騙顧客。雖然不見得會真的漲價，但是顧客聽到這樣的勸告之後，不會考慮我們說的是否是真實的，因為在他們眼中，我們就是專業的人士，因此，他們只會考慮，如果現在不買，萬一真的漲價了怎麼辦？

然而正是這種「不怕一萬，只怕萬一」的心理，成為了業務員加以利用的有利工具。通常情況下，在顧客覺得產品價格高時，這樣的壓迫感都會令消費者立即做下決定。

4. 「我並不想強迫您」

通常業務員在說出這句話的時候，內心的想法就是希望對方儘快購買，這樣說似乎表面上沒有在逼迫顧客，但是顧客聽在心裡反而會因為我們沒有逼迫他們而更加緊張，他們會認為業務員這樣說是出於尊重他們的選擇，這種尊重往往會令顧客很愉快地下決心購買。

喬‧吉拉德經常會對顧客說：「您沒發現我和其他的業務員不同嗎？」顧客聽了常常都會好奇地問道：「是嗎？那裡不同？」「您沒發現我沒有強迫您購買嗎？因為我並不需要靠這個來養家活口。尤其是像您這樣的顧客已經認識到了產品的優點，您根本沒有理由不買。」聽到這裡，顧客只會順著喬‧吉拉德的話說下去：「是的，很棒的車，我非常喜歡。」「所以我根本沒當自己的是業務員，我把自己當成您的祕書在為您服務。我想您一定很欣賞我為您做的一切吧，」話說到這裡，顧客還能說什麼呢？當然是很欣賞了，接下來就順其自然地簽

合約了。

在推銷過程中的適當時候，我們給顧客一些緊迫感，能夠很有效地促使顧客下定決心購買我們的產品，但是要注意靈活運用，否則將會適得其反。

ψ 把握報價的最佳時機

價格是顧客購買產品首先要考慮的問題，作為業務員一定都知道，價格的問題很容易使銷售進入僵局，因此，業務員應該掌握報價的最佳時機，否則就會失去一位顧客。

許多業務員由於不會談價，要不丟掉了訂單，要不訂單雖然做成了，卻已經沒有了利潤。推銷是一個靠獎金來增加收入的工作，如果掌握不好談價的技巧，雖銷售業績不錯，卻收入很低，最終只好離開業務員的職務。通常情況下，顧客會主動問起價格，但是這並不能代表顧客問了，業務員就一定要立刻回答，這樣很容易導致業務員所報的價格不是顧客理想中的價格，而導致顧客轉身離開。正確的做法應該是在顧客已經任何產品的價值，已經產生了購買慾望時再報價，總之在業務員沒有做到十足的準備時，絕對不能報價。

喬‧吉拉德在賣汽車的時候深知這一法則，每個人都希望能夠擁有一輛屬於自己的汽車，但是常常都會在汽車的價格面前望而卻步，針對顧客這樣的心理，喬‧吉拉德會選擇自己最有把握的時候想顧客報價。

一般情況下，顧客到喬‧吉拉德這裡買車的時候，都會先詢問一下汽車的價格，以判斷自己是否支付的起，或是與其他車行的價格對比一下。這個時候，喬‧吉拉德不會一下子就亮出底牌。他會直接忽略到顧客的詢價，好像什麼也沒有發生過一樣，接續向顧客做介紹。

當然，不乏有的顧客比較執著，不一會兒就會第二次詢問，這個時候，如果還是裝作什麼都沒有發生，就是不禮貌的表現了。這時，喬‧吉拉德就會對顧客說：「請稍等一下，我們馬上就要談到價格的問題了。」然後繼續做自己的介紹，直到認為顧客已經認可汽車的價值。他才會報價。

有的時候，顧客會對價格過於關心，如果喬‧吉拉德沒有回答他的問題，他就會第三次詢價，如果在這個時候，喬‧吉拉德依然沒有十足的把握，他依然不會說。普通的業務員通常都禁不住顧客的再三詢價，導致在自己還沒有把握的情況下，就說出了價錢。如果我們再次遇到這樣的顧客，就可以效仿喬‧吉拉德的做法，對顧客說：「我希望能夠讓您多瞭解一些關於產品的資訊，這樣您才能知道這是一筆多麼划算的交易，之後我馬上就會談到價錢。」然後繼續用一種友好的語氣對顧客：「您別擔心，您一定會覺得物有所值，請先聽我解釋，可以嗎？」

直到喬‧吉拉德已經充分地展示了產品的價值，並且確定顧客已經瞭解了產品的價值之後，他才會談起價格的問題，但是他不會直接談起，而是先要製造一些懸念。這樣的目的是加強顧客購買的意識，例如我們可以說一些：「相信您一定已經喜歡上我們的產品了，等到您發現這筆交易真是物有所值的時候，您一定會激動不已的。」然後再稍作停頓之後，再繼續說道：「讓您等了這麼久，實在不好意思，現在我們就來談談價錢吧。」通常到了這一步的時候，顧客已經不是再考慮是否根據產品的價格而選擇是否購買了，而是會想到底需要花多少錢他們才能買到這個產品。

最後，喬‧吉拉德建議每一個業務員在面對報價的問題上遵守以下幾個原則：

在金字塔頂端跳 Disco
金氏世界紀錄最強業務員喬‧吉拉德

1. 初次報價不要報最低價。

有的業務員為了留住顧客，開口就報很低的價格，這樣的做法顧客未必會領情。因此，業務員應該做到在報價之前已經瞭解到競爭對手產品的價格，也瞭解自己的產品在同類產品中的價位所處的位置。如果我們的價格偏高，那麼我們要找出我們價格為什麼偏高的原因，這樣才能在顧客提出異議的時候，給予顧客滿意的答覆。

如果我們的價位屬於中等價位，就要找出我們的產品比與高等價位產品的相似之處，如果能在性能上與高價位的同類產品持平，那麼我就掌握了價格上的優勢，也就更容易說服顧客；如果是低價位，就要考慮我們的產品是用了新的原料，新的製作工藝，因此而降低了成本。總之，不管怎樣都要講出產品定價的依據，表明我們報價的合理性。

2. 先透過提問，瞭解顧客的意圖。

當顧客直接詢價時，業務員不要直接回答，要儘量透過問答的形式瞭解客戶。如顧客的客戶需要的數量，需要的品質要求，有沒有特殊的需求等等，同時還要瞭解到顧客是代表個人選購，還是採購代表。如果是代表個人，那我們的報價就可以適當的低一些，如果是採購代表，就需要我們考慮到達到多少的數量才能享受代理的價格，和報含稅的價格和不含稅的價格，運費是不是含在內等等。

3. 業務員不要主動報價。

如果顧客詢價，業務員可以反問顧客他們希望價格是多少。這樣的好處在於，業務員可以明確地知道多少價位是顧客可以接受的。當瞭解清楚顧客的意願後，業務員就要報一款最低的產品價格給他，但要說明這款產品的劣勢所在，讓對方明白一分價錢一分貨

這三項原則即可分開使用，也可混合使用，報價永遠是隨機應變

的，但要遵守一個原則：利潤最低保障的原則，如果低於利潤的最低原則，就不如放棄這次交易，畢竟我們的最終目的還是賺錢。

ψ 為成交做好心理準備

每一場交易的成功似乎是水到渠成的事情，但事實上卻是需要業務員在成交之前就做一些準備，沒有準備的就等於是在準備失敗，因此，一定要有所準備，才能促進交易的成功。

喬・吉拉德認為，作為一名專業的業務員，就要時刻為成交做好準備，「時刻準備著」並不僅僅只是美國童子軍的座右銘，它應當像紋身一樣被刻在每一個業務員的胸口，以便提醒著我們要牢牢記住。一般業務員的桌子上都會準備一些白紙，用來隨時登記顧客的資訊，等將要與顧客成交的時候，再把這些資訊登記到訂貨單上和貸款申請表上。這樣的做法看似不錯，可是喬・吉拉德卻從來不這樣做，他只會為成交作準備，因此，在他的桌子上放著的是一本空白的訂貨單和貸款申請表。

當他和客戶交談的時候，他就會把瞭解到的資訊直接登記在表上，等顧客把話說完，他已經把資訊登記好了，就等著顧客的簽字了。如果他也想其他的業務員一樣，把資訊先登記在白紙上，當他再把資訊重新登記到表格上時，顧客可能會突然想起自己還有重要的事情要馬上去做，於是便匆忙離開了，那麼他的交易就隨之以失敗告終了。

如果出現這樣情況，那麼喬・吉拉德和他助手在此之前的準備就全部白費了。因此，業務員在推銷之前所做的準備，一定是要為成交而做的準備。

第一項準備，對交易中所有的談話結果做準備。

在推銷之前，業務員就要確定自己的目的是什麼，例如，成交的

金額是多少。同時對顧客的需求要有所瞭解，否則不知道對方想買什麼，就無法把東西推銷給對方；其次，要明白自己的底線是多少，不能為了成交一味作出讓步，或者是無法達到我們預期的成交金額；事先想好顧客會提出什麼樣的異議，並想好處理異議的方法；最後，要根據談判的情況為自己擬定出成交所選用的方法。

這些準備，是我們在成交過程中一定會用到的，它們屬於成交在「物質需求」，除此之外，成交還需要在心理上做準備，也就是成交需要具備的心理準備。

第二項準備，做自己精神上的「打氣筒」。

很多業務員在成交的時候，都存在著心理障礙，因此，這項準備就要求業務員要克服這種心理障礙，在成交之前，就要為成交做好心理準備。

首先，業務員要告訴自己，我是最優秀的業務員，我能夠解決顧客提出的任何問題，我是產品介紹的專家，每個顧客都願意購買我的產品，我會提供給顧客最好的服務，我能夠銷售出任何一樣產品。這樣的精神鼓勵法，會讓業務員對成交充滿信心，當真正面臨成交的時候，就不會有心理障礙了。

第三項準備，為自己的知識做儲備。

這項準備就相當於戰士上戰場之前一定要擦槍一樣，業務員在推銷之前，也要準備好有關於產品的一切知識，除了對產品本身應做的介紹外，還要準備好顧客可能會問到的問題的答案，例如，我們的產品為什麼值這麼多錢？產品的賣點在哪裡？顧客買我們產品最大的理由在哪裡？

當我們準備好這些知識的時候，再與顧客做成交，就能夠自如地應對顧客提出的問題了。

第四項準備，知己知彼。

孫子兵法有句話是「知己知彼百戰不殆」，因此，業務員在為成交做準備時候，也要對顧客的背景瞭若指掌，便於我們選擇合適的成交方案。

第五項準備，情緒上的準備。

推銷工作是一個需要熱情的工作，往往對成交充滿熱情的業務員都能夠促成成交。因為，沒有顧客願意和一個垂頭喪氣的業務員打交道，因此更不用說成交了。所以，在成交之前，業務員就應該使自己的情緒達到巔峰狀態，以此來影響顧客的情緒，讓顧客也以高昂的情緒和我們成交，相信這樣的成交過程會十分順利。

第六項準備，為贏得顧客的信任做準備。

通常情況下，顧客在成交的緊要關頭表現出猶豫，就說明在顧客的心中還是沒有對業務員 100% 地信任。因此，業務員要在成交之前，努力營造出一個值得顧客信賴的形象。事實證明，優秀的業務員都會用 80% 的時間去建立可信的形象，只用 20% 的時間去成交，可見，建立信任感在成交之前的準備中，是十分重要的一項。

第七項準備，為塑造產品的價值做準備。

價格是成交時的一大障礙，顧客會覺得產品貴，通常是因為業務員沒有把產品的價值塑造，出來，如果業務員能夠讓顧客覺得貨真價值，他們就會迫不及待地掏錢出來買，因此，一定要為塑造產品的價值做好準備，這是促進快速成交的有效辦法。

第八項準備，準備好競爭對手的資料。

顧客通常會在成交之前，把業務員介紹的產品和其競爭對手的產品做比較，以此來確定自己買哪一個會更合算，因此就需要業務員在這之前準備好競爭對手的資料，在合適的時間給顧客看，當然這些資

271

料要和喬‧吉拉德準備的一樣，是關於競爭對手產品缺陷的資料，並且要求情況屬實，這能為成交省去許多障礙。

一個合格的將軍都不會打沒有準備的仗，業務員也是如此，不要讓自己兩手空空地出現在成交面前，這樣只會讓我們沒有信心面對成交。

ψ 及時傳遞愛的資訊

作為業務員，我們能夠保證每一個買過我們產品的客戶都記得我們嗎？恐怕連 50% 都達不到。但是喬‧吉拉德曾自信地說過：「我打賭，如果你從我手中買車，到死也忘不了我，因為你是我的。」

不要以為這是喬‧吉拉德在吹牛，金氏世界紀錄記錄曾經對這句話進行過核實。金氏世界紀錄記錄在查實喬‧吉拉德的銷售記錄時，對他說：「但願你的車是一輛一輛賣出去的，最好別讓我們發現你的車是賣給計程車汽車公司。」喬‧吉拉德問心無愧地說道：「我敢保證，我有他們每一個人的聯繫方式，你們可以一個一個地打電話給他們核實。」

金氏世界紀錄便試著給打電話給喬‧吉拉德的顧客，問他們是誰把車賣給了他們，所有人的回答都是一樣的，賣車給他們的人就是喬‧吉拉德，提起喬‧吉拉德他們更像是再提起一位老朋友。對這樣的調查結果，金氏世界紀錄記錄感到十分滿意，因為喬‧吉拉德沒有說謊，他的車確實是一輛一輛賣出去的。然而滿意的同時，他們還感到不解，喬‧吉拉德到底用了什麼樣的推銷方法，能夠令所有的顧客記住他呢？

對此，喬‧吉拉德一直強調沒有祕密，他所做的是任何人都能夠做到的，這個訣竅就是「愛」，僅此一個字而已。每個月他要發出 1.6 萬張卡片，在每一張卡片上都會寫上「我愛你」三個字，「這不是一

張普通的卡片，」喬‧吉拉德強調道，「它們是充滿愛的卡片，我每天都在發出愛的資訊。」就是透過這種方式，喬‧吉拉德讓他的每一個顧客都感覺到了他的愛意。喬‧吉拉德發明的這一服務系統，被世界 500 強中的許多大公司所效仿，並且取得了非常好的效應。

對於顧客而言，他們更注重消費帶給他們的感受，如果業務員能夠和客戶形成親密友好的關係，顧客看在這份「情」的基礎上也會購買我們的東西。假如有一天你去拜訪顧客，當你到顧客家門口的時候，忽然烏雲密佈，而顧客家的衣服還曬在外面。這時候你會怎麼辦呢？是趕忙跑進顧客的家中避雨呢？還是冒著被雨淋的危險，跑去先幫顧客收衣服呢？如果你選擇第一種，雖然這不會對你的成交造成什麼影響，但是至少不會有什麼好的幫助；但如果你選擇了第二種，會怎麼樣呢？顧客會十分感激你，為了表示他對你的感謝，他會十分認真地對待你的推銷，最後，很可能會為了感激，而購買你的產品。

這就是愛的力量，它可以直擊人類最柔軟的地方，那是只有用愛才可以到達的地方。可是有的業務員去恰恰不能明白這個道理，在他們的腦海中，似乎促成推銷成交的方式只有不停地遊說，齊格勒就不幸碰上過這樣的業務員。那是齊格勒剛剛搬家不久，一天他 4 歲的兒子走失了，他們全家焦急萬分地找遍了所有的大街小巷，都沒有結果。他們不得不報警，借助警方力量幫助他們尋找，而齊格勒本人則開著車到商店街去尋找，每到一個地方他都大聲喊著自己兒子的姓名，周圍的人見了，很多都加入到幫助他尋找兒子的隊伍當中。

為了能夠知道小兒子是否已經被找到，他不得不多次趕回家中去看。就在其中一次回家的途中，齊格勒遇見了地區保全公司的人，他是準備找齊格勒進行巡迴服務推銷的，但是當時齊格勒沒有時間聽他的推銷，他告訴那個人他的兒子丟了，他要儘快出去找他的兒子。然

而那個人就像沒有聽到齊格勒的話一樣,仍然照舊做他的說明。這舉動激怒了齊格勒,他憤怒地對那個人說:「如果你現在給我找到兒子,我保證會和你談巡迴服務的問題!」

最後,齊格勒的小兒子找到了,當然不是那個人給找到的,很顯然他的推銷也失敗了。他的失敗不是他解說得不夠好,而是他沒有發揮出自己的愛心。倘若他能稍微站在齊格勒的立場上為他想一想,他就能知道當時齊格勒的心思都用在了找兒子身上,假如他從一開始就幫助齊格勒去找兒子,不管最後是不是由他找到,相信這次交易都可以不費吹灰之力。

一個充滿愛心的業務員才能得到來自顧客的愛,同時也能夠得到顧客對產品的愛。對顧客和對周圍的事物無動於衷的人,是無法成為了一個優秀的業務員的。

第十一章 堅持每月一卡

—— 售後是新銷售的開始

ψ 推銷的開始是在成交之後

前面就曾說過，銷售是一個連續不斷的過程，只有起點，沒有終點，售後的追蹤服務是最後的，但不是最不重要的。因此，在成交之後，推銷的工作仍需要繼續。

真正的銷售始於售後，這其中的含義就是在成交之後，推銷工作並沒有結束，業務員還要繼續關心顧客，一如既往地向顧客提供良好的服務，既要保住老顧客。又要吸引新的顧客。一些業務員信奉的原則是「進來，推銷；出去，走向另外一個顧客」，在他們看來，成交之後，一切就已經結束了。

這些業務員在銷售完產品之後，就不再理會離去的顧客，當產品出現故障後，甚至會躲起來不見顧客，以此來解決顧客抱怨的問題。看似他們巧妙地解決了棘手的問題，而事實上這是一種最糟糕的解決方式。喬‧吉拉德成交後做得第一件事情就是找來檔案卡片，把有關買主的資訊包括他買車的細節記錄下來，以便於在今後和顧客保持聯繫。他認為：不管自己賣的是什麼車，維修問題和顧客的其他抱怨是一切生意中很正常的事情，如果能夠得到很好的解決，就會為自己帶來更多的好處。

如果哪一天維修部的人告訴喬‧吉拉德，由他賣出的車子出現了很大的故障，顧客已經找來了，喬‧吉拉德會立刻跑去安慰那位顧客，並向顧客保證他會對汽車的維修做到十分到位，會讓顧客滿意的。如

275

果哪位顧客的汽車在維修後，問題更加嚴重，那麼喬‧吉拉德會在他一邊確保汽車得到了適當的維修，並會代表顧客和汽車維修工、經銷商以及廠家據理力爭。對此，喬‧吉拉德從來沒有感覺到勉強或是有所抱怨，他認為這一切都是他的職責範圍之內的事情。

顧客買到次品車是很正常的事情，在喬‧吉拉德這裡也不例外。每當遇到這樣的事情時，喬‧吉拉德都會採取一切必要的措施幫他換車。有時甚至要他自己投資做一筆投資，比如大部分的汽車經銷店都不包四輪定位，但是有的顧客可能在買完車的第二天就來做四輪定位，這時候喬‧吉拉德就會自費安排工人幫顧客做，只花 50 美元，喬‧吉拉德就贏得了顧客對他的感激，當然他會告訴顧客下一次不會再免費了。

在這方面，喬‧吉拉德付出了不少的時間和金錢，但他認為這是別無選擇的。每一個汽車業務員都避免不了銷售出次品車，當顧客一次又一次地來維修汽車時，很多業務員就會表現出不耐煩。這位業務員一定沒有設想過這樣的場景，他的一位顧客再向他人談起他銷售的汽車時，不斷地抱怨從他這裡買的車，去修了很多次都修不好，他發誓以後再也不會買這個業務員的車了。如果他做過這樣的設想，他一定不會認為顧客來修車是一件讓他惱火的事情。

而喬‧吉拉德早已這樣想過，他希望他的顧客在談論起他時，會說：「喬‧吉拉德幫我修的車比新車還棒。」他為了能夠讓顧客的汽車得到更好的維修，喬‧吉拉德和店裡面的每一個維修人員都打好關係，早上喬會為他們購買咖啡，他們的妻子生小孩兒時，喬還會送上禮物，這些費用都是額外的，需要喬‧吉拉德自己用薪水支付，但是對於這筆支出，他認為是必要的。他也確實因此而得到了其他業務員所得不到的待遇，假如那一天顧客來修車，而一般的維修員都無法解

決這個問題，他就會打電話給市裡的維修高手，以確保顧客得到應得的服務。

喬‧吉拉德這樣對待顧客不是沒有理由的，作為業務員，首要的目標是更多的顧客，而不是銷售，因為顧客是銷售的前提。業務員要創造出更多的顧客，保住老顧客是一個重要的途徑，使現有的顧客成為我們的忠實客戶，我們的生意就有了穩固的基礎。很多業務員為了尋找新的顧客，而忽略了顧客，這是得不償失的。一位推銷專家曾經指出，失敗的業務員常常是從找到新顧客以取代老顧客的角度考慮問題的，而成功的業務員則是從保持現有的顧客並且擴充新的顧客的角度上考慮問題的。為此，喬‧吉拉德每個月都要寄出 1 萬張的賀卡，凡是在喬‧吉拉德那裡買車的顧客都會收到他的賀卡。

由此可見，在喬‧吉拉德對待顧客的態度上，是一視同仁的。他不會因為這個顧客購買的是價值幾百萬的汽車，就多寄幾張賀卡給他；同樣也不會因為那個顧客只從他這裡買了一輛價值幾萬的車，而不寄給他賀卡。不論顧客買的車有多便宜，在喬‧吉拉德那裡得到的服務同樣都是優質的，他不會在卡片上註明因為顧客買的是便宜車，就不再提供他任何服務。

後以上事件，就不難看出，為什麼喬‧吉拉德會一直在推銷界保持著良好的口碑了。就是因為他始終和顧客站在一起，把服務顧客當作是一項長期的投資，他不會在賣給顧客一輛車之後，就將顧客棄置不管，他會用最周到的服務，讓顧客感覺到買他的車，就是買到了最好的車，會一直惦記著他。

「推銷的開始是在成交之後」這種觀念，使喬‧吉拉德一直用心做好售後工作，他做了許多其他業務員不會做的事情，比如自己掏錢為顧客修車、為了更好的服務討好維修員等，他進他的所能去對待每

一個買過他的車的顧客。每當顧客進店就開始打聽誰是喬‧吉拉德時，他就是知道，自己的付出得到了回報。

在推銷活動中，成交永遠不代表著銷售的結束。想要讓自己的顧客越來越多，就要在成交之後繼續工作，記住，如果我們忘記了顧客，顧客也會忘記我們。

ψ 每月一卡，保持與客戶的定期聯繫

有很多業務員認為，在把車買給顧客以後，還有再和顧客保持聯繫，尤其是問問車子有沒有出問題，簡直就是自找麻煩的事情。如果顧客離開後就再也沒有回來過，他們會認為這是最好的結果了。

可事實確實是這樣嗎？顧客走後再也沒有回來，可以說明一個問題是他的車子沒有出現任何問題；還有另外一個問題是被大家忽略掉的，就是他沒有介紹任何顧客給我們。這一種情況帶來的損失，遠比第一種情況帶來的麻煩多得多。因此，喬‧吉拉德從來不會和顧客失去聯繫，即便是買過車就沒有露面的顧客，隔幾個星期之後，他也會主動打個電話給那個顧客。

因為，喬‧吉拉德深知和顧客保持聯繫的好處，首先便於做好成交的善後處理工作，能夠使顧客感受到業務員的提供服務的誠意。當產品出現問題時，也比較好解決；第二就是有利於在激烈的競爭中保持老顧客，並透過老顧客不斷地發展自己的顧客組織。

喬‧吉拉德認為一名優秀的業務員會堅持與顧客做有計劃的聯繫，他會把每個客戶所訂購的商品名稱、交貨日期，以及何時會缺貨等項目，都做詳細的記錄，然後據此記錄去追查訂貨的結果，以此來判斷能否在約定期之前把產品交給顧客，顧客對產品的意見如何；顧客使用之後是否滿意；有什麼需要調整的；顧客對自己的服務是否滿意等

等。這些都是一個優秀業務員應該掌握的資訊，如果只是把東西賣給顧客，就不再去關心這些資訊，就無法成為一個優秀的業務員，看一看喬‧吉拉德是怎樣做的吧。

每當他與顧客成交幾個星期或是幾個月之後，他就會查看顧客的檔案，並逐一打電話給他們。一般情況下，他會選擇在白天打，這樣他就有機會和顧客的妻子聊上幾句。在電話中，他會問對方車子有沒有出現毛病，如果對方回答說「沒有」，他就會說如果出現問題了，儘管到店裡找他，他一定會幫助解決；如果不幸聽到車子出現問題的消息，他就會仔細地詢問是哪裡出了問題，並且要求顧客立刻把車開到店裡維修。

在問完車子的情況之後，他就會問對方有沒有朋友想要買車，如果對方恰巧說出一位朋友想要買車的話，他就會問出那位朋友的電話號碼及家庭住址，並且承諾他會給對方一筆介紹費。在掛電話之前，他還會強調一下介紹費的事情，然後再說再見。

當晚上丈夫回到家中的時候，做妻子的一定會把喬‧吉拉德白天時候打過電話的事情告訴她丈夫，這時候，丈夫就會感到受寵若驚，因為喬‧吉拉德已經拿到他應拿到的提成，他沒有必要再為自己擔心了。而恰恰相反的是，喬‧吉拉德一如既往地對待他，這讓顧客很吃驚，也讓他明白了喬‧吉拉德是一個值得信賴的業務員，在幾年以後，如果他想要換新車了，他一定還會找喬‧吉拉德的。

喬‧吉拉德的做法就是人們所認為的「推銷精神」，為了是自己成為一個能幹的業務員，一直保持與顧客的聯繫，確保滿意的推銷結果。在與客戶聯繫上，喬‧吉拉德認為必須要有計劃性。首先，要在成交後及時給顧客發出一封感謝信，向顧客確認我們答應的發貨時間，並向他們表示感謝；當貨物發出後，要詢問顧客是否受到了貨物，以

及產品是否能夠正常使用。每個三個月、六個月或十二月向顧客寄封信，發佈最新的產品開發資訊，完成顧客滿意度調查。顧客會很高興我們很高興我們這種做法，因為他們也希望能夠買到越來越好的產品。

此外，要記住每一個顧客的生日，在他們生日那天，寄出一張生日賀卡；同時，還需要建立一份顧客和他所購買產品的清單，這樣在產品價格或用途發生改變時，要及時通知顧客。如果在報紙或是雜誌上面看到有顧客感興趣的東西，可以隨時寄給顧客。還有一點，看似沒有必要，卻也十分重要的做法，就是產品保固期滿之前，提醒顧客做最後一次檢查。

在拜訪的顧客的時間上，可以根據不同顧客的重要性、問題的特殊性、與顧客的熟悉程度等因素來確定。如果可以的話，可以把顧客分為 ABC 三類，根據他們的類型來確定拜訪的時間。喬・吉拉德建議每一個業務員都把自己最忠實的十名顧客電話號碼存在電話的單鍵撥號功能內，以便自己在空閒的時候問候一下。這樣做，我們就會時刻提醒自己和他們保持聯繫，瞭解他們有什麼新的需求，我們能不能提供進一步的服務。

與客戶聯繫的方式也有很多種可以選擇，喬・吉拉德最常用的就是信函、電話、賀卡，也可以透過走訪面談等加強與客戶的聯繫；其次，還可以透過售後服務的方式，與顧客加強聯繫；最後，也可以透過邀請顧客參加本企業的一些活動來加強和顧客的聯繫。

喬・吉拉德認為，維繫一個好顧客比得到一個新客戶付出的代價容易的得多，如果想要在競爭中利於不敗之地，就要維繫好每一個老顧客。

ψ 物超所值的服務

不管你賣什麼東西，在這個世界上，總有人和所賣的東西是一樣的。推銷活動存在著太激烈的競爭，大家賣的都是同一種產品，我們憑什麼能夠保證顧客一定要光顧我們呢？這時候，業務員用什麼來顯示自己的與眾不同呢？那就是服務。

喬‧吉拉德認為，推銷就是服務，服務每一個顧客。為了實現這一宗旨，他每個月都要最少 1400 張問候函，一年下來就是 16 萬 8 千張，他花費在郵件上的費用比一半以上的業務員要多出許多倍。他曾說，每一個買他汽車的顧客至少要享受到 500 美元的附加價值。對此，很多業務員就會問，這樣做值得嗎？看一看喬‧吉拉德的業績，就知道值不值了，每天大約有 65% 的老顧客就是因為他這樣服務而和他繼續做生意的。

另一個喬‧吉拉德的崇拜的業務員法蘭克‧貝格，他的客戶穩定，人緣奇好，在他的銷售業績中有 80% 的顧客都是老顧客。他成功的祕訣在於真正替顧客著想，顧客著急的事情，他比顧客還著急，他的座右銘是「服務、服務、服務、再服務」。

可見，超值的服務是我們取勝的關鍵。業務量的好壞，和產品並沒有多大關係，關鍵在於我們的服務。當我們從事銷售工作兩年以後，我們大部分客戶都是來自我們的現有顧客的，因此，無法提供良好服務的業務員就無法建立穩固的客戶群，更不會有良好的聲響。在推銷界中，不能夠提供優質的售後服務的人，永遠都無法在推銷界立足，要知道，良好的售後服務是銷售的一部分，無法體會到這點重要性的人，是註定要失敗的。

那麼什麼是物超所值的服務呢？業務員的服務一般分為三種：份內的服務、邊緣的服務、與銷售無關的服務。份內的服務通常都是公

司要求的服務，是每一個業務員不得不提供的服務，如果連這一點都做不到，就不是一個合格的業務員；邊緣服務是公司超出公司要求的服務，但是也是每一個優秀業務員會提供的服務，這樣的服務會給顧客留下不錯的印象。但是在競爭激烈的今天，這樣的服務已經不足以說服顧客了；與銷售無關的服務，這樣的服務就是所謂的物超所值的服務。譬如，喬‧吉拉德會為了顧客和每一個汽車修理工打好關係，為的就是當顧客的車子出現問題以後，他能夠為顧客提供最幼稚的服務。這樣的服務只要業務員做到了，我們在顧客的心中就不再是一個普通的業務員，他們會把我們當作朋友去看待，願意長期與我們合作下去。同時，這不僅僅會為我們個人帶來利益，也會為我們的公司增光添彩。

我們可以發現，世界上那些發展最成功的公司，無一不是擁有大批注重服務品質的業務員的公司。就拿戴爾電腦公司來說，每一個在戴爾上班的員工都知道「24-7」的工作理念，就是一天中的 24 小時，一個星期中的每一天，只要是顧客遇見了問題，員工就要立即放下手邊的工作，去解決顧客的所遇到的問題。在一個星期五，一個顧客的電腦在有效服務的最後一天出現了問題，而他又必須在當天取得那部電腦。當他透過電話聯繫到曾經賣給他電腦的業務員時，他已經不報任何希望了。結果去沒想到那位業務員仍然充滿了熱情，並答應一定幫助他解決問題。

幾個小時過去了，那為業務員出現在了這個人面前。這讓他感到十分驚訝，通常情況下，電腦都是由順路的車輛帶回戴爾公司的，然而那天沒有順路的車輛，為了解決顧客的問題，這位業務員自己開車過來了。電腦修好以後，他又開車把電腦給顧客送了回去。

這就是戴爾公司一直保持良好口碑的原因，也是他們一直保持超

強競爭力的祕密武器，真心關心顧客，一切都為顧客服務。只要業務員樂於幫助顧客，就會和顧客和睦相處；為顧客做一些有益的事，就會造成非常友好的氣氛，而這種氣氛是任何推銷工作順利開展都必須的。服務就是說明顧客，業務員能夠提供給顧客的幫助之處是多方面的，如，可以不斷地向顧客介紹一些技術方面的最新發展資料；介紹一些促進銷售的新做法；邀請顧客參加一些體育比賽等等。這些雖屬區區小事，卻能使我們的服務物超所值。

如果我們想要成功，想要成為頂尖的業務員，就要做到永遠的售後服務，而且要使我們的服務遠遠超出顧客的期望範圍。

ψ 服務比產品更重要

相對於產品來說，服務是一種無形的產品，是維繫業務員和客戶之間關係的關鍵，也使能夠讓業務員在激烈的競爭中保持競爭力的關鍵，因此，服務永遠比產品本身更重要。

業務員應該很明確一點，就是現在的顧客需要的不再單單是產品本身了，他們更注重產品給他們帶來到售後服務，有時候，顧客更願意多花一些錢，去買更優質的服務。就拿取得了巨大成功的聯邦快遞公司來說，因為它所保證的跨地區或跨國界的準確、快速投遞，大部分信件都能夠在 24 小時內送達目的地，因此，顧客們都願意付出比一般郵局高出幾十倍的快遞費。由此就可以看出，人們對服務的要求已經高於產品了。喬‧吉拉德從成為業務員的那一刻，就認識到了這個事實，所以他一直注重自己對顧客的服務。

也正是如此，喬‧吉拉德才能一次又一次地聽到有人對他說，在來他的店裡之前，已經去過很多家店裡，但最終還是決定來喬‧吉拉德這裡，原因就是在別的店裡有一樣產品他們永遠沒有，那就是喬‧

吉拉德。每當喬‧吉拉德聽到這樣的話時，他都認為這是世界上最動聽的讚美。他之所以能夠和顧客進行多次交易，原因就在於此，每一個他的顧客都對他提供的服務真心的感謝，是喬‧吉拉德的優質服務贏得了他們的好感和信任。

銷售的本質就是一種服務，這就要求業務員不斷地改進自己的服務品質，讓顧客對自己的服務品質感到滿意。事實會向我們證明，這樣做是很重要的。喬‧吉拉德的一個朋友，他所有的成衣都是從一個成衣店買的。一次偶然，喬的朋友走被櫥窗內的成衣所吸引，就走進了那家店，業務員熱情地接待了他，最後他們成交了。從那以後，他的朋友每年都會從這個成衣店買西裝，儘管他平時很少穿西裝。他的朋友這樣做的原因就在於，那個在第一次接待他的業務員總是會為他挑選最合適的樣式、最合身的尺碼，那個業務員知道他的朋友喜歡什麼，有時他的朋友走進成衣店，業務會很告訴他，沒有他喜歡的款式，而事實上確實也是如此。再後來，那位業務員退休了，喬的朋友再次走進那家成衣店，不再有人招呼他，儘管他還試穿了一件襯衫。從那以後，他的朋友就再也沒有進過那家成衣店。

喬‧吉拉德從這件事情上深刻的領會到了服務能夠給業務員帶來的利益，它是和業務員所付出的心血成正比的。正如一份資料調查報告顯示，一些重視服務的公司會收取產品價格的 10% 作為服務費，但是他們的市場佔有量也能每年增加 6%；而那些不注重服務的公司每年要損失兩個百分點。喬‧吉拉德把這稱做為提供優質的服務能夠得到好的回報。

因此，喬‧吉拉德會把賣給顧客一輛車作為只是長期合作關係的開端，在他看來如果單輛車的交易不能帶來以後的多次生意，他會稱自己為失敗者。為了成功，喬‧吉拉德會提供足夠的高品質服務，以

第十一章 堅持每月一卡
服務比產品更重要

使顧客一次又一次地回來買他的車。想一想一位顧客一生要買多少輛車吧，他所買的第一輛車，只不過是冰山的一角罷了，他們一生大約要花掉幾十萬美元去購車，如果再加上顧客身後的那250個人，這這開銷將達到7位數，而這誘人的數字，都要來源於業務員的優質服務。

那麼，業務員應該怎樣提供優質的服務呢？首先，要充分瞭解顧客的需求，如果想要為顧客長期的服務，就要經常研究他經營、使用產品的方法程度，以及他對產品的需要程度。在顧客產生了購買動機之後，都會對產品進行仔細的研究，這時候，業務員要不要因為顧客了的細心而表現出不耐煩，同時要耐心地為顧客講解產品的特點、好處、功能及成，大部分顧客都會被業務員的耐心感動。

第二，沒有產品是沒有缺陷的，當然產品的品質越好，所需要的服務工作也就越少；但是如果需要服務的話，業務員所提供的服務一定要是最好的。最好在此之前，業務員就事先告訴顧客產品可能出現的狀況，告訴顧客怎樣去避免。這樣可以在體現產品品質的同時，體現業務員的服務周到。

第三，每一個業務員都應該有這樣一個記錄，就是關於顧客什麼時候會再需要購買產品的清單，就如喬‧吉拉德會記下每一個顧客在下次購買汽車的時間。與此同時，最好還記錄下顧客可能會需要到的配件、零件等等，如果業務員能夠把顧客都想不到的情況記錄在內，及時提供服務，會讓顧客萬分感激的。

最後，面對顧客的抱怨，要有心理準備，能夠對顧客進行有效地疏導，如果能夠成功地化解顧客心中的不滿，他就會更加信任我們。在推銷工作中，「顧客永遠是對的」這樣的觀念不無道理，如果顧客的抱怨是正確的，那麼業務員的據理力爭就是錯誤的。應該做到的是，盡自己所能為顧客解決他們所遇到的問題。況且，有時候抱怨之後，

就會轉化為友誼，沒有顧客會忘記一個熱心幫助他的業務員。

從我們個人來講，也願意和固定的業務員打交道，只要那個業務員能夠一直提供我們滿意的服務。因此，每個業務員都要盡心盡力地為自己的顧客服務，不管是在銷售過程中，還是在銷售以後，服務都能夠成為顧客選擇我們的最好理由。

ψ 不要害怕顧客的抱怨

每一個業務員都會或多或少地接到來自顧客的抱怨，再優秀的業務員也不能倖免，就算是喬·吉拉德也不例外，但是和普通業務員不同的是，優秀的業務員不會害怕顧客的抱怨。

顧客的抱怨，往往是因為自己的需求和與滿足產生了矛盾，因為自己的目的沒有達到，願望沒有達成，從而透過情緒、語言和行動上的不滿對業務員進行指責。顧客的抱怨對業務員的影響很大，會在很大程度上打消業務員的積極性，使他們意志消沉；同時，一個顧客的抱怨也會影響其他顧客的選擇。對與業務員來說，要正確看待顧客的抱怨，才能有效地去解決顧客的抱怨。

通常情況下，顧客的抱怨是來自這幾個方面：

1. 產品的品質和性能讓顧客感到不滿意。

這種情況常常是因為廣告宣傳名不副實，導致顧客對產品期望過高，最後產品差強人意，由此引起顧客的抱怨。。

2. 業務員的態度引起顧客的不滿意。

有時候業務員只顧著做介紹，沒有考慮到顧客是不是有這方面的需求，因而導致顧客的抱怨；或者是有的業務員對待顧客的態度不禮貌，對顧客不能夠做到一視同仁，從而引起顧客的抱怨。

3. 產品的安全性能不好，引起顧客的抱怨。

有的產品品質檢驗不過關即投入市場，導致顧客在使用的過程中造成了一定的損失，這樣的情況必將引起顧客的不滿。

4. 售後服務不到位，引起顧客的不滿。

有些業務員認為成交之後產品就與他們沒有任何關係了，導致顧客在用後出現了問題卻沒人幫助解決，對此，顧客肯定會有所抱怨。

5. 有時候不一定是業務員的責任，可能會因為一些誤會導致顧客的抱怨。

不管顧客是因為什麼原因對我們進行抱怨，對於我們來說並不是一件壞事，顧客之所以有所抱怨，是因為我們一定有做得不足之處，就算不是我們的不足，一個優秀的業務員也能做到面對顧客的抱怨，找出最佳的解決的方案，他們不會害怕顧客的抱怨，只會在顧客的抱怨聲中不斷提升自己的能力，直到聽不到顧客的抱怨為止。

那麼怎樣讓自己在顧客的抱怨聲中成長呢？

我們可以依照以下的做法去做：

1. 站在顧客的立場上看待顧客的抱怨。

只有站在顧客的立場上，才能正確地看待顧客的抱怨，只要業務員能夠時常站在顧客的立場上思考問題，許多問題都會迎刃而解。如果有顧客開著出了問題的汽車找到喬·吉拉德，並向他抱怨時，喬·吉拉德不但不會爭辯，還會幫助顧客向廠家據理力爭，這就是為什麼喬·吉拉德能夠擁有大批忠實顧客的原因，因為他始終能夠站在顧客的角度上思考問題。

2. 不在顧客發怒的時候爭辯。

人在有所抱怨的時候，情緒通常都是激動的，這時候，業務員唯一可以做的事情就是靜靜聽著顧客的抱怨，不要做任何解釋和爭辯。

解釋就等於我們在反駁顧客的意見，不但不能讓他們消氣，反而會變本加厲。

3. 要知道，顧客也不一定總是對的。

有時候因為誤會，顧客也會對業務員有所抱怨，雖然是因為誤會，但是業務員也有必要讓顧客認為自己是正確的。

4. 始終保持熱忱的態度。

不管顧客的抱怨是出於什麼原因，業務員都應該保持誠懇熱忱的態度，並不是為了表示業務員接受了顧客的抱怨，而是要向顧客證明我們對待工作認真的態度。

5. 不要計較顧客的抱怨。

對顧客的抱怨不要耿耿於懷，用寬宏大量地態度去對待更有利於業務員和顧客之間繼續合作。

6. 如果顧客要求的賠償不合理。

業務員可以拒絕，但是要向顧客婉轉地說明情況，讓顧客充分理解我們不能作出賠償的原因。

7. 有時候，並不需要我們作出全部的賠償。

顧客的抱怨是因為心中的不滿，並不是想向我們要回所有的損失，因此，只要業務員的態度真誠，並作出部分的賠償，顧客就能感到滿足。

8. 要及時回應顧客的抱怨。

並承擔因我們的失職給顧客帶來的一些損失。

9. 對顧客的抱怨要進行查證。

不要輕易的下結論，如果是顧客自身的原因，也不要責備顧客。

10. 為了避免顧客的抱怨。

業務員不要向顧客承諾一些自己無法做到的事情。

11. 對待顧客的抱怨要以預防主，以矯正為輔。

力求防患於未然。顧客的抱怨是難免的，因此業務員不要過於敏感，不要讓顧客的抱怨影響了我們生活，甚至是打擊了我們的士氣。其實顧客的抱怨沒有什麼可怕，只要業務員能夠做到正確地去看待，就能夠在化解顧客抱怨的同時，鍛煉自己的能力，使自己不斷地取得進步。

ψ 客戶的投訴不是壞事

客戶投訴，是顧客對產品或是服務表示不滿的現象，這恐怕是所有業務員都不願意遇到的事情，但是喬·吉拉德卻說，被客戶投訴不見得是一件壞事，關鍵在於業務員怎樣去處理。

業務員經常會遇到客戶的投訴，一旦處理不當，就會引起顧客的更加不滿和糾紛。其實，銷售人員應該用積極的態度去面對客戶的投訴，因為顧客的投訴是最好的銷售資訊，銷售人員不但沒有理由逃避，而且應該抱著感激之情去處理的客戶的投訴。這將決定了顧客對業務員的滿意程度、業務員的信譽、今後的合作以及公司的口碑等多方面的好壞程度。因此，在處理顧客投訴時，業務員應該遵循以下幾個原則：

一，依照公司的制度

要以公司的制度為基準，不能夠為了讓顧客滿意，就置公司的制度於不顧；

二，最快的處理速度

處理顧客投訴不僅僅是客服人員的事情，業務員也應該作出及時

的反應,爭取在最短的時間內使問題得到解決;

三,登記存檔

對顧客作出的投訴,以及處理過程和最後的結果,都要做詳細的記錄,留作以後做參考。

當顧客對我們進行投訴的時候,大多數情況下,他們的情緒都是十分激動的。因此,在處理顧客的投訴時,業務員應該認真地傾聽,表現出對顧客的尊重,這樣有利於使他們的情緒平和下來,若是業務員表現出不認真的樣子,顧客則會認為業務員不重視他的意見,只會讓他由激動轉變為氣憤。

這時候,就需要業務員做到以下幾點:

（1）虛心地接受批評。

儘管顧客情緒很激動,我們也要保持冷靜,只有冷靜的頭腦才能讓我們認真聽清他們說的每一句話,然後重點意見;

（2）找出原因。

歸納出顧客投訴的原因,掌握顧客的心理,這是解決問題的關鍵;

（3）採取適當的解決措施。

每個業務員都應該掌握應對突發狀況的快速解決方案,比如說解決顧客的投訴,怎樣能夠在最快的時間內,讓事件得到暫時的解決;

（4）化解顧客的不滿。

在顧客作出投訴後,要立刻表示歉意,爭取得到顧客的諒解,保持顧客對公司的信任;

（5）改正缺點。

既然顧客作出投訴,就一定是業務員有做錯的地方,所以要認真對待顧客的投訴,不能表面上承認錯誤,事後依舊我行我素,一定要

虛心採納顧客的意見，改正自己存在的不足之處；

（6）鞏固成果。

在處理完顧客的投訴後，要做到比之前更好的售後服務，這樣才能使顧客對我們重拾信心。

在處理投訴的過程中，業務員一定要切忌不要與顧客發生正面的衝突，不僅會讓事情更加糟糕，也會使公司的形象大打折扣；理應讓顧客先發洩他們不滿的情緒，等他們冷靜下來之後，業務員再採取相應的做法。通常情況下，顧客的情緒不會一直處於高亢的狀態，只要業務員能夠按照步驟，做好引導工作，就能夠順利地處理顧客的投訴。

首先，聽顧客的抱怨，表示理解。

在顧客抱怨的同時，業務員不要認為自己是有理的一方，從而和顧客發生爭論，要以誠心誠意的態度對待顧客的投訴。如果有必要，需要業務員用筆記錄下顧客抱怨的主要內容。並且要真誠地向顧客道歉。

如果顧客情緒激動，為了表示我們的重視，可以請出我們的主管、經理等；也可以轉換一下地點，也能有效地平復顧客的情緒。儘量不要在別的顧客面前，會對別的顧客造成影響；或者換個時間再談，請求顧客給你一些時間處理，尤其是當顧客提出的是一個難題時，這個方法比較實用，可以有足夠的時間來想辦法解決。

第二步，向顧客瞭解有關事件的經過，並分析形成的原因。

有時候，顧客的投訴也不是十分合理的，這就需要業務員瞭解了顧客投訴的內容之後，對整件事情的始末進行詢問，看顧客的投訴是否合理。如果顧客的投訴缺乏合理性，業務員要以婉轉的態度告訴顧客，消除誤會。

如果顧客的投訴成立，就需要業務員分析投訴的原因了。一般情

況下，能夠引發顧客投訴的原因有兩種：一是推銷人員態度不誠實，導致推銷內容與實際內容不符，或是因為沒有履行約定而引起的投訴，這樣的原因很容易使自己的公司在形象上深受損害；二是由於產品自身的缺陷和設備不良引起的，這雖然不是業務員的責任，但是處理這類問題，卻是業務員的責任。

第三步，對投訴的事件作出快速、有效解決方案。

在瞭解了顧客的投訴之後，要迅速提出一種或者集中公平的解決方案。如果能讓顧客感覺到自己的投訴得到了重視，並會得到補償後，他們就不會提出無理的要求。

第四步，把解決方案傳達給顧客，並對方案進行落實和跟蹤。

對投訴的解決方案應在第一時間讓顧客知道，並且要承諾解決方案一定會實現，同時採取跟蹤行動。這樣可以有效地消除顧客的不滿，還能進一步獲取顧客的好感。

第五步，汲取經驗教訓。

業務員要及時進行總結，吸取經驗教訓，進一步提高客戶服務和水準，降低投訴率。

給顧客一個好印象勝過一千個理由，就算是因為顧客自身的疏忽大意造成的錯誤，也要率先表示歉意，只要業務員能夠把顧客的滿意和信任作為自己的出發點，就能夠正確處理投訴，化不滿為滿意。

ψ 寫封信給顧客

業務員總是希望在交易過後，顧客不要忘記自己，在下一次消費的時候可以想到自己。這就需要業務員制定一項計畫，保證和顧客的聯繫，這項計畫就是寫信。

也許有的業務員會認為現在早已經過了寫信的年代，大多數人都

在使用手機短信或者是 Email，事實確實是這樣，但是喬‧吉拉德卻建議每一個業務員寫信，而且是手寫的。原因就在於，短信在存儲到一定程度的時候，顧客就會選擇刪掉一些，很顯然，業務員的短信對於顧客來說並不是什麼值得紀念的或是重要的短信，所以一定在被刪除的行列當中，Email 也是同樣的道理；另一種情況就是在短信和Email 上，業務員無法突出自己的特點，業務員不會有那麼多的時間，每一條短信都編的別出心裁，但如果不這樣，就更加無法顯示出我們短信的特點。因此，手寫一封信，無疑是最好的選擇。

喬‧吉拉德每個月都要給他所有的顧客寄出一封信。同時，他還會隨信附上一張小卡片，卡片上一律寫著「我愛你」，在卡片的裡面，他隨時變化不同的內容，比如一月份，他會寫上「新年快樂」，二月份他會寫上「情人節快樂」，三月份他就會寫上「聖派翠克節快樂」……一直持續到感恩節和耶誕節。每年喬‧吉拉德都會以這種方式，使他的名字在顧客家出現十二次，在他推銷的後期，他已經平均每個月要寄出 14000 張卡片了。

誰也不能準確說出一張小小的卡片能在顧客那裡發揮到什麼作用，但是有一點值得肯定的是，喬‧吉拉德的顧客每一個都成為了他最忠誠的顧客。喬‧吉拉德透過這種方式，告訴了他的每一個顧客，他很喜歡他們，試問，有誰不願意和喜歡自己的人繼續交往下去呢？所以，在喬‧吉拉德的所有生意裡面，有 65% 來自那些老顧客的再次合作。從中發揮關鍵作用的就是這些毫不起眼的信件。

但是有一點需要明確的就是，不是僅僅寫了信，就可以留住老顧客，寫信給顧客不是推銷工作的目的，目的是讓顧客看我們的信。對於寫作能力強的業務員來說，寫信並不是一件難事，難的是怎樣才能讓顧客看我們寫的信。對此，喬‧吉拉德有他的訣竅。首先，在外觀

在金字塔頂端跳 Disco
金氏世界紀錄最強業務員喬‧吉拉德

上就要吸引顧客。為了不讓自己的信件和一些普通的廣告宣傳信件混為一談，他每次有會使用不同的信封，有大有小，顏色也不盡相同，這樣就會大大地引起顧客的閱讀興趣。

同時，他不會把公司的名字直接寫在信封上，這樣顧客就會想是誰寄來的信，那種感覺就好像在打牌時，不知道底牌的感覺一樣，會引起顧客的好奇心，從而就能保證自己的信件不會被顧客丟到垃圾桶裡。而且就算是顧客拆開了喬‧吉拉德的信，也不會有上當受騙的感覺，他會在信中以一種親切的口吻勸誘銷售，這是一種軟銷售，顧客不會有排斥感，並且會談論它和記住它。

其次，在寄信的時間上，喬‧吉拉德不會選擇每個月一號和十五號的時候寄信，因為那時候正值電信或是銀行寄帳單的時候，避開這個時間，就不會讓自己的信件淹沒在一堆帳單中，就算是顧客看見了，他也會忙於計算各種支出，而忘記了看我們的信。基於這一點，業務員可以根據喬‧吉拉德的經驗，然後再根據自己所在地區的顧客生活習慣，自由選擇。

通常情況下，能夠考慮到這兩點，就能夠保證顧客會拆開我們的信，並且閱讀。想一想每個人下班以後回家的第一件事情是什麼？他會先和自己的妻子（丈夫）還有孩子打過招呼，然後就會問道，他不在家的時候，有沒有什麼人找過他，或是有沒有他的信件等。這個時候，也許孩子就會舉著我們寫給他的信，告訴他：「爸爸，我們又收到來自ＸＸ叔叔（阿姨）的信件了。」

當他拆開信後，就會看見我們親切的問候和一些新產品的情況，之後，他就會把信上的內容告訴他正在做飯的妻子，同時也會被正在看動畫片的孩子聽到，他們也會參與到討論新產品的行列中來。就這樣一封信，卻引起了全家人的注意，這樣的業務員，還會被輕易的忘

記嗎？

當然，顧客也是理智的，他們不會為了一封信就跑到店裡買我們幾千乃至幾萬的產品，就算是幾百塊錢，他們也會慎重對待。如果因為這樣，業務員就再寫過一兩封後不再繼續，那麼就真的無法吸引來顧客了。這是一項長期的計畫，需要慢慢地滲透到顧客的生活中，當收到我們的信已經成為了他們的一種習慣時，他們就會想著從我們這裡買點什麼了。

ψ 不要忘記那些瑣碎的服務

任何事情都是由微小的部分組成的，服務也是如此。很多情況下，顧客並我不需要我們為他們付出多少，但那是卻需要我們在小事情上留意。有時候，打動顧客的無非是一些微小的細節，因為別人忽略了，而我們注意到了，因此我們贏得了顧客的心。

凡是那些取得成功的業務員，不見得他們曾經為顧客做過多少驚天動地的事情，相反，他們都是透過每天所做的微不足道的小事情建立起和顧客之間的友好關係的。比如喬‧吉拉德，他最喜歡的方式，就是經常和顧客保持書信聯繫，他這種細微的舉動使得他的在顧客的心中的位置越來越重要。喬‧吉拉德認為作為一個業務員就必須注重服務中的細節，有很多業務員常常就是因為細節問題丟失了顧客。

又一次，喬‧吉拉德想要買一台電腦，他與業務員約定下午一點的時候在業務員的辦公室面談。當喬‧吉拉德準時到達辦公室的時候，卻沒有看見業務員。二十分鐘後，那位業務員神采揚揚地走了進來。還好他沒有忘記道歉：「不好意思，先生，我來晚了，我有什麼能為您服務的嗎？」

此時的喬‧吉拉德已經生氣了，因為這位業務員耽誤了他的時間，

在金字塔頂端跳 Disco
金氏世界紀錄最強業務員喬‧吉拉德

如果是在喬‧吉拉德自己的辦公室，他還可以利用這段時間來做寫別的事情，但是是在這位業務員的辦公室，而他卻遲到了，這樣喬‧吉拉德無法容忍。然而，這位業務員給予喬‧吉拉德的解釋更是讓他氣氛，那位業務員之所以遲到，原因就在於他在對面的餐廳吃飯，而那裡的服務員的服務太慢了。

「我也是一名業務員，但是我絕對不能接受你的道歉。」喬‧吉拉德直接說道，「既然我們約定好了時間，而你意識到自己將要遲到了，作為一個業務員你應該放棄午餐趕來赴約，你要知道，顧客比你的午餐重要。」說完，喬‧吉拉德就離開了業務員的辦公室。儘管那是一款十分搶手的電腦，而且價格也十分具有競爭性，但是由於業務員的遲到，他沒能使這次交易成功。

這件事情讓喬‧吉拉德更加深刻地體會到，有的時候業務員之所以失去顧客，就是因為他們太不重視細節了。如果我們能夠稍微認識到細節很可能會激怒顧客，就會毫不猶豫地重視起這些小事情。

萊里‧哈托說他們公司中的業務員在顧客來取車時，還會花上3～5個小時詳盡地演示汽車的操作，公司要求所有業務員都必須介紹移動房屋式露營車的各個細節問題，包括一些很小的方面，比如怎樣點燃熱水加熱器，怎樣找到微波爐上的保險絲，怎樣使用千斤頂，等等。而有的公司的業務員只是扔給顧客一個小冊子，然後讓顧客一個人去研究，可是很多顧客僅僅透過對照說明書並不能完全弄懂移動房屋式露營車使用方法。甚至有的業務員告訴顧客，他的手機會為顧客24小時開機，只要顧客遇到問題了，可以隨時打電話找到他。

喬‧吉拉德的還舉過一個售屋小姐的例子，那位售屋小姐叫羅妮‧里曼。她是俄亥俄州的一位高級住宅業務員，她就從來不錯過機會為她的客戶提供瑣碎服務。一次，在售樓成交以後，顧客發現車庫的遙

控器不見了，而賣主早已經離開了這個地區。於是羅妮・里曼自己花
150 美元為那位顧客買了一個新的遙控器。雖然在這筆房子的傭金中，
她少賺了 150 美元，可是對她來說，客戶的良好感覺要重要得多。

ψ 義務為顧客服務一輩子

每一個業務員都希望自己顧客能夠成為自己終身的顧客，但這不
是採取一次重大行動就能夠做到的事情，想要和顧客建立永久的合作
關係，業務員在自己的服務上就絕對不能掉以輕心。

喬・吉拉德常常忠告他屬下的業務員：「忘掉你的推銷任務，一
心想著你能帶給別人什麼服務。」如果我們每天早晨開始幹活時這樣
想：「我今天要幫助盡可能多的人」，而不是「我今天要推銷儘量多
的貨」，我們就能找到與買家打交道的更容易、更開放的方法，推銷
的成績就會更好。當我們拋除那些只顧自己的自私想法，學會奉獻與
服務他人，我們會變得更有力量，也更加執著。

沒有一個顧客會反對一個盡心盡力幫助他，並且願意為他服務一
輩子的顧客。要做到「幾十年如一日」的服務其實並不是什麼難事，
只要我們能夠具備持之以恆的態度，把服務於顧客作為我們的義務，
就能夠輕而易舉地做到。喬・吉拉德曾經在超市看見過這樣的現象，
給他留下了極為深刻的印象。

那天喬・吉拉德在超市看見一位業務員正在不厭其煩地做定期清
查存貨的工作，只見他仔細地查看食品區的每一個貨架，以確定該公
司的產品是否已經賣完或短缺。喬・吉拉德被他身上所散發出來認真
勁頭感染了，於是走上前去做自我介紹，然後便和那位業務員聊了起
來。當喬・吉拉德稱讚他工作細心認真時，那位業務員告訴喬・吉拉
德有一次他為了給顧客送 40 美元的薯條，在不順路的情況下驅車 20

英里。

這樣的做法讓喬‧吉拉德很不解，因為業務員基本上沒有什麼利潤可掙。結果確實是這樣，那位業務員不但沒有掙到錢，還賠上了很多油錢。可是這是公司必須要求他們這樣做的，一旦他讓公司的產品擺上了貨架，他就希望他們的產品永遠留在上面。因此，即便是讓他得不償失的小額訂單，他也會付出努力去爭取，因為他不願意因為他的服務差而失去交易。

為了弄清楚這位業務員所做付出是否和收穫成正比，喬‧吉拉德回到家後的第一件事情就是做了一次小小的調查。他發現那位業務員所在公司的薯條和椒鹽捲餅這兩種產品占了整個市場的份額的 70%。為此，喬‧吉拉德還特地，買了他們的公司薯條和別的公司的薯條做比較，他發現在味道上二者並沒有什麼區別。那麼他們公司能夠佔領市場 70% 份額的優勢就只有一個了，那就是業務員的服務，而且是永久性的優質服務。

每一個頂尖的業務員都有一種堅定不移的、日復一日的服務熱情，而且不管是什麼從事什麼職業，能夠擁有這種熱情的人，一定是他所在職業中的佼佼者。當我們用長期優質的服務將顧客團團包圍時，就等於是讓我們的競爭對手永遠也別想踏進我們顧客的大門。

為什麼每一個買過喬‧吉拉德的汽車的顧客還會再一次，甚至是第三次地和他合作呢？原因就在於喬‧吉拉德的服務使他們無法拒絕。曾有顧客開玩笑說：「如果你買了喬‧吉拉德的汽車，那麼你只有出國才可以擺脫他。」顧客的高度評價，顯示了喬‧吉拉德的服務是多麼到位。服務對於喬‧吉拉德的來說不是一項責任，也不是想起來就做，想不起來就算了，在他身上，服務就是義務，是每一個業務員都應該積極去做的事情。

　　無論我們推銷的是什麼產品，優質服務都是贏得永久顧客的重要因素。當我們提供穩定可靠的服務，我們的顧客保持經常聯繫的時候，無論出現什麼問題，我們都能與顧客一起努力去解決。我們的工作並不是簡單地從一樁交易到另一樁交易，把我們有的精力都用來發展新的顧客，而是我們必須花時間維護好與現有客戶來之不易的關係，把為他們服務看作是自己的榮幸，自己的最應該做的事情。

　　有些公司的業務員對顧客只是報喜不報憂，喬‧吉拉德認為這樣的做法是不足以留住顧客的。告訴顧客好消息，是每一個公司都會做的事情，這樣並不足以表現出一個業務員的誠意，如果我們只是在出現重大問題時才去通知顧客，那我們就很難博得他們的好感與合作。

　　心甘情願地為顧客做任何事情，不要從「我能獲得多少利益」的角度上出發，為顧客提供永久的優質服務，這樣他們就一直與我們合作下去。

第十二章 實施獵犬計畫

———讓客戶說明你尋找客戶

ψ 讓「獵犬行動」從身邊開始

所謂「獵犬行動」就是讓介紹人說明業務員尋找客戶，然後業務員付給介紹人一定數量傭金的活動。喬‧吉拉德認為推銷這一行業離不開別人的幫助，他的許多生意就是在「獵犬」的幫助下做成的。

每次成功交易之後，喬‧吉拉德都不會立刻就放顧客離開，他會把一疊名片和獵犬計畫的說明書交給顧客。說明書告訴顧客，如果他介紹別人來買車，成交之後，每輛車他會得到 25 美元的酬勞。幾天之後，喬會寄給顧客感謝卡和一疊名片，以後至少每年他會收到喬的一封附有獵犬計畫的信件，提醒他喬的承諾仍然有效。如果喬發現顧客是一位領導人物，其他人會聽他的話，那麼，喬會更加努力促成交易並設法讓其成為獵犬。

假如，我們認識了一個工廠的負責人，我們就應該意識到他所在工廠的員工很有影響力，這樣的顧客我們就能夠當作「獵犬」來發展。當然這樣的人物也許不會收取我們的傭金，因為拿錢讓他們感到不安，就像在受賄一樣。但是從內心來講，每一個都會感謝我們能夠給他們這筆額外的費用，因為也是他們的勞動所得。因此，我們要使我們的傭金在他們能夠接受的範圍之內，並且不會給他們造成心理壓力。經過喬‧吉拉德的反覆研究，他認為給介紹人 50 美元正好，如果低於 50 美元就會有點寒酸，如果高於 50 美元又會給介紹人造成心理壓力。這個數目正好可以讓介紹人在拿到後認為是自己受到了獎勵，並且還

會因此對喬‧吉拉德心存感激。

當然，除了這樣的介紹人之外，仍然有一些介紹人不願意要傭金，甚至在喬‧吉拉德給他們以後，他們還會退還給喬‧吉拉德。這時候，喬‧吉拉德就會立即給他們打電話為他給他們造成了內疚而表示歉意，並會透過其他方式讓介紹人享受到喬‧吉拉德對他們的獎勵。通常情況下，如果介紹人不願意收取現金，喬‧吉拉德就會寫一封感謝信函給他們，然後隨信寄去 50 美元的支票。如果介紹人連支票也不願意接受的話，喬‧吉拉德就會拜託和他關係很好的一家餐廳的老闆寄去 50 元的代金券那位介紹人；如果這種方式介紹人也不願意接受的話，喬‧吉拉德就會致信給他，請他把車開來享受一定的免費服務。

業務員不要認為給介紹人傭金是不符職業道德的行為，也許在某些領域是這樣的。但是只要我們的能夠讓我們的傭金控制在「獎勵」的範圍內，不給顧客帶來心理上的負擔就可以。而且從某種意義上說，業務員讓顧客幫忙介紹顧客，實質上是幫助顧客的行為。大部分人都喜歡幫助別人，如果顧客認為我們的產品很好，他就會介紹給自己的朋友或是親戚，如果他們的親戚、朋友也認為產品很好，那麼顧客就會認為他給予了他們幫助，這會是一件讓他們感覺很開心的事情。

尤其是像醫生、理髮師和油漆工等，都喜歡為自己喜歡的人做些事情。喬‧吉拉德就比較熱衷於發展理髮師做他的「獵犬」，因此，在他理髮的時候，他會到底特律各個理髮店輪流理髮，這樣，他就能和每一個理髮師打好關係，招募他們做他的介紹人，並刺激他們的興趣。每當與理髮師開始交談時，他都會送他們一個他特意定做的小標牌，上面寫著「請向我詢問本市最低的汽車價格」。然後在告訴理髮師他會付給介紹人 50 美元的費用的方法，並給理髮師留下一疊他的名片。事實上，除了理髮師，喬‧吉拉德會跟每一個人做這樣的事情。

譬如在銀行、財務公司和信貸合作社專門負責批准發放汽車貸款的人，這些人雖然把錢貸給買車的人，但是他們的工資不高，他們很願意幫助喬·吉拉德做這樣的生意。

因此，為了使我們能夠得到更多的訂單，我們就要效仿喬·吉拉德的做法，養成隨時尋找「獵犬」的習慣，不管在什麼地方，什麼時間，只要有機會，就要發展自己的「獵犬」。譬如，在健身房，發展健身教練、按摩師做我們的「獵犬」；在醫院，發展牙醫做我們的「獵犬」；在郵局發展郵遞員做我們的「獵犬」。

在我們找到自己的「獵犬」之後，我們還需和他們保持聯繫，並且像為顧客建立檔案一樣，也為他們建立一個檔案，在我們空閒的時候，就可以拿來翻翻，如果有哪一位介紹人一直沒有介紹顧客給我們認識，就需要我們去拜訪一下了，瞭解一些他們一直沒有介紹生意給我們的原因，或許是因為他們忘記了，這個時候我們就是適當地給他們提了一個醒。

發展「獵犬」的初期，總是很難見到成效的，有的時候我們發出了名片，也作出了承諾，但是很長時間過去了，介紹人仍然沒有介紹顧客給我們認識，這時候我們也不要失去信心，這種不斷播種的過程，只要我們用心了，就能有所收穫。

ψ 去認識更多的人

作為業務員，最忌諱的事情就是畫地為牢，對於業務員來說，交際圈只有更大，沒有最大。只有不斷地擴大我們的交易圈，才能認識更多的人，賺更多的錢。

看一看我們所熟悉的影視明星或是歌手，他們的成功，都是來自於影迷歌迷的支持。麥可·傑克森每次一出場，至少都會引來三萬多

在金字塔頂端跳 Disco
金氏世界紀錄最強業務員喬‧吉拉德

的群眾，有這麼多人支持著他，他想不成功都難。業務員和演員歌手的性質是一樣的，都離不開人們的支援，業務員認識的人越多，獲得的財富也就越多。不管我們銷售的是什麼，都需要我們去認識更多的人。就拿齊藤竹之助來說，在 1956 年他完成了 4988 份合約的簽訂任務，只是業務員中完成件數最多的，所以他成為了世界第一名。另一個頂尖業務員原一平，平均每天拜訪 15 位客戶，至少每月發出 1000 張有效名片，他的累計顧客達到 2.8 萬以上，這些就是他好業績的來源。

在喬‧吉拉德辦公室的大門上，貼著這樣一句話，「see more people」，他是在告訴自己，走出這扇門，去見更多的人，接觸更多的客戶。人有時需要自己強迫自己。當自己找不到感覺、很茫然的時候，不要逃避，不要待在家裡，不妨強迫自己出去走走。真正走出去的時候就會發現，想要拜訪的客戶就會一個接一個地出現。主動去接觸更多的人，並做到不輕視任何一個人，你就會離成功越來越近。

當我們走進一個舞會，最常看見的情景就是每個人都拿著酒杯，走到不同的人身邊，與之握手，交換名片，然後交談，最後建立起友情。而這些，這也是業務員應該做的事情。每一個業務員都必須認識到，為了推動自己事業的發展，除了去認識更多的人，我們別無選擇，為此我們需要確定我們都要認識什麼樣的人。

首先，我們要認識有影響力的人。認識一個有影響力的人，比我們認識 10 個普通人更有用。因為一個有影響力的人有非常龐大而且頗具威望的影響範圍。通常情況下，這種具有影響力的人在某一地區呆的時間較長，人們認識他們，熟悉他們，而且能夠相信他們。在一次聚會中，通常每 4 個或是 5 個人當中，都會有這樣的一個主導型的人物。而這樣的人物並不難找出，只要我們仔細觀察，我們就發現，這

些人物控制他所在那個群組的談話，當他說話的時候，每個人都會注意他說的每一個詞，總之，他的一舉一動，都能夠引起周圍人的關注。

他們不見的有多成功，關鍵在於他們認識的人中，有很多我們想要認識的人。因此，只要我們設法和他們做成朋友，贏得他們的信任，我們就能夠透過他認識我們想要認識的人。為了能夠引起他們的注意，我們需要跟他們進行一對一，面對面的交流，這就需要我們找對時機，單獨和他們談話，在他離開其他人去廁所回來後，或是走到一旁倒酒的時候，都是不錯的時機。

當我們透過自我介紹的方式認識了他們以後，接下來就應該努力在他們心中留下好印象。要給對方留下好印象，並不是誇誇其談地談論自己有多麼優秀，相反，在這個時候談論自己次要的，而把談話重點放在他們身上才是主要的。因為在這個時候，他們絲毫不關心我們的情況，一味的說自己的情況，不但提不起他們的興趣，還會招致他們的不耐煩。但是如果我們多談論關於他們的事情，他們就能感覺到我們對他們的關心、甚至是敬仰，這在他們看來，是非常讓他們高興的事情。

這時候，我們對他們提問的問題可以是圍繞他們成就的話題，因為這正是讓他們感覺到驕傲的事情。同時，我們也能夠透過對他們事業的瞭解，學習他們的經驗，來增長自己的見識。值得注意的是，在他們談論自己的事業時，我們要表現出十分感興趣的樣子，甚至我們可以直接問一下，對於我們他們能夠給予什麼樣的建議，這會給他們留下極好的印象。

在給他們留下了美好印象之後，我們不能急於讓他們介紹顧客給我們認識，這樣會顯的我們目的性很強。因此，這時候應該是我們體現自己價值的時候，就是把我們所認識的其中一個有影響力介紹給其

他我們的認識的具有影響力的人，讓他們之間相互認識，我們就成為了他們之間的橋樑，無形中，我們就成為了這個交際圈中的中心人物，如果我們能夠讓他們之間有所幫助，那會更好。作為回報，他們就會主動把他們所認識的人介紹給我們認識。這樣我們的目的就達到了。

一次活動中，也許所有的人都是我們去認識的，與其一個一個地去攻破，不如找一個有影響力的人物，借助他們的力量去認識更多的人，這是一個事半功倍的方法，在能夠幫我們節省時間和精力的同時，讓我們能認識更多有認識價值的人。作為業務員我們應時刻牢記，我們的成就永遠和我們所服務的人數成正比，我們的收入也是與我們服務的人數成正比的。

不管在什麼時候，如果我們對我們的成績感到不滿意，我們就必須把我們的焦點放在去認識更多的人上，時刻思考著怎樣去結交新的朋友，怎樣去結交比自己成功的朋友，怎樣去結交對自己有所幫助的人。只有我們不停地付出，不停地去認識更多的人，說明更多的人，服務更多的人，我們才能自然而然地成長為頂尖的服務員。

ψ 不斷發展人脈資源

有人說：五個朋友決定你的前程。可見人脈對業務員發揮著重要的作用，所以，每一個業務員才會不遺餘力地和客戶接觸，不斷發展自己的人脈資源。

在推銷行業中，人脈就意味著業績，意味著金錢。喬‧吉拉德的勝利和他擁有廣泛的人脈是分不開的，透過這些人脈資源，他不斷地獲得更多的客戶，每一個熟悉的人不僅自己會買他的車，還會把自己的親戚朋友介紹給他，如此仿佛迴圈就形成了客戶網路，從而為喬‧吉拉德創造了巨大的經濟收益及終生的榮譽。因此，業務員若想自己

的業績有所突破，就要建立自己的人脈資源。

首先，業務員要學會怎樣讓一個陌生人成為我們的顧客從而再成為我們的人脈資源。

1. 從陌生人的年紀、收入以及資歷等方面去審查這個人適不適合做我們的人脈資源的要求；
2. 儘量與他人面對面的交談，借此機會探索一下對方的興趣，並建立一定的友情；
3. 在介紹產品的時候，力求系統化；
4. 如果能夠將產品及時地賣出去，解決了顧客的需求是最好不過的事情；
5. 產品可能會銷售不出去，因為客戶不需要或是不想買；
6. 客戶需要我們的產品，只是暫時還不需要。

經過這幾個環節以後，業務員就可以把客戶的名字記錄在自己的客戶檔案中，然後不斷將資料更新，儘量做到不斷輸入新鮮的血液，並剔除那些沒有任何作用的朽木。業務員的人脈越廣泛，他成功的機會也就越多，因此業務員要使自己擁有大量的人脈，並善於利用自己的人脈來推銷自己，提高自己的工作業績，為自己的鋪墊成功的道路。

於此同時，僅僅是擁有人脈還是不夠的，還需要業務員想辦法維持好自己的人脈關係，只有這樣才能不斷的拓展自己的客戶網路。在建立人脈資源的時候，業務員需要遵照以下原則：

1. 與對方建立互惠互利的關係。

人脈關係有很多種，有的是建立在純粹的友誼關係上，有的則是建立在滿足各自的需求上。業務員建立的人脈關係的目的就在於滿足自己的需求，要滿足自己的需求，首先先要做到我們能夠滿足別人的需求，這樣在我們有求與別人的時候，才能得到滿足。因此，在此過

程中，雙反的關係是建立在互惠互利的基礎之上的。

2. 與對方建立相互依賴的關係。

沒有行業是可以孤立地存在於市場中的，尤其是推銷行業。因此，業務員也不可能獨立地完成任何工作，這就需要業務員必須要和各行各業的人士交朋友，並且能夠相互介紹他們認識，這樣就形成了一個相互依賴的關係網，大家相互扶持，相互幫助，誰也離不開誰，這樣的關係網可以幫助業務員獲得更多的利益。

3. 將關係持續到底。

在認識一個人之前，我們永遠不會知道這個人能夠給我們帶來什麼好處，因此，對我們的建立的人脈關係，我們也不知道什麼時候才能派上用場，但是我們不能夠因為暫時看不到好處，就放棄經營，這樣半途而廢我們永遠也得不到好處。能夠為我們所用的人脈關係需要我們花費很多時間和精力去維持，我們只有堅持不懈地維持我們的人脈資源，才有可能獲得更多的利益。

4. 不再是「我」，而是「我們」。

當我們有了好消息或是有了好東西，都會願意和我們最好的朋友分享，因為在我們心裡，好朋友和我們是一體的。因此為了維繫好我們的人脈資源，業務員也要和他們保持這樣的關係，把好東西及時地拿出來和他們分享，在他們遇到困難了，要及時伸出援助之手，我們給別人的越多，從別人那裡得到的也就會越多。

這樣做還有兩大好處：第一如果我們分享的東西對別人是有用有幫助的，別人會感謝你；第二你願意向別人分享，有一種願意付出的心態，別人會覺得你是一個正直、誠懇的人，別人願意與你做朋友。

在這 4 項原則的基礎上，業務員就可以著手開發我們的人脈資源了，此時我們可以透過以下幾個方面去做：

1. 參加各種活動

想要認識更多的人，就要往人多的地方去，參加各種活動是認識陌生人的最佳途徑。一個人的生活圈子越窄，他認識的人也就越少，拓展人脈資源的機會也就越少，而參加各種活動，就可以在自然的狀態下結識更多的人，從而建立我們的客戶關係網絡。因此，越是人多的活動，業務員越要積極地參加，一邊不斷地延伸我們的人脈之路。

2. 熟人的力量不可忽視

熟人是我們擴展人脈資源不可忽略的途徑之一，雖然透過熟人介紹認識的人數有限，但是關係卻比較穩定，只要我們能夠維持好熟人介紹的關係，就能夠有獲得更多人脈資源的可能，熟人的熟人也有熟人，這就是喬·吉拉德的 250 定律的延伸。因此，業務員可以根據自己的需要列出需要開發的人脈資源以及其所在的領域，然後要求現在的人脈幫助我們尋找或是介紹。

3. 參加培訓班

業務員需要學習的東西很多，定期參加一些培訓班不但可以增長我們的知識，提高我們的能力，還能夠說明我們認識更多的人。而且這些人大多都是和我們職業相關的人，與他們建立好關係，就相當於與他們的人脈資源建立的友好關係，這對我們今後的工作是非常有用處的。

4. 利用網路

在網路大行其道的今天，如果業務員不能重視到網路的力量就太落伍了。事實上，建立人脈資源是只可以在現實的生活中去建立，透過網路依然可以。比如，在一些人氣較高的論壇做版主，臉書開粉絲專頁，都可以吸引一些人士的關注，進而和他們建立友誼，逐漸發展到現實中。透過網路還有一個優點，就是網路的涵蓋面較廣，我們可

以接觸到不同地域的人群，無形中擴大了我們交友的地域範圍。

　　還有最後一點，也是最重要的一點，就是我們要積累自身的價值，在發展人脈關係前，冷靜問問自己：我對別人有用嗎？如果我無法被人利用，就說明我不具有價值，相反，我越有用，我就越容易建立堅強的人脈關係。

ψ　老客戶是金礦

　　對業務員而言，最好的顧客就是老顧客。業務員想要擁有更多的顧客，首先就要做到維繫好老顧客，要知道，大批的老顧客是業務員最寶貴的財富。

　　很多業務員認為，已經購買過產品的的顧客就已經不重要的了，因此他們更家注重去挖掘新的顧客，其實這是最得不償失的。如果業務員能夠留住老顧客，那麼他不但會繼續購買的我們的產品，還會把他的關係網介紹給我們，為我們帶來更多的新顧客。據調查顯示，一個老顧客帶給業務員的好處可以歸納為一下 3 點：

1. 在業務員銷售業績中，90% 的銷售業績來自於 10% 的顧客。多次光臨的顧客比初次登門的人可為業務員帶來 20%~85% 的利潤；

2. 維繫老關係比建立新關係更容易。搜尋一個新顧客所要的時間和費用是保持現有顧客的 7 倍，對一個心顧客進行推銷所需要的費用，遠遠高於一般性顧客服務的相對低廉的費用。因此，老顧客可以節省推銷的費用和時間，是降低銷售成本的最好辦法。

3. 只要有老顧客的存在，就會有源源不斷的新顧客。按照喬・吉拉德 250 定律，我們每失去一個老顧客，就等於失去了他

身後的 250 名潛在顧客。如果我們不能做到持續關心老顧客，老顧客就可能被競爭對手搶去，這對我們造成的損失是巨大的。

在喬·吉拉德的銷售生涯中，一共賣掉 13000 多輛汽車，他已經記不清這些購買他車的顧客裡面，有多少是老顧客，因為太多了。他深知老顧客的重要性，他為他的每一位顧客都做了檔案，每當有回頭客，他就把再次顧客再次買車的時間記在檔案卡上。每個一段時間，他都會打電話給這些顧客，向他們問好。這花去喬·吉拉德不少的時間和費用，但是他認為這是值得的。松下幸之助也曾說過，「好好留住舊客戶，可就此增加許多客戶。失去客戶，即喪失許多生意上的新機會。」

因此，業務員要經常和老顧客聯繫，關心他們的動態，不要等到想讓他們消費的時候才想到他們，那時候就已經晚了。關注老顧客的動態，不僅僅是為了表示出我們對他們的關心，同時，也為了確保他們對我們的熱情是不是一如既往，如果稍有冷淡，就說明他們可能不想再購買我們的產品了，這是非常危險的訊號，業務員要十分留意。

通常情況下，如果客戶突然減少訂貨或是終止訂貨，要請其說明原因，如果對方不願意說出原因，或是有所隱瞞，就說明他可能已經被我們的競爭對手「搶」走了；如果我們向老顧客詢問競爭對手的情況，他能夠把實情告訴我們，就說明他依然是我們的忠實顧客，如果他閃爍其辭，就說明他的決心已經開始動搖了；如果顧客不再像以前一樣需要我們提供大量的說明，就說明他和我們的關係冷淡了。這些業務員都可以視為是老顧客發出的危機訊號，一定使我們有地方做得讓他們不滿意了，所以他們才選擇漸漸地疏遠我們，面對這種情況，業務員可以用以下方法來解決。

　　首先，我們不要慌張，冷靜地查清具體的原因。多數情況下，我們可以透過顧客瞭解到，他們不願意和我們繼續合作的原因，如果顧客不願意說，我們就需要透過其他的管道進行瞭解了。通常情況下，顧客不願意和我們繼續合作的原因有：我們的競爭實力下降，沒有對手的產品好；另一種就是顧客的資金等方面出現了問題，希望透過這種方式取得一些優惠。當我們知道了顧客究竟是因為什麼原因後，就能夠對症下藥了。顯然我們之前的合作方案已經不能夠再繼續了，只能提出新的另顧客滿意的方案，促使他們繼續和我們合作。

　　與此同時，我們還需要動之以情，曉之以理。多提一些我們和顧客之間以往的友好感情，希望顧客能看到這麼長時間的交情上，繼續和我們合作。總之，為了能夠留住老顧客，我們要利用一切我們可以想到的辦法。當然最好的辦法，就是儘量不要讓這樣的危機情況出現，這就需要業務員從一開始和顧客接觸就要想盡辦法留住顧客，在此，喬‧吉拉德為業務員提供了幾個留住老顧客的辦法。

1. 對於第一次成交的顧客，要在第二天寄一封感謝信對方，感謝對方購買我們的產品；

2. 記住顧客的生日，在每年他過生日的時候寄上一張賀卡，相信顧客會很感激你為他做的這一切。同時，這樣也能保障我們和顧客至少一年聯繫一次。

3. 熟悉顧客的家庭住址或是公司住址，並且畫出線路圖，使每一個顧客的住址都能在線路圖上顯現出來，然後就根據這張圖，在去拜訪顧客的時候，順道拜訪一下那些不經常購買產品的顧客；

4. 如果顧客不經常購買，業務員可以進行季節性的訪問。

　　總之，最重要的一點就是業務員不要忘記顧客。如果顧客忘記了

我們，而我們沒有忘記顧客，那顧客還是我們的顧客，但如果顧客沒有忘記我們，而我們已經忘記了他們，那麼顧客就有可能不再是我們的顧客了。

業務員只有維護好現有的人脈資源，才會使自己的客戶網路越來越大，從而為自己贏得更多成功的機會。

ψ 要求客戶為你引薦

每一個業務員都希望自己的顧客越來越多，因為這將意味著自己的業務量越來越多，能夠掙到的錢也就越來越多。

這就需要業務員為自己建立一個客戶網路，這是能夠讓業務員最大限度擁有生意成交的機會，也是有穩定收入的保障。然而，一般情況下，業務員在洽談結束後，就會把建立客戶網路的事情忘得一乾二淨，他們或許正在高興自己又賺了一筆錢，或許正在懊惱自己沒有把握住這個客戶，總之，他們沒有想到讓眼前的這個顧客幫助他們介紹其他的顧客來。

而這是喬‧吉拉德永遠不會忘記的事情，在他看來，不管顧客會不會購買他的產品，他都會請顧客說明他介紹別的客戶。當他打通一通電話，他會在電話裡問顧客需不需要買車，當得到顧客否定的回答時，他就會說：「我相信您現在真的不需要買車。那麼請您想一下，在您的朋友、親戚裡面有沒有想要買車的呢？」如果對方說有的話，他就會想辦法把那個人的電話、住址問清楚，並且立刻在記事本上記下來。不管是面談中，或是打電話的時候，包括在信件中，讓現有的客戶說明介紹客戶已經成為了喬‧吉拉德的習慣性動作。他深信，只有這樣的行為繼續下去，他才能有越來越多的顧客。

同時，喬‧吉拉德還告訴每一個業務員：「推銷這一行業非常需

要別人的說明。」他的很多生意都是由「獵犬」幫助的結果。業務員個人的力量畢竟是有限的，充其量我們認識的所有人都加起來，也不過是喬‧吉拉德 250 定律那麼多，如果想要更多，就只能透過我們身後的這 250 個人去說明我們發展他們認識的 250 個人了。這樣的方法，比起我們只依靠自己的力量去認識顧客，會更加省力，而且更加有效。顧客的介紹不僅讓我們多了一個助手，而且由他們去說服新的顧客，要比我們去說服容易得多。

喬‧吉拉德對這一點深信不疑，他曾說只要是買過他汽車的人都會幫他推銷，每一個買他汽車的人肯定有不少有能力買車的朋友，經他們的推薦省心又省力，並且經過不斷的回饋與客戶的友誼也會因此更加深厚。這是一件雙贏的事情，作為業務員又何樂而不為呢？

如果在我們的顧客中有比較有「來頭」比較大的顧客，那我們可要小心對待了。往往「來頭」比較大顧客都是十分有影響力的，如果我們能夠讓這樣的人物說明我們介紹客戶，就能夠達到事半功倍的效果，喬‧吉拉德稱這種方法為「中心開花法」。使用這種方法，業務員就可以集中精力向極少數中心人物做細緻的說服工作，而不必反覆向每一位顧客說服，在一定程度上節省了業務員的時間和精力；同時，中心人物往往也是「領袖」人物，很具有影響力，通常經過他推薦的產品，大家都會認為是好的。業務員可以透過的社會地位以及影響力認識更多的客戶，擴大產品的影響力。

但是這種方法也存在著一定的缺點，很多中心人物都是自主性比較強的，在做說服工作上就會有一定的難度；同時，中心人物是不容易接觸到的，需要業務員付出很多時間和精力去發現和發展的。如果業務員想要運用這種方法，關鍵在於要取得中心人物的信任和合作。

與此同時，業務員也不要忽略了運用其他顧客來幫助我們尋找新

的客戶。在我們要求客戶為我們介紹新的客戶之前，我們還需要對自己進行一些要求；

首先，誠信要擺在第一位。

顧客願意相信我們，是因為我們給他留下的誠實的好印象。而他們的朋友願意聽從他的介紹來購買我們的產品，就說明他們的朋友信任他們。如果我們在客戶的朋友面前沒有遵守誠信，就會導致他們對客戶本人的懷疑，以後他不但不會信任我們，同樣也不會信任我們的客戶了。這樣我們失去的就不是一個新客戶，甚至有可能連老客戶也失去。

因此，業務員要始終保持誠信，對於自己許給顧客的承諾要遵守，不要失信於客戶。

第二，產品的品質要過關，服務要周到。

要讓客戶說明我們介紹客戶，最有說服力的武器就是產品的品質和業務員的服務。如果產品的品質連顧客本人都無法認同，他就更不會介紹自己的親戚、朋友購買了，反而他還會以自己「上當受騙」為警戒，勸阻自己的親戚、朋友也不要購買；另外就是業務員的服務，如果業務員的服務足夠真誠熱情，也能夠在一定程度上彌補產品存在的缺陷，所以無論如何，業務員一定以最好的態度面對客戶。

第三，不能讓客戶白幫忙。

如果說客戶說明我們介紹客戶是他的好意，那作為業務員絕對不能「辜負」了客戶的好意。要知道客戶為我們介紹客戶並不是他們的義務，而是人情，而最好的還人情方法就是給客戶一些好處，這些好處可以是在他們購買產品時打最低的折扣，也可以是現金的獎勵，或者是在購買產品的時候多附贈一些贈品，總之只要是在公司制度允許範圍內的，我們可以自由發揮自己的想像，去個客戶一些補償。只有

這樣，這份人情才不會冷卻。業務員不要心疼那一點小利益，這點小利益會為我們帶來更大的利益。

最後，經常聯絡感情。

透過物質對客戶表示感謝，是一種形式上的需求，同時，僅僅是物質並不夠。人都是感情動物，往往在金錢和感情上，他們會更注重感情。如果我們只是給他們一些「感謝費」，而總是對他們不理不睬的，他們就不會保持高漲的熱情說明我們介紹新的客戶了。最好的方式就是保持感情的聯絡，透過感情的維繫，讓客戶始終對我們保持著熱情與喜愛，然後再加上物質上的獎勵，相信沒有顧客不願意為我們介紹新的客戶。

一個成功的業務員，是善於利用客戶幫自己去做推銷的業務員，在付出一半努力的情況下，收穫不斷高升的業績。

ψ　一個很小但強有力的銷售工具

前面說過喬‧吉拉德在做推銷的時候會借助很多工具，其中有一個工具就是電話，電話對業務員的說明是不可小覷的。

目前，電話已經是銷售的媒介與手段，從電話業務員工作就可以看出電話在銷售中的位置。利用電話進行銷售有很多優點，比如電話能夠節省時間，經濟實惠，限制少，在同樣的時間裡，電話推銷對比面對面的推銷能接觸到更多的客戶；同時，電話拜訪也消除了當面拜訪客戶時可能會產生的尷尬。

但是打電話這個看似很簡單的事情，但是業務員做起來卻並不容易，因為顧客可能隨時掛上電話，那對業務員來說是一種很大的打擊。因此，當我們使用電話實施獵犬計畫的之前，先要做一份方案，然後按照此方案去進行，並且在打電話的過程中，要熱心、準時、專業、

友善。與此同時還要遵守一些原則：

(1) 把電話打到要找的人那裡。我們應根據顧客工作習慣的不同，選擇不同的打電話時間。在顧客沒有告訴我們什麼時候可以給他們打電話時，我們就根據他們的習慣自己掌握；如果顧客有所要求，我們就要嚴格按照他們的指示進行。

(2) 要講清楚打電話的原因。電話打通後，業務員要在最短的時間裡把自己打電話目的說出來。有的業務員為表示禮貌，會寒暄許久，這樣就等於是在浪費時間，也會讓顧客認為業務員沒有什麼重要的事情，說不定會找個藉口掛斷電話。因此，業務員在簡單的問候之後，就直接說出自己的姓名、公司名稱，以及我們打電話的目的。

(3) 確保自己的電話打的有價值。一定要在電話中有所收穫，至少要知道在顧客的周圍，還有哪些人有消費需求，他們的姓名、電話、位址等。

(4) 不要忘了再次宣傳產品。這樣可以加深顧客的印象，在向他人介紹起來的時候，就不會說不出產品的任何優點。

(5) 達成初步協定。最好能讓顧客在電話中就答應我們願意幫助我們介紹顧客，並要在電話中承諾，自己會付給他們一筆傭金。

(6) 如果沒有成功，要弄清楚原因。如果顧客不願意幫我們介紹潛在顧客，就說明他對我們的有不滿意的地方，如果業務員不能處理好這個問題，說不定這個顧客下次也不會再找我們買東西了。

利用好電話這個工具，能為我們找到更多的顧客。因此，業務員要掌握以上的原則，更加有技巧的使用電話，使我們的電話一線值千

在金字塔頂端跳 Disco
金氏世界紀錄最強業務員喬 · 吉拉德

金。

第十三章 每天淘汰舊的自己

—— 在超越中不斷成長

ψ 比昨天多銷售一點點

成功不是一蹴而就的事情，每一個成功者都是經過不斷地努力而逐步走向成功的，凡事都是一個循序漸進的過程，推銷也是如此，沒有人可以一夜之間成為業務大師，因此，每一個業務員都不能急於求成。

有人曾問喬·吉拉德對成功的定義是什麼，喬·吉拉德回答說：「每天進步一點點，永遠保持進步。」也許我們會覺得喬·吉拉德對成功的定義過於簡單，可是事實確實如此，試想，如果我們每天進步1%，那麼一年之後、五年之後、十年之後，我們的改變就會大的驚人。如果我們留心觀察，就會發現生活中，有許多東西單獨看上去是毫不起眼的，但是積累到了一定的程度，再合起來看時，就會顯得很輝煌，很耀眼。而成功也是如此。

也許，我們只是比別人早起了一個小時，但是這一個小時卻能使我們比別人多做很多的事情。在這一個小時中我們可以制定我們這一天的計畫；在這一個小時裡，我們可以不用排隊使用影印機；在這一小時裡，我們甚至可以打一個電話給顧客。而當別人做這些的時候，我們已經再做比這些更重要的事情了。如果我們可以連續一個月比別人早起一個小時，那麼一個月下來，一年下來，我們要比多做多少事情呢？這將是無以計數的。

也許，我們只是比昨天多見了一個顧客，比昨天多送出了一份說

在金字塔頂端跳 Disco
金氏世界紀錄最強業務員喬・吉拉德

明書，比昨天多打了一個電話，然而日復一日，你卻成為行業中人人崇拜的英雄。因此業績的領先並不是你比別人多花二倍、三倍，甚至更多的時間，而是只需要比昨天努力一點點，比別人多做一點點。所以，我們每日為目標付出的努力，雖然現在看不出有什麼效果，但時間一長，我們所付出的都會有所回報，到時積累的結果會讓我們自己也大吃一驚的。

每天多做一點點，當別人停止的時候，我們再多打一個電話給我們的顧客；在遭到拒絕無法站起來面對的時候，再撥一次電話；當大家都說很累時，我們再去拜訪一個客戶。就如喬・吉拉德所說：成功的祕訣就是多做一點，永遠比你的競爭對手多做一點，每天比競爭對手多賣一輛車子，第二名賣一輛，他就賣兩輛；第二名賣二輛，他賣三輛，月底結算他一定是第一名。

每天都要比昨天有所進步，這就要求我們業務員必須要勤奮，有不少人自認為聰明，因此對勤奮努力這種說法不以為然。他們認為自己只要稍做努力，就可以取得很大的成就。但事實證明，這種人往往所取得的成就遠不如腳踏實地、勤奮努力的人。我們並非生下來就明白一切，也不是每個人都是天才。所有的成功大都是後天努力的結果，天才也需要後天的磨煉。成功的道路上不存在「幸運」兩個字，所有被人們認為的「幸運」背後都蘊藏著無數的汗水和努力。只要我們能夠養成每日努力付出的習慣，我們一定將終生受益。

只要我們時刻謹記著喬・吉拉德的教誨，明白成功的關鍵就在於持續做下去，一點一滴地做下去。人生就是一個追求卓越的過程，只要我們每個人在人生中每天進步一點點，那麼一年就進步 365 個點。持續這樣做，這樣的改善，人生中任何一點點差距都有可能在幾年後相差十萬八千里。每天進步一點點，這是我們的工作所需，更是我們

一輩子的事情，這就是我們每天的目標。

讓我們每天都比昨天多銷售一點點，就讓一點點成為我們走向成功的鋪路石，相信只要我們付出了，就一定能夠有所收穫。

ψ 訓練自己的超強競爭力

每一個優秀的業務員之所以能夠一直作為行業中的佼佼者，原因就在於他們始終保持著必勝的競爭心態，無時無刻不再鍛煉者自己的競爭能力。

喬‧吉拉德曾經又把五百位左右出現在書籍或雜誌上的推銷高手加以分析、整理，發現其中有不少人曾經發表過著作，也有些人的文章被刊登了在專業雜誌上，他們之間有著驚人的相似之處，他們都是採取對競爭對手和自己的銷售記錄挑戰的姿態。可見，始終保持著自己的競爭力對業務員而言，能夠幫助我們攀登到推銷的頂峰。

對此，喬‧吉拉德認為，業務員應該從一下幾個方面鍛煉自己的競爭能力：

首先，在工作中不斷地磨練自己。每一項工作都是一種鍛煉，推銷的工作更是如此，我們不能滿足現在的工作現狀，只要能夠解決自己的溫飽問題，就不再有更高的要求，這樣遲早會被同行超越。因此，要在工作中磨練自己，把自己把以前的行動量擴大為兩倍；努力獲得經由介紹的再訂單；增加售後訪問的次數；親自做一些簡單的修理服務工作等，都是很好的提高自己工作能力的做法。

其次，做好準備抓住機會。隨著世界文明的進步，經濟的發展，推銷行業不再是一個低微的職業、對於那些只是知識廣博、經驗豐富的人更容易在推銷界中作出成績，因此，在抓住這個機會之前，我們要使自己做好準備，越充分越好。

第三，要有毅力做下去。現在的企業更青睞於勤勉刻苦。敏捷伶俐、意志堅強的青年。對於那些輕言放棄，做什麼事情都淺嘗輒止，學得一知半解就罷手的人，企業都是避之不及的。因此，我們首先要做一個有毅力的人，才能將可能出現在工作中的障礙掃清。

第四，要有戰勝一切的勇氣。在我們訓練自己競爭力的同時，一定會遇到很多難題，一個希望獲勝的人，對待困難會不分巨細，悉數決心征服，勇往直前。」有些人雖然也很努力，但因為他們沒有勇往向前的勇氣，以至於自己一生都得不到成功。

第五，用心做好這項工作。留心處處皆學問，只有留心我們在工作中接觸的每一件事情，我們就能夠對銷售過程中大小事瞭若指掌了。

最後，永遠不要滿足於現狀。不要認為自己已經掌握了足夠多的知識，對於業務員來說，所掌握的知識越多越好。因此，為了提升我們的競爭力，我們要隨時隨地學習，學習身邊的每一個人，把他們的優勢變成我們的優勢。

競爭力是每一個業務員在行業中利於不敗之地必須要具備的能力，訓練自己超強的競爭力，我們才能競爭中無往不勝。

ψ 選擇競爭對手做自己的目標

有人說，這個世界上最孤單的人，就是沒有對手的人。沒有了對手，就沒有了向上的動力；沒有的對手，也就沒有成功的喜悅。一個沒有任何競爭對手的人，他永遠無法知道自己可以多麼強大。

看一看世界上那些有名的運動員，他們幾十年如一日的自我鍛煉，當獲得了世界冠軍後，就漸漸地銷聲匿跡了，原因就是他們沒有競爭對手，沒有了前進的動力。因此，業務員不要再因為自己有數不清的競爭對手而苦惱，反而應該感謝我們的競爭對手，正是因為他們的存

在，我們才能不斷地鞭策自己前進。日本首席業務員齊藤竹之助手裡總是拿著一本法蘭克‧貝格寫的《我是如何在銷售外交上獲得成功》，他不斷地研究法蘭克‧貝格的推銷經驗和方法，並發誓要與法蘭克爭個高低。

所有的進步的動力就是來自於競爭，只有在競爭的過程當中，競爭的彼此雙方才會要求自己做得比對方更好，無形當中就讓自己的能力有了突飛猛進的增長。喬‧吉拉德的不斷進步，和他總是不斷地想要超越自己的競爭對手是學不來的，

在喬‧吉拉德的辦公室中掛著許多優秀業務員的照片，這些都是他從公司的業務通訊和一些雜誌上面搜集到的，他搜集他們的照片，並不是因為喬‧吉拉德有多喜歡他們，多崇拜他們，而是告訴自己，「那些人是我的對手，我要超越他，我要打敗他。」尤其是那些打破過世界記錄的業務員，喬‧吉拉德更是時時刻刻把他們放在心裡，每日想像自己要超越他們的記錄。

他就朝著這樣的目標前進，先是在自己所工作的車行內，他成為了第一名的業務員；接著是在所在的城市，然後是整個地區，最後是全美國乃至全世界，他真的超越了他們，成為了世界第一的業務員，成為了金氏世界紀錄記錄的保持者。他之所以的成功的祕訣之一就是他把每一個比他強的業務員，都當作了自己的對手，然後去超越他們。

也許我們會問，現在的喬‧吉拉德已經是世界第一了，他還去哪裡找他的競爭對手呢？在我們看來，喬‧吉拉德已經沒有對手，但事實上在他的心裡永遠有一個對手，那就是他的父親。雖然他的父親不是一名業務員，也不是世界第一的人士，但是，喬‧吉拉德從來沒有得到過來自他父親的肯定，父親的肯定就成為了喬‧吉拉德的另一個競爭對手。

在金字塔頂端跳 Disco
金氏世界紀錄最強業務員喬・吉拉德

　　每天喬・吉拉德都會想著他父親對他說的那句話：「喬，看你那樣子，將來絕對不會有什麼出息。」這樣的責備一直陪伴著喬・傑拉德的童年時光，那時候的喬・吉拉德幾乎就要相信自己就是一個壞孩子，而且將來也不會有出息。值得慶倖的是，喬・吉拉德的母親卻不這麼認為，她經常暗地裡鼓勵喬・吉拉德，母親的鼓勵，讓他重拾起了信心，那時候他就想，他一定要證明給父親看，他並不是一個沒有出息的人。

　　終於，在喬・吉拉德 38 歲那年，他成為了世界上頭號的業務員。那時候他才真正的感覺到，自己一直以來努力地推銷，並不是再向顧客推銷，而是向他的父親推銷，為了讓父親相信自己，所以他費盡心血地推銷著每一輛汽車。

　　雖然從童年起就遭受著父親的責罵，雖然喬・吉拉德也曾懷恨過父親，但是當他成功的時候，他卻感謝自己的父親，如果不是因為有父親這個「假想敵」的存在，他也不會要努力地去證明自己。而這，就是競爭對手的力量，競爭對手所帶給我們的動力，遠遠比金錢更有力。

　　當然，也許有的業務員會想，我的父親沒有責罵我，我身邊的人也沒有責罵我，那麼如果有一天我成為了世界第一的業務員，我該把誰作為自己的假想敵？這時候，我們最大的競爭對手，也是最難的競爭對手，就是我們自己了，超越自己遠比超越別人更難。同時，除了自己還有那些追隨在我們身後的業務員，他們無時無刻地在努力，只為追上我們，這時候，如果我們停止了前進的腳步，就會被後人超越。

　　因此，無論何時何地，業務員永遠不會缺少競爭對手，我們能做的就是，不斷地努力，超越競爭對手，立志成為行業中最頂尖的業務員，成為世界第一的業務員。

ψ 用心熟悉對手，並尊重自己的對手

對於業務員來說，熟悉自己的產品是無可厚非的事情，在此同時，業務員也應該做到對競爭對手的瞭解，我們都不想在顧客提及競爭對手的產品時，表現出完全不知的樣子。

隨著社會競爭的日益激烈，業務員想要在自己的工作中取得勝利，必須隨時分析競爭者的動向，掌握菜市場競爭的態勢，據以制定競爭性行銷策略。並且要把自己的策略與競爭者相比較，並能夠十分肯定自己無論在哪一方面都比對手做地好，或者知道對手在哪一方面比自己有優勢，做到這樣，才能更好得和競爭對手競爭。就拿美國的蘋果公司為例。

蘋果公司的第一台重達 17 磅 (1 磅 =0 · 453592 kg) 的可攜式電腦 MAC 在市場上失敗以後，銷售人員被派去觀察那些使用競爭者筆記型電腦的客戶。

經過確實的調查，他們注意到競爭者的產品體積更小，人們在飛機上、汽車裡、家裡甚至床上都可以使用。因此，他們認為顧客真正想要的是可以移動的電腦，而價格只是其中的一個方面。同時，業務員還注意到，乘坐飛機的電腦使用者需要一塊平面移動滑鼠，需要一處地方放置他們的雙手。因此，蘋果公司開發出了「Power Book」筆記型電腦，Power Book 就有了兩個顯著的特點：觸控螢幕以及可以將手放在其上的鍵盤，這些使 Power Book 更便於使用，特點更明顯。

Power Book 之所以獲得了巨大的成功，和業務員用心掌握對手的資料是分不開的。這足以見得瞭解對手的重要性。瞭解我們的對手，首先我們要知道都應該從哪些方面去瞭解對手：

1. 競爭者的業務員和他的經歷；

2. 競爭者的價格和信用政策；

3. 競爭者的產品活服務有哪些優點和缺點；

4. 競爭產品的有關型號、色彩以及其他特殊的規格競爭專案的應變能力；

5. 競爭者的銷售策略；

6. 競爭廠商在銷售量、商業信譽、財務的健全成都以及發展研究活動上的相對地位；

7. 競爭者在品質管制、交貨日期、履行承諾以及服務等方面的可靠度；

8. 競爭的主要客戶有哪些；

9. 找出競爭者主要的弱點；

10. 知道他們比我們強的地方在哪裡；

11. 競爭對手在市場上的影響力；

12. 最好可以取得他們的所有資料。

只有在瞭解了競爭對手的詳細情況以後，業務員才能充滿信心地去推銷自己的產品。比爾・蓋茲曾說過：「應該時刻保持清醒，而不應該被勝利衝昏頭腦，因為四周都是虎視眈眈的競爭對手，要去瞭解他們，要連他們的妻子和孩子的名字都瞭若指掌。」顧客買東西常常都是貨比三家，瞭解了銷售對手的情況，我們才能在推銷我們產品的時候，著力突出自己產品的優點，而不會被顧客牽著鼻子走。

如果我們再能夠幫助顧客去分析競爭對手的產品，做一個客觀的評比，他們會更高興，當然這種評比主要是要突出自己產品的特點，而不是愚蠢到用自己產品的缺點去突出對手產品的優點，但前提是一定要誠實，不要為了突出自己產品的優點，而編造一些謊言。當我們瞭解了對手產品的情況後，對我們的推銷是十分有利的，例如，當顧客非常熟悉對手產品時候，對於我們的推銷，他就會根據對手產品的

情況對我們提出反對的意見。這時候，如果我們對對手產品不瞭解，就處於十分不利的地位。相反，如果我們瞭解，我們就能夠根據我們瞭解的情況，巧妙處理顧客異議，在兩種產品的對比之下，突出我們產品的特點。

取得競爭對手的情況，一方面是為了我們在推銷過程中，更好地突出我們的產品；另一方面就是我們要根據競爭對手的情況，來調整我們自己的推銷策略，以更強的實力和對手進行競爭。通常情況下，我們可以透過改善以下幾種策略來提高我們的競爭力：

（1）差異性策略

使自己的產品和同行的產品顯現出不同之處，努力突出自己產品的特點，在同行中獨立鰲頭。

（2）聚焦策略

把力量集中起來，致力於一個或幾個細分市場，而不是把力量均勻地劃分到各地。

（3）成本領先策略

透過降低公司成本或是銷售成本，使自己的價格低於對手產品的價格，提高自己產品的市場佔有率。

瞭解競爭對手，才能讓我們更有動力地去改善自己存在的不足之處。在瞭解對手為什麼成功的時候，也不要忽略了他們曾經出現過的錯誤。要成功就必須做成功者所做的事情，同時我們也要瞭解失敗者做了哪些事情，並且讓自己不再犯類似的錯誤。雖然說「同行是冤家」，

但是我們去瞭解對手，是為了更好的發展自己的事業，而不是為了貶低對方。對於我們的競爭對手，我們要去尊重他們。

很多業務員在推銷產品的時候，為了突出自己的產品，就貶低競

爭對手的產品。他們認為這是聰明至極的做法，而事實上，這是最愚蠢的方法。在顧客面前貶低競爭對手的產品，對業務員而言，是沒有任何好處的。如果在顧客心中對手的產品已經佔據了主要的位置，那麼業務員的一味貶低，只會讓顧客業務員產生不好的印象。

要做一名合格的業務員，就一定要記住，把別人的產品說的一無是處，對自己是沒有任何好處的，同時也不會給自己的產品帶來一點好處。不貶低誹謗對手，是業務員應該遵守的鐵紀律。因此，如果一定要在顧客面前提到對手的產品，就一定要以讚賞的口吻為開場白，客戶絕對不會認為你稱讚了對手的產品，是代表你的產品不好。反而，他會認為我們是一個很誠實的業務員，但切記不要長篇大論地談論對手的產品，我們的推銷重點是我們的產品，而不是給對手的產品做廣告。當在我們推銷過程中，要提到對手產品的時候，我們可以這樣做：

1. 不要說對方的壞話，就算是顧客先說的，我們也不要隨聲附和；
2. 強調自己產品的優點，而不是突出對方的缺點；
3. 透過展示不同之處來突出自己的產品，而不是透過貶低對方來突出自己的產品；
4. 保持自己的職業道德和道德上操守，這會讓我們更具人格魅力；
5. 稱讚對方是優秀的競爭對手；
6. 對自己的競爭對手表示敬意。

競爭對手其實是我們的一面鏡子，也是我們的學習對象，因此不要貶低對方，學著去讚美他們，因為是他們的競爭使我們更加優秀。

ψ 每天進行自省

我們每個人在不停向前走的同時，也不要忘了回頭看看自己走過的路，因為在我們走過的路上鋪滿了經驗和教訓，而這些，要比我們不斷地學習別人，不斷從書本中找尋經驗要重要得多。

尤其作為銷售人員，經常進行自我反省是很重要的，不會自我反省的人就會想無頭蒼蠅一樣的到處亂撞而沒有任何意義。反省可以令我們得到提高，可以令我們看到自己的進步。喬‧吉拉德作為世界頂尖的業務員，他仍然會對自己每天做過的事情進行反省。如果有一天早晨，喬‧吉拉德醒來後感覺到情緒低落，沒有心情做任何事情，那麼這一天他就不會去上班。因為以消沉的狀態去上班，還不如利用外面的好天氣去爬爬山、划划船，總比心情不佳而和顧客吵一架要好得多，就算是不會到吵架那麼嚴重，至少也不能全身心地投入到工作當中去，難免會怠慢了顧客。

當然這樣的問題不能超過一天之久，人的惰性是很可怕的，一旦給它機會，它就會無限蔓延，侵吞掉你工作的積極性和熱情。如果只是偶爾的一天，那麼就可以透過請一天假來解決，寧可損失這一天，也不能失去 250 名潛在客戶。而休息的這一天，並不是真正地把所有精力都用在放鬆上，而是透過一些娛樂活動讓自己的心情放鬆，之後要靜靜地回想一下自己這段時間的工作。當然，如果有可能的話，最好是每天都反省一下，但是大多數人都會忘記每天反省自己，那麼，這一天的休假，就是一個好機會，足夠用來反省這一段時間來的工作了。

當有一天過的很步順利，讓自己心情抑鬱時，喬‧吉拉德就會用反省自己這一天的辦法來減輕這種感覺。想一想自己這一天都做了些什麼，就不難找出發生不順利情況的原因。喬‧吉拉德會利用每天下

在金字塔頂端跳 Disco
金氏世界紀錄最強業務員喬‧吉拉德

班以後的時間，來回顧自己這一天成交的生意和未成交的生意，不要感到意外，雖然全世界的業務員都知道了喬‧吉拉德的名字，但是並不代表他接待每一位顧客都能夠成交。但是他會儘量保持一個百分比，每天至少有一半的顧客都會和他成交。他能夠在他的銷售後期保持平均賣 5 輛車的成績，並不是他的推銷手段能夠達到 100% 的成功率，而是因為他見的潛在客戶比較多。

這就有利於他在做自我反省的時候，能夠有更多的參考對象。當他會回憶他和每一位顧客交流時所說的語言，然後分析是自己哪一句話讓對方下定決心購買汽車？或是那個傢伙為什麼始終不同意購買的我的汽車，我忽略了什麼細節？他逐一分析完這些顧客的時候，如果發現沒有成交的原因是處在自己身上，那麼他就會記住，下次不會再犯；如果他找不出是因為自己的原因，他就會給未成交的顧客打電話，向對方詢問自己什麼地方讓對方感到不滿意。通常情況下，顧客都很願意幫助他解決這個問題。更重要的是，喬‧吉拉德還能夠借此機會再次和顧客進行談判，得知對方還有哪方面的要求，比如在價格上面、還有競爭對手方面，這時，喬‧吉拉德就會作出相應的補救，降低一點報價，或是幫助對方分析一下他們不瞭解的地方。到最後，其中一部分都會以成交結束。

凡是歷史上一些最偉大、最成功的人都會對自己的所做過的事情進行反省，他們的成功相當一部分要歸功於這個習慣。因此，我們不要再吝嗇那一點時間，抽出一點時間來反省我們一天的工作，我們就會發現，我們常常自以為是的事情，其實並不是我們所理解的那樣。這樣的過程日積月累，我們會得到豐厚的補償。

每天都對自己一天的工作進行自省，發現自己的在推銷過程中的缺陷，並加以改正，只有這樣，我們才能使自己不斷得到提升。

ψ 追隨著夢想不斷超越自己

知道馬丁.路德的人，都熟知他的著作《I have a dream》，當他用激昂的聲音站在群眾面前演講時，台下的聽眾都被他的熱情所感染了。我們每一個人都擁有自己的夢想，從小時候開始，隨著年輕的增長，夢想也許會轉變，卻從來不曾遠離。

出生在美國貧民窟的喬・吉拉德，從小就忍受著父親的責罵，那時候的他唯一的夢想就是脫離這種生活，不要在受窮，不要在遭受別人的白眼，他要過有錢人的生活，要得到別人的尊重和讚賞。為此，在別的孩子還在父母身邊撒嬌的時候，喬・吉拉德就已經開始打工了。他知道，要實現自己的夢想，就要靠自己去努力。天濛濛亮他就爬起來送報紙，放學後再到俱樂部去給人擦鞋。這樣的沉重的生活並沒有使他認為自己是世界上最可憐的人，反而，他為自己能夠為夢想去努力而感到驕傲，每掙到一美分，他就認為自己離夢想更近了。

有人認為，夢想是小時候就存在於腦海中，然後再長大的過程中努力地去實現，事實上，一個能夠在有生之年實現自己小時候的夢想是微乎其微的事情。夢想會隨著時間的流逝，心智的成熟，社會的改變而改變，每一個人在每一時期的夢想都是不同的。也許我們小時候的夢想是成為宇航員或者是成為醫生，但長大後，我們成為了一名業務員，如果我們想要在這個行業長久地發展下去，並取得一定的成就，從今天起，我們的夢想就是「我要成為最偉大的業務員」。

喬・吉拉德稱自己為不安於現狀的人，或者說，每一個有夢想的人，都是不安於現狀的人。在他的周圍，這樣的人並不在少數。一次，喬・吉拉德為了趕時間，他搭乘了一名心中懷有夢想的司機的計程車。職業習慣的原因，一上車喬・吉拉德就與這個司機聊了起來。當他們談到這輛車的時候，司機臉上露出自豪的表情，他告訴喬・吉拉德，

在金字塔頂端跳 Disco
金氏世界紀錄最強業務員喬‧吉拉德

這是他自己的車，而且很快他就會擁有第二輛，當他擁有第二輛以後，他就可以擁有一個自己的公司了。這是他的夢想，為此，他每天開車載客人的時候，心中都充滿了動力。

喬‧吉拉德很高興自己遇到了這樣一個有夢想的人，在他看來，每一個有夢想的人，都是值得人們去敬佩的。接著這個司機又告訴喬‧吉拉德，他來美國僅僅一年零一個月，而且在他剛來的時候，他身上只有兩塊錢，現在的一切，都是很靠自己的努力得來的。最後，他告訴喬‧吉拉德，他為自己有一個夢想而驕傲，這也是他不斷超越自己的動力。

只要有夢想，就能夠取得成功。也許現在的我們已經擁有了強烈的創富意識並且也已經規劃出了致富夢想，但是由於種種原因，我們仍然沒有成功，沒有享受到財富的樂趣，即便是這樣，我們也不要氣餒。正如喬‧吉拉德所說：「如果我們是一輛汽車，那麼夢想就是燃油，除此之外，我們還需要精良的機器，經久耐用的車廂，優良的方向儀與高超的駕駛技術，這樣我們才能發動起所有的引擎，快速向我們的夢想駛去。」喬‧吉拉德所認識的約翰‧坦普登就是這樣一個男孩。

在他 17 歲那年，他的夢想是要成為一家大公司的老闆。在耶魯大學念書時，當別的學生還在研究如何經營一般企業的時候，他的興趣就已經轉移到了研究評斷公司的財務之上。大學二年級的時候，因為家庭的經濟拮据，他面臨這輟學。在學業和生計中，他為了夢想，選擇了學業。

這樣的選擇意味著他不但要付出努力學習，還要拚命掙錢交自己的學費和維持自己的生活。這樣的窘狀並沒有讓他退縮，反而讓他更加頑強地去追求自己的生活，三年後，除獲得經濟學學士的學位外，同時他還獲得了著名的路德獎學金，並取得了全國優等生俱樂部耶魯

分會會長的頭銜，以極其優異的成績畢業。以後的兩年，他前往英國牛津大學攻讀碩士。回到美國後，他的起步是一家頗具規模的證券公司，他在公司裡的職務是投資諮詢部辦事員。不久，他得知有一家公司正在徵聘年輕上進的財務經理，他便前往應徵。四年之後，他學到了能夠在這個公司學到的一切知識，他決定再次回到自己喜歡的證券行業中。

他從一個資深職員的手中，以 5 美元的價格買下了 8 個客戶的經營權，然後經過兩年的苦心經營，在第三年來的時候，他的夢想終於實現在現實生活中，如今，約翰已是一家投資諮詢公司的總裁，擁有將近一億美元的資產，並兼任一家大型互助銀行的常務董事及數家公司的董事。

每個人都是在不斷地超越自己中，實現了自己的夢想，我們正是年輕的時候，年輕就意味著追逐，追逐自己的夢想，即使在遇到挫敗時，想到自己對未來的美好憧憬與夢想，就會依然充滿動力地向前進。

如今，喬·吉拉德也已經實現了他的夢想，他不再過困苦的日子，他得到了人們的尊重和讚賞。他現在有一個美麗的家，他的家離大富豪亨利·福特二世家只隔著幾個街區。他還花了 32000 美元裝修了廁所，作為禮物送給了他的太太，而這一項花費比他在做推銷前兩年薪資的總和還要多。

這一切都是他為夢想而努力的結果。他的每一步都是向著夢想的方向前進著，當他賣出第一輛車時，他希望自己第二天能夠賣出兩輛，就是在這種不斷地超越中，他才能夠一步步走向自己的夢想。

ψ 比自己的榜樣還努力

每個業務員的心中，都有自己追隨的對象，也許在很多業務員心

中，喬·吉拉德就是他們的榜樣，他們在佩服喬·吉拉德能力的同時，也在想「如果我能成為喬·吉拉德就好了」。

其實，成為喬·吉拉德並不是不可能做到的事。他曾經說過，如果說他所講的一切都是有祕訣的，那麼這個祕訣就是：事實上，任何人都可以成能夠像他一樣做到頂尖的位置。而且，這並需要我是一個天才，或者是博士後，因為喬·吉拉德本人連高中都沒有畢業。因此，我們不要再把成為喬·吉拉德當作是一個可望而不可及的夢，而是當作我們的目標去實現，或許，我們應該更看好自己，要做得比喬·吉拉德更加成功。

喬·吉拉德認為世界上最蠢的人，就是當他聽到別人說「不可能」時，他便真的認為是「不可能」，儘管他從來沒有去嘗試過。很多人不相信奇蹟，因此，他們也不肯為了創造奇蹟而努力。其實，奇蹟並不是人們想像中的那樣神祕莫測，我們所看到每一個奇蹟，不都是由人來完成的嗎？當我們不再用各種藉口和懶惰來為我們做「擋箭牌」的時候，我們就會看見，奇蹟就在我們身上發生。

喬·吉拉德所取得的一切，也不是在一夜之間就擁有的，他也不是在某天清晨醒來就發現自己有了魔術般的變化；他也並不是突然間就學會了怎樣對待顧客；他也並不是在瞬間就悟出了怎樣說服顧客購買他的車。而這一切他都做到，而且是依靠自己的能力做到的。現在的喬·吉拉德站在人們面前，誰也不會想到他曾經在看守所中待過漫長的一夜，誰也不會想到他曾經睡在火車貨棧的棚車上。他創造了奇蹟，並且他相信，我們每一個業務員都能夠像他一樣，創造出奇蹟。

奇蹟的產生也很簡單，就是目標、汗水和淚水的混合物。為了能夠成為喬·吉拉德，為了能夠創造出奇蹟，我們就要在各方面比喬·吉拉德更努力。在今後的工作當中，我們要經常審視自己、審視我們

所得到的東西並專心研究如何達到目標；要透過研究我們自己和我們的工作，來瞭解是什麼使我們的工作更加有效率。要像喬·吉拉德那樣去善待我們的顧客，記住他們的喜好、興趣以及生日，並且親手給他們寫私人信件；不管我們賣的是什麼東西，喬·吉拉德對待顧客的方法都可以運用到我們的工作當中，在這個電腦和自助方式越來越流行的世界中，如果我們能夠真誠地親口對顧客說一聲：「謝謝您」「感謝您」，相信每一個顧客都會認為他們遇到了世界上最好的業務員。

比我們的榜樣更加努力的同時，為了能夠儘快的成為他們，並且超越他們，我們還可以透過模仿他們而達到我們想要的結果，正像喬·吉拉德所說：「如果你想提升銷售業績，那你也可以透過模仿而快速達到想要的結果。」對此忠告，我們可以透過以下 3 種忠告來做到：

1. 效仿他們的想法

仔細研究公司中最優秀的業務員，在他們的銷售過程中，他們所持有的是什麼樣的信念？他們是如何調整自己的心態？他們怎樣看待自己的工作？他們是如果和顧客成交？促使他們成功的習慣是什麼？

當我們明確了這些事項，我們就要用他們的想法來「武裝」自己，與此同時，還要在他們的基礎上提高自己的思想境界。

2. 效仿他們的動作

觀察最優秀的業務員的動作，看他們在推銷中慣用的動作是什麼。他們是如果用肢體語言和顧客溝通的？他們是怎樣使用手勢的？他們的如果向顧客寒暄的？他們是如何介紹產品的？他們是如何運用道具的？甚至要知道，他們的表情是如果變化的？

3. 效仿他們的心理策略

觀察最優秀業務員在談判中是如何使用心理策略的。他們是如何贏得顧客信任的？他們是如何引導顧客購買的？他們是如何營造融洽

的談話氣氛的？他們是如何化解異議的？

　　效仿他們，至少我們就能變地和他們一樣優秀，在效仿的同時，結合自身的條件，加入我們的想法和我們總結的經驗，我們就能夠超越他們。每一個成功的人物都是可以複製的，而我們不能夠僅僅做到「複製」、「貼上」，我們還要有自己的特點，自己的個性，這樣我們才能夠成為第二個喬‧吉拉德。

國家圖書館出版品預行編目（CIP）資料

在金字塔頂端跳 Disco：金氏世界紀錄最強業務員喬.吉拉德
/ 崔英勝，金躍軍著 . -- 第一版 . -- 臺北市：崧燁文化，2020.06
　　面；　公分
POD 版

ISBN 978-986-516-251-1(平裝)

1. 銷售 2. 職場成功法

496.5　　　　　　　　　　　　　　　　　109007997

書　　名：在金字塔頂端跳 Disco：金氏世界紀錄最強業務員喬.吉拉德

作　　者：崔英勝，金躍軍著

發 行 人：黃振庭

出 版 者：崧燁文化事業有限公司

發 行 者：崧燁文化事業有限公司

E - m a i l：sonbookservice@gmail.com

粉 絲 頁：　　　　　　網　址：

地　　址：台北市中正區重慶南路一段六十一號八樓 815 室

8F.-815, No.61, Sec. 1, Chongqing S. Rd., Zhongzheng

Dist., Taipei City 100, Taiwan (R.O.C.)

電　　話：(02)2370-3310 傳　真：(02) 2388-1990

總 經 銷：紅螞蟻圖書有限公司

地　　址: 台北市內湖區舊宗路二段 121 巷 19 號

電　　話:02-2795-3656 傳真:02-2795-4100　　　　網址：

印　　刷：京峯彩色印刷有限公司（京峰數位）

本書版權為源知文化出版社所有授權崧博出版事業有限公司獨家發行電子書及
繁體書繁體字版。若有其他相關權利及授權需求請與本公司聯繫。

定　　價：420 元

發行日期：2020 年 06 月第一版

◎ 本書以 POD 印製發行